第10届
全国建筑环境与能源应用
技术交流大会文集

中国勘察设计协会建筑环境与能源应用分会　主　编

中国建材工业出版社

北　京

图书在版编目（CIP）数据

第 10 届全国建筑环境与能源应用技术交流大会文集/
中国勘察设计协会建筑环境与能源应用分会主编．--北
京：中国建材工业出版社，2023.11
ISBN 978-7-5160-3847-5

Ⅰ.①第… Ⅱ.①中… Ⅲ.①建筑工程－环境管理－
学术会议－文集 Ⅳ.①TU-023

中国国家版本馆 CIP 数据核字（2023）第 187589 号

第 10 届全国建筑环境与能源应用技术交流大会文集
DI10JIE QUANGUO JIANZHU HUANJING YU NENGYUAN YINGYONG JISHU JIAOLIU DAHUI WENJI
中国勘察设计协会建筑环境与能源应用分会　主编

出版发行：中国建材工业出版社
地　　址：北京市海淀区三里河路 11 号
邮　　编：100831
经　　销：全国各地新华书店
印　　刷：北京印刷集团有限责任公司
开　　本：787mm×1092mm　1/16
印　　张：20.5
字　　数：450 千字
版　　次：2023 年 11 月第 1 版
印　　次：2023 年 11 月第 1 次
定　　价：80.00 元

本书编审委员会

主　任：　罗继杰

副主任：　张　杰　　杨爱丽　　方国昌

成　员：　戎向阳　　潘云钢　　寿炜炜　　伍小亭　　马伟骏
　　　　　朱建章　　于晓明　　屈国伦　　徐稳龙　　杨　毅
　　　　　赵　民　　朱宝仁　　张建中　　褚　毅　　金久炘
　　　　　张铁辉　　夏卓平　　路　宾　　姚国梁　　赵士怀
　　　　　吴祥生　　袁建新　　李兆坚　　黄世山　　何　焰
　　　　　杨　玲　　沈列丞　　吴大农　　李向东　　满孝新
　　　　　孙兆军　　王梦云　　吕　伟　　孙向军　　石文星
　　　　　黄　翔　　李念平　　刘汉华　　肖　武　　车轮飞
　　　　　陈祖铭　　杜震宇　　陈焰华　　赵凤羽　　胡建丽
　　　　　侯鸿章　　单世永　　刘承军　　陈金华　　刘　沛
　　　　　郭　勇　　李思成　　黄　中　　方　宇　　李晓志
　　　　　丁　德　　杨彩青　　龚　雪　　訾冬毅

前　　言

一年一度秋风劲，又是丹桂飘香时。劲吹的秋风送来丰收的喜讯，对于暖通制冷空调行业来说，则是本文集的编辑出版和即将迎来第10届全国建筑环境与能源应用技术交流大会的召开。

本届大会出版大会文集，围绕行业的重点、热点问题，展现行业科技创新的实践与发展。文集征集工作得到了行业内的普遍重视，共收到征文107篇，经专家审查，40篇文章编入大会文集，为大会的成功召开做了重要的准备工作，起到了积极推动行业技术进步的作用。

文集征集、出版得到了行业的广泛支持，在此，分会真诚感谢向大会投稿的所有暖通人！感谢组织征文的分会理事！感谢审查论文的评审专家们！感谢编辑、审校、出版本文集的中国建材出版社的同仁们！

新阶段赋予新任务，新征程要有新作为。我们必须深刻认识行业面临的新形势，准确把握新阶段对行业发展的新目标、新挑战，践行初心、担当新使命，续写新篇章！

浩渺行无极，扬帆但信风。绿色低碳、科技创新，打开了行业发展的广阔空间和无限可能。让我们携手并肩、勇于探索、坚定前行，为建设人民美好生活和实现"双碳"目标汇聚智慧力量，作出新贡献，创造新辉煌。

中国勘察设计协会建筑环境与能源应用分会

2023年10月

目　录

通风、防排烟、净化技术

计算机模拟

节能

其他

• 供暖供热 •

上海徐汇体育公园改造工程集中热源系统设计

胡　洪☆　乐照林　王泽剑

（上海建筑设计研究院有限公司）

摘　要　介绍了徐汇体育公园的整体改造情况，对整个项目各单体用热需求进行了详尽的分析和计算，并最终确定锅炉装机容量仅为改造前装机的 42%；对锅炉热水温差、用户水系统温差等进行了分析确定，分析和讨论了该项目二级泵系统中输送环路阻力由一级泵承担的优势，并根据对远近单体输送管路系统的阻力计算，通过远端单体的更大温差和管径适配降低其输送阻力，进行远近单体的水力平衡，实现一级泵仅按近端单体的扬程配置而自然输送至远端，避免再额外增大一级泵或二级泵的扬程，减少水泵能耗。

关键词　集中热源　大温差　直供　混水　二级泵系统

1　项目背景与概况

　　1972 年周总理审阅并签批了《关于建造上海万人体育馆的请示报告》，万人体育馆工程启动并于 1975 年 8 月竣工。由"万人体育馆"简化而来的"万体馆"成为上海市民家喻户晓的称谓。曾几何时，这座体育馆几乎成了上海的新坐标。

　　后来这座城市陆续建成了上海游泳馆、上海体育场及东亚大厦等。在建成后的二三十年里，各场馆都曾经历了一些零星的装修、改造等，但本次是全范围、系统性进行整体改造升级，完成后将成为市民体育健身休闲的新地标。

2　改造内容

2.1　改造功能定位

　　本次改造围绕上海建设"国际赛事之都"的总体目标，通过场馆功能升级和户外环境改造，建设成为"体育氛围浓厚、赛事举办一流、群众体育活跃、绿化空间宜人"的市级公共体育活动聚集区。上海市政府对项目定位四大功能：1) 承办国内外顶级体育赛事；2) 满足市民健身休闲要求；3) 开展青少年业余训练；4) 引领体育产业发展。

☆　胡洪，男，主任工程师

　　200000　上海市黄浦区汉口路 99 号上海建筑设计研究院有限公司

　　E-mail：huhong128@126.com

2.2 项目总体布局及面积指标

本次改扩建后总建筑面积约 31.3 万 m², 包含上海体育馆、上海游泳馆、上海体育场、东亚大厦以及新建地下体育综合体（简称"新建综合体"）等主要单体，项目总体平面如图 1 所示。

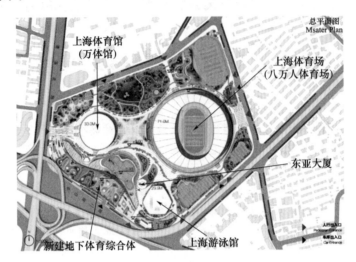

图 1　总体平面图

整体升级及改扩建后各单体建筑面积见表 1。

表 1　各单体建筑面积统计

单体名称	建筑面积/m²	备注
上海体育馆	39045	又名万体馆，改建
上海游泳馆	16265	改建
上海体育场	170000	又名八万人体育场，改建
新建综合体	59911	训练和全民健身功能
东亚大厦	27835	赛事筹办、办公，改建
合计	313056	—

2.3 新、老集中供热系统设计变化

原集中锅炉房位于现北侧总体绿化带上，内设 3 台 15t 蒸汽锅炉，供各单体空调供热及生活热水。蒸汽经总体地下管沟至各单体内热交换机房制取二次热水，供热范围及路由如图 2 所示。

本次改造需拆除原锅炉房并改为绿化广场，而原各既有建筑均无锅炉房设置条件，故热水锅炉房设于新建综合体内。同时，锅炉房设置需满足锅炉房规范[1]对出入口、泄爆口的要求，并考虑烟囱效果等最终确定锅炉房设于新建综合体西南侧。本次改建后各单体建筑面积、空调冷热源形式及热负荷需求等见表 2。

图 2　原总体蒸汽锅炉房供热范围及路由示意图

表 2　各单体冷热源形式及热负荷

单体名称	建筑面积 万/m²	空调总热负荷/ kW	水专业热负荷/ kW	空调热指标/ （W/m²）	空调冷热源形式	水专业热源
体育馆	3.9	3998	—	102	①⑥	④
游泳馆	1.6	1825	3003	112	②	①
新建综合体	6.0	1891	—	32	①⑥	④
东亚大厦	2.8	1722	—	62	②③	—
体育场	17.0	5200	—	31	①⑥	④⑤
合计	31.3	14636	3003	47		

注：①热水锅炉；②空气源热泵；③多联机空调；④ 99kW 燃气热水炉；⑤太阳能热水系统；⑥冷水机组。

　　锅炉房至体育馆和综合体的热水管道通过新建综合体地下室及联通道布置，至体育场和游泳馆的主管道沿少部分新建管沟和原有管沟敷设，供热范围及路由示意如图 3 所示。

3　集中供热系统设计

3.1　原有热源配置

　　原 3 台 15t 蒸汽锅炉供整个徐汇体育公园各单体空调热水及生活热水需求，对应供热总建筑面积约 27.5 万 m²。

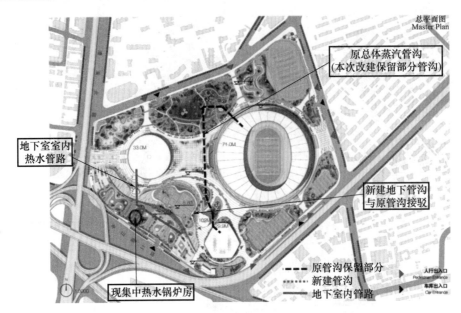

图 3　现集中热水锅炉房供热范围及路由示意图

3.2　本次改造锅炉配置

本次改建体育馆、新建综合体、体育场均设制冷机房独立供冷,各单体冷热源形式见表 2。本次改建游泳馆泳池数量增加,需求的池水加热负荷加大较多,加之又新增了新建综合体,新锅炉房系统负担的面积要大于原系统,但本次改造设计对整个项目各单体用热需求进行了逐一计算,设计仅采用 1.9MW 的热水锅炉 7 台,仅为原蒸汽锅炉总量(3 台 15t/h)容量的 42%,供热指标大幅度降低。本次改建降低锅炉装机具体采用的节能技术和措施包括:

1)蒸汽锅炉改热水锅炉

①热水锅炉本体体积小、温度低,散热损失明显降低;②无蒸汽锅炉运行时的连续排污损失;③低氮热水锅炉排烟温度低,排烟热损失降低;④无蒸汽管网存在的跑、冒、滴、漏热损失;⑤热水管网温度低,管路热损失小;⑥无蒸汽在汽水热交换后的凝水排放热损失;⑦热水锅炉采用无锅筒,即热式结构,水容量大幅降低,几乎消除了间歇使用的炉水加热损失。

2)建筑围护结构节能改造

万体馆、游泳馆等建成于 20 世纪七八十年代,外窗多为单层钢窗,本次改为双层中空 Low-E 玻璃,游泳馆在加强保温的基础上还增加了竖向外遮阳肋板,外窗负荷进一步降低。

3)新排风热回收

对各场馆更衣室、东亚富豪酒店等均设置了新排风热回收措施,回收排风能量,相应减少锅炉供热需求。

4)采用太阳能热水系统和热泵热水机

对于部分单体生活热水利用太阳能热水系统预热并采用热泵热水机加热,减少了锅炉供热需求。

综上，本次改造总建筑面积虽增加了 14%，但锅炉装机总容量却变为原来的 42%。

3.3 选用适宜的热水锅炉

本次设计采用低氮高效燃气模块化即热式热水锅炉，适应项目体量大、功能类别多、运行负荷多变的特点，可多方面减少锅炉运行能耗，设计为 7 台 1.9MW 模块式锅炉（其中 3 台负担上海体育馆和新建综合体空调，4 台负担体育场空调和游泳馆池水加热及生活热水）。模块化即热式锅炉水容量极小，可消除锅炉间歇运行的保温损失；锅炉热效率>95%；锅炉为立式小体积模块化，现锅炉房面积仅为 287m²，与原锅炉房 800m² 相比大幅缩小。对于上海徐汇核心地带，节省面积带来的商业或体育功能价值显而易见。

4 输配系统设计

4.1 各单体输送距离

该项目设集中锅炉房，供热范围大、输送距离较长，锅炉房至各单体不利环路长度见表 3。

表 3 锅炉房至各单体不利环路输送长度及热负荷

单体名称	至各单体供回长度/m	单体内不利环路长度/m	不利环路总长度/m	热负荷需求/kW	备注
新建综合体	0	1000	1000	1891	空调热水
上海体育馆	300	630	930	3998	空调热水
上海游泳馆	1040	140	1180	3003	接至水专业换热机房
上海体育场	1730	1080	2810	5200	空调热水

从表 3 可以看出，锅炉房至各单体环路差异较大，体育馆和新建综合体相对较短且差异不大，而至游泳馆和体育场相对较远，特别是至体育场环路总长度达 2810m。

从图 3 可以看出，锅炉房位于新建综合体西侧、体育馆南侧，且表 3 中两个单体的不利环路总长度（1000m 和 930m）接近。而游泳馆和体育场则距离锅炉房较远且均位于东侧。故从单体布局以及结合业主运营意见，设计时将体育馆和新建综合体组、游泳馆和体育场分别组成一套热水系统环路。

4.2 系统温差的确定

锅炉源侧，低氮锅炉供回水温差一般在 20℃ 左右，且因即热式模块化锅炉水容积较小（最终采购的模块锅炉水容积仅 130L），其可接受的最大温差为 30℃，综合考虑确定锅炉源侧供回水温差取 25℃。同时，因常规非冷凝锅炉考虑防腐，要求回水温度需不低于 60℃，故设计确定锅炉源侧一次热水供回水温度为 85℃/60℃。

对于空调用户侧，包括体育馆、新建综合体及体育场各空调热水系统，为尽可能减少空调水系统输配能耗，空调热水系统按 15℃ 大温差设计，设计供回水温度为 60℃/45℃。

对于游泳馆，提供一次热媒为泳池及生活热水加热（空调季节利用热泵热回收提供上述热源），设计一次热水供回水温度为 85℃/60℃。

4.3 输配系统设计

设计锅炉源侧供回水温度为 85℃/60℃，用户侧空调热水供回水温度为 60℃/45℃，游泳馆一次热水供回水温度为 85℃/60℃。由此，可采用的空调水系统形式有：1）各单体用户侧空调二次热水与锅炉侧一次热水采用板式换热器分隔；2）各单体用户侧空调水系统与锅炉侧水系统进行直联，采用混水方式提供末端空调所需供水温度（游泳馆生活热水仍设板式换热器）。显然，方式 2 优于方式 1，因采用直供取消了板式换热器，减小了水系统运行阻力。故本次设计采用方式 2。体育馆和新建综合体环路水系统（如图 4 所示）中，锅炉炉前泵将部分 85℃供水与系统 45℃回水混合至 60℃进锅炉，加热至 85℃后供水。末端输送泵利用系统 45℃回水与 85℃供水混合至 60℃后供应至空调末端，45℃回水返回至锅炉房，整个水系统工作流程相对简单。故后续主要讨论输送距离较长的体育场和游泳馆两个单体的热水输配系统设置。

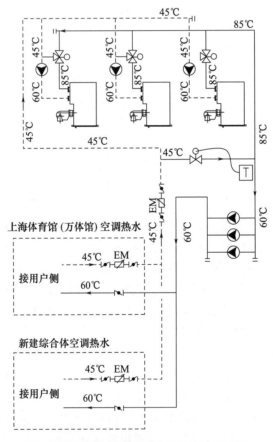

图 4 体育馆和新建综合体热水系统原理图

考虑到体育场和游泳馆合并的热源系统仅负担这两个单体，且距离相差较大，热源侧 25℃温差、用户侧 15℃温差，故直供水系统用户侧需采用混水方式，需要设置用户二级泵。

二级泵系统可以按以下 3 种方式设置：1）按体育场和游泳馆分设二级泵，二级泵位于锅炉房内，如图 5 所示；2）按分布式二级泵系统二级泵位于各单体泵房内，一级泵负担锅炉房内阻力（零压差点位于锅炉房内盈亏管处），游泳馆和体育场用户侧单体内各自配置二级泵，各自二级泵承担从锅炉房至单体用户最不利末端的输送阻力，如图 6 所示；3）一级泵提供扬程至游泳馆生活热水换热机组，仅体育场单体内设置二级泵承担从零压差点至体育场最不利末端的输送动力，如图 7 所示。

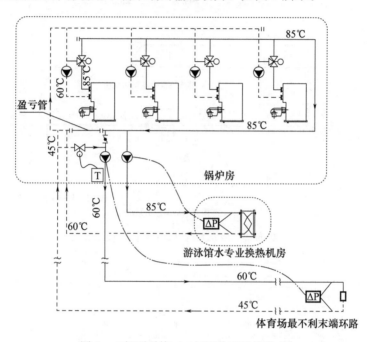

图 5　二级泵系统（二级泵位于锅炉房内）

因该项目原有老管沟空间受限，图 5 所示的系统因需布置 4 根管道而空间不足。从图 6、7 所示系统来看，区别在于中间输送管路的阻力是让一级泵承担还是让二级泵承担。若简单套用常规二级泵设置思路（一级泵承担机房范围内，二级泵承担从机房至各自单体不利环路的阻力），应由二级泵来承担中间输送管路阻力会更为节能，但仔细分析，该项目存在差异。若按常规思路中间输送管路阻力由二级泵承担，因体育场的负荷占比权重大，而体育场二级泵是按用户侧温差 15℃ 来配置的，也即中间输送管路的扬程要增加到 15℃ 温差的二级泵上（图 9）。而若中间输送管路的阻力由一级泵来承担，则此段扬程是增加在 25℃ 温差下的源侧一级泵的（图 10）。显然，增加同样的扬程，一级泵增加的能耗会更低，因水泵功率与流量、扬程乘积成正比。故该项目在一、二级泵选用时，将一级泵扬程适当加大，让一级泵扬程能刚好提供至游泳馆换热器的工作压差需求（同时尽量控制游泳馆换热器的水阻，以减小一级泵扬程增幅），此时，按常规配管原则至体育场的管路（图 8 中 BD 段）配置 DN200 管道，经计算系统的供回零压差点位于距离体育场 150m 处（图 10 中 LY2 处）。同上，若这 150m 的阻力由体育场二级泵来承担，则会增加 15℃ 温差（相对大流量）的水泵扬程，对系统节能运行不利；但同时

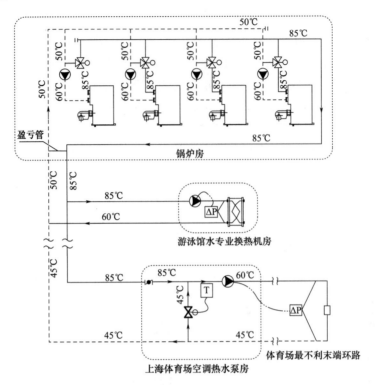

图 6 分布式二级泵系统（2 个单体均设二级泵）

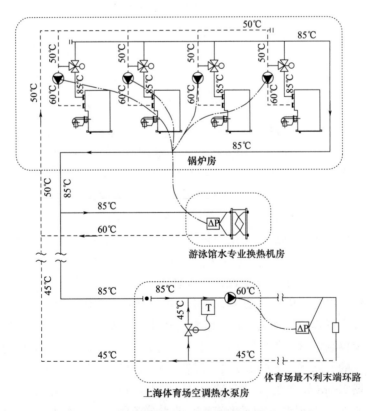

图 7 分布式二级泵系统（仅远端体育场设二级泵）

若再加大一级泵扬程，则会造成游泳馆处资用压头富余而带来节流损失。经设计验算，本来按计算主管道在游泳馆分支后可由 DN250 变为 DN200 至体育场，若将此 DN200 管路加大至 DN250（也即主管不缩径），则后段至体育场的管路比摩阻明显减小，此时经计算零压差点则从距离体育场 150m 处（图 10 中 LY2 点）自然延伸到了体育场水泵房内（图 10 中 LY2′ 点）。

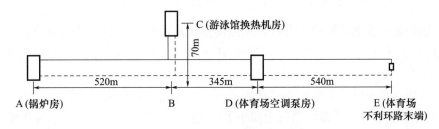

图 8　各输送段距离示意

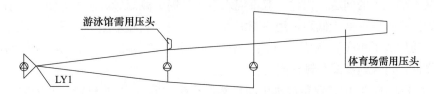

图 9　分布式二级泵系统（两个单体均设二级泵）

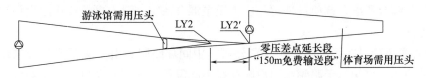

图 10　分布式二级泵系统（仅远端体育场设二级泵）

上述从定性分析了中间输送管路（图 8 中 ABD 段）阻力由一级泵来承担优于二级泵，其差异就在于二者系统温差不一致，导致水泵流量不一致。为了定量研究二者系统的差异，简单计算了两种系统下水泵的轴功率，计算结果见表 4。

表 4　两种不同系统的水泵轴功率

系统类别	水泵类别	流量/(m³/h)	扬程/m	轴功率/kW
图 9 系统	锅炉房一级泵	261	15.0	14.2
	游泳馆二级泵	83	7.8	2.3
	体育场二级泵	298	34.2	37.0
	合计	—	—	53.5
图 10 系统	锅炉房一级泵	261	22.8	21.6
	游泳馆二级泵	0	0	0
	体育场二级泵	298	26.4	28.6
	合计	—	—	50.2

从表 4 中可以看出，由相对小流量的一级泵承担输送阻力更节能，若采用常规作法会导致整个系统轴功率增加约 6.6%。当然，从上述分析可知，若一、二级泵温差更大，则节能效果会更明显。

5 结论

1）锅炉装机方面，对整个项目各单体用热需求进行了详尽的调研和分析计算，虽本次改建整个项目从原 27.5 万 m² 增加至 31.3 万 m²，但最终配置锅炉容量仅为原锅炉装机容量的 42%。

2）该项目集中供热系统摒弃了常规承压锅炉加板式换热器的做法，采用混水直供方式而避免设置板式换热器，系统上减小了板式换热器阻力，减少了系统输送能耗。

3）该项目为解决锅炉源侧温差尽可能大但锅炉回水温度又不能太低、用户侧供回水温度又不能太大的问题，构建了双重混水系统，锅炉源侧尽可能加大温差并通过混水保证锅炉回水温度不低于低限，用户侧混水泵根据用户侧温差提供流量，由此在源侧和用户侧之间形成了 40℃ 的大温差（图 8 中 ABD 段），在同等管径下，中间管路的比摩阻大大降低，可大幅度减小输送阻力。

4）由于上述 3）中"双重混水中间自然形成超大温差"[2] 的思路，若中间环路单独设泵，形成三级泵，输送能耗可更低，但系统相对复杂，系统控制、投资和机房面积相应会增加，综合考虑，该项目采用一、二级泵混合系统；对于更长输送距离情况下，则可酌情考虑。

5）对于该项目二级泵系统，分别分析了中间环路阻力由一级泵或二级泵承担下系统水泵轴功率，可知对于源侧和用户侧存在不同温差情况下的简单二级泵系统，原则上应优先加大温差大（也即流量小）的那一级水泵的扬程。该项目经计算由一级泵承担输送阻力在设计工况下水泵轴功率可降低约 6.6%。

6）对于距离锅炉房最远的体育场环路，通过适当放大后段管径、控制较小的比摩阻进一步降低管网阻力，实现刚好与游泳管换热器所需动力实现平衡，也即通过摩阻控制，让游泳馆的"1180m 输送环路阻力＋水专业换热器阻力"等效于体育场的"1730m 输送环路阻力"，让源侧一级泵、体育场二级泵均不额外增加扬程。

参考文献

[1] GB 50041—2020：锅炉房设计标准 [S]. 北京：中国计划出版社，2020.

[2] 胡洪，乐照林，何焰，等. 一种空调热水系统：ZL202122820349.8 [P]. 2022-04-08.

浅谈供暖和空调水系统的水力平衡与调试

于晓明[1]☆　张　立[2]　张　磊[3]
(1. 山东省建筑设计研究院有限公司；2. 埃迈贸易（上海）有限公司；
3. 栖霞市城乡建设事务服务中心)

摘　要　认为水力失调是造成供暖和空调水系统输送能耗高、建筑能耗高、房间冷热不匀的主要原因之一，对供暖和空调水系统进行水力平衡，并在适当时机对其进行正确的调试，是避免系统产生水力失调、减少输送能耗的重要措施和手段。对水力平衡的主要调试方法进行了详细介绍。

关键词　供暖　空调　水系统　水力失调　水力平衡　水力平衡装置　调试
节能

0　引言

无论是空调还是供暖工程，不同的建筑物或房间之间通常存在末端用户供水流量不足、某些房间温度过高或过低且冷热不匀等现象，由此带来了供暖和空调水系统输送效率低、建筑能耗高的不良后果。究其原因，主要是由于在工程设计阶段和施工验收前，未对供暖和空调水系统采取必要的水力平衡措施和正确的调试而引起系统水力失调造成的。

理论和工程实践表明，对供暖和空调水系统采取必要的水力平衡措施与调试，是解决系统水力失调、减少系统运行能耗的重要措施和手段。

1　水力失调与水力平衡理论

1.1　水力失调

水力失调是由于水力失衡而引起运行工况偏离设计工况的一种现象，空调和供暖冷热水系统通常均存在水力失调现象，因此，必须重视水系统的初调节和运行过程中的调节与控制问题。水力失调可分为静态与动态两种类型。

1）静态水力失调

静态水力失调是水系统自身固有的，它是由于管路系统环路间实际阻力数之比与设计要求不一致或与实际需求不一致导致实际流量偏离设计流量或所需流量。

☆　于晓明，男，1963 年 5 月生，大学，工程技术应用研究员，总工程师
　　250001　山东省济南市市中区小纬四路 2 号
　　E-mail：yyuumm@163.com

2）动态水力失调

动态水力失调不是水系统自身固有的，是在系统运行过程中产生的。它是因某些末端设备的阀门开度改变，在导致流量变化的同时，管路系统的压力产生波动，从而引起互扰而使其他末端设备流量偏离设计值的一种现象。

1.2　水力平衡

水系统水力失调导致的表面现象如前所述是室内热环境差，如系统内冷热不匀、温湿度达不到设计值等。实际上还隐含着系统和设备效率的降低，以及由此而引起的能源消耗的增加。图 1 给出了由于系统不平衡而导致室内温度偏离所造成的能耗附加百分率。

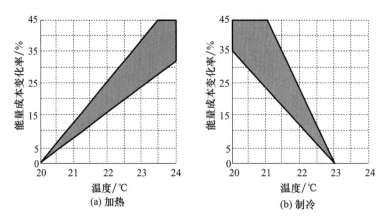

图 1　每提高或降低 1℃能量成本的变化率

水力平衡阀的出现，为从根本上克服水力失调现象创造了条件。常用的水力平衡阀有以下几种：

1）静态水力平衡阀

能够使用流量测量仪表测量流经阀门的流量，通过手动调节阀门阻力，使水力管网达到系统水力平衡的专用调节阀门。

2）自力式压差控制阀

安装在回水（或供水）管上，并用导压管与供水（或回水）管相连通，无需系统外部动力驱动，依靠自身的机械结构，在工作压差范围内，保持被控环路压差稳定的控制阀。

3）自力式流量控制阀

一种无需系统外部动力驱动，依靠自身的机械动作，能够在工作压差范围内保持流量稳定的控制阀。

4）动态平衡电动两通阀

具有电动两通比例积分调节与压差稳定功能，具有调节部分和压差稳定部分：可调部分的开度依据实际需要随时进行电动调节；压差稳定部分保持控制阀部分压差恒定，从而获得高控制性和高精度，同时，应具有最大流量设定与测量功能。

空调和供暖工程设计中，对水力平衡的基本要求是在设计工况下所有末端设备必须达到设计流量,控制阀两端的压差不能有太大的变化,且在空调冷水系统中使用盈亏旁通管的冷源侧与负荷侧之间的流量要匹配——主机侧的流量不小于输配侧的流量。

根据水力失调类型的不同,水力平衡对应的措施可分为下列两种形式:

1) 静态水力平衡。若系统中所有末端设备的温度控制阀门(如温控阀和电动调节阀等)均处于全开位置,所有动态水力平衡设备也都设定在设计参数位置(设计流量或压差),这时,如果所有末端设备的流量均能达到设计值,则可以认为该系统已达到了静态水力平衡,使用静态水力平衡阀和自力式流量控制阀都可以实现静态水力平衡。

2) 动态水力平衡。对于变流量系统来说,除了必须达到静态水力平衡外,还必须同时较好地实现动态水力平衡,即在系统运行过程中,各个末端设备的流量均能达到随瞬时负荷改变的瞬时要求流量;而且各个末端设备的流量只随设备负荷的变化而变化,而不受系统压力波动的影响。

近年来的试点验证,水力平衡是供冷(热)量总体调节、室温调控等空调供暖系统节能技术实施的基础。水力平衡首先应通过设计手段达到,应合理划分和均匀布置环路,调整管径,严格进行计算,减少压力损失的相对差额。对于当通过设计计算确实达不到15%的平衡要求时,可根据工程标准、系统特性在适当位置正确选用和设置可测量数据的水力平衡装置,并应在适当时机对其进行正确的调试工作,才能真正达到供暖和空调水系统的水力平衡。

2 系统水力平衡调试之前的准备

系统水力平衡的调试目标是在设计条件下,把所有的控制阀全部打开时,将所有末端设备的流量调整到设计流量,同时使系统的附加压降最小。

由于现场状况和设计参数的差异性,所以,不能单纯地依靠图纸预先计算设定开度后就直接使用,而不进行现场调试。只有通过现场调试,才能够获得正确的设计流量。而且,通过调试还能够根据负荷变化,将新的水量按照设计比例平衡地分配,即各个支路的流量同增同减,且在最不利回路产生的附加压降应该尽量小。

在调试中静态水力平衡阀和带测量口的动态平衡电动调节阀还有一个独特的用途,即可以对系统进行"故障诊断"并作为系统的日常监视与维护手段,而且调试后还可以提供水泵的最佳设定点。

在系统水力平衡调试之前需做好以下工作:

1) 研读有关图纸,包括水系统的原理图、立管图以及各平面图,根据系统特点和平衡方案,选择合适的平衡调试方法,做好调试方案,预先规划好调试步骤。

2) 获取每个平衡阀所在位置的设计流量(或者最大流量),制作好调试数据记录表格。

3) 要求系统可以满负荷试水。

4) 调试前先检查一下系统中的细渣是否排尽,如果没有,须将系统进行排污,以免细渣堵住仪器口和阀门,影响调试结果和损坏调试仪器。

5) 平衡阀调试前,当水泵启动的时候,应派专人检查系统管路、阀门、设备等是否有异常情况，如有，应作好笔录并逐一排查，以免干扰调试。

6）对于新系统工程，为避免产生操作故障，使用前应将所有调节阀打开，对系统进行清洗及排气。如果安装了散热器恒温阀，必须保证它们处于开启状态。然后再通过有效的平衡调试方法对系统进行水力平衡。

3 系统的静态水力平衡调试

静态水力平衡调试的关键在于静态水力平衡设计，而静态水力平衡设计的关键在于对系统进行模块化的划分。静态平衡方案在进行系统平衡调试时，会遇到调试一个分支或末端时，原先调好的分支或末端流量受到影响而产生变化的情况。对水系统平衡方案进行模块化的设计是避免水力互扰影响的有效办法。

水力模块是指在异程式的回路下，在分支或者末端处设置静态水力平衡阀，在入口处也设置静态水力平衡阀。如图 2 所示。

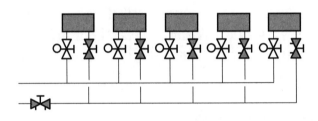

图 2　水力模块

满足上述异程式回路、各分支布置水力静态平衡阀、入口处布置静态水力平衡阀 3 个要素的水力分支形式，就构成了一个水力模块。模块化就是指对整个水力系统进行水力模块的划分。一种典型的静态水力系统模块划分的形式如图 3 所示。

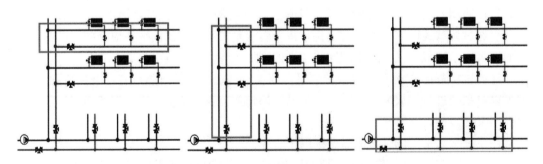

图 3　模块化设计的静态水力平衡水系统示意图

依据水力模块的定义，图 3 中，方框内的每层水平回路构成了水力模块；方框内的立管回路也构成了水力模块，这时，每层的水平回路可以看作是一个大末端；方框内的水平母管回路也可以看作是水力模块，这时每根立管可以看成是一个更大的末端。整个过程就是模块化的分解。水力模块入口处的静态水力平衡阀也称为"合作阀"，含义是在系统进行平衡调试的过程中，此处的静态水力平衡阀一个重要的功能是"配合合作"，避免水力互扰的影响，使分支回路可以快速达到平衡状态。

模块化也是静态水力平衡方案对系统阻力增加最小的最优方式,采用模块化设计的静态平衡方案,最不利回路处布置的静态水力平衡阀的阻力最小,为 3kPa。水系统进行了模块化的分解布置平衡方案后,就可以按照补偿法或无线法进行调试,采用这两种调试方法进行水力平衡调试的水系统,可以保持最不利回路处布置的静态水力平衡阀的阻力最小,在下面的调试方法中有详细说明。

系统静态水力平衡调试前的假设是平衡阀选型合理,位置恰当,建立的模块能补偿互相干扰问题,并且能对系统中或多或少的独立部分逐个进行平衡。在模块化设计的静态平衡方案的水系统下,常见的平衡调试方法有预设定法、迭代法、比例法、补偿法、无线法和诊断法等。其中,补偿法是比例法的进一步拓展;基于测试信号无线传输的快速补偿法是在补偿法的基础上利用无线技术进化的调试方法,简称无线法。本文介绍迭代法、比例法、补偿法和无线法。

3.1 迭代法

迭代法又叫试错法,是通过反复测量和调整每一个末端的流量,最终达到系统平衡状态的方法。

当没有其他方法适用时,尤其是当系统未被划分成带合作阀的模块时,或系统是同程输配时,才使用迭代法。此方法也最容易理解,但要花费很多时间。它的原理是:为了增加远端回路中的流量而消除某些设备回路过流。这样降低了管路的压降,增加了资用压头,也增加了所有末端设备包括已调节好的末端设备的流量。这就是为何在一些方法中,初始值按设计值的 90% 来确定的缘故。具体的操作步骤为:打开所有末端的电动调节阀和静态水力平衡阀,将水泵流量调整到设计流量的 110% 左右,从水力条件比较好(通常是靠近水泵的近端)开始调起,将末端流量调整到设计流量的 90% 左右。将过流的末端调整一遍,测量欠流末端的流量,对出现严重欠流的末端做可能的故障诊断。调整一遍之后,测量主平衡阀的总流量,此时,很有可能会过流,需要将总流量调整至设计流量的 100%～105%。重新调整每个过流末端的流量。按照这样的方式将系统调整 3～4遍,直到所有末端的流量达到流量精度允许的范围内。迭代法调试步骤如图 4 所示。

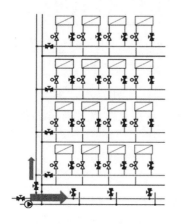 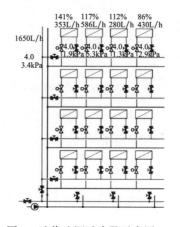 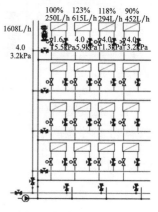

图 4　迭代法调试步骤示意图

迭代法通过反复进行流量测量与调整，使各末端最终达到设计流量。迭代法花费时间较长，调试完毕后最不利回路的平衡阀无法保证开度最小，只在没有其他适用的调试方法或同程式系统里使用。

3.2 比例法

比例法是应用比例原则，通过调整每个回路实际流量与设计流量的比值，最终达到系统平衡的方法。

比例原则指的是，当几个末端装置连接在相同的回路中时，回路入口处压差的任何变化会以相同的比例改变其他所有末端装置的流量。这个规律意味着，所有部件（管道、阀门、末端装置等）的压降取决于依据相同关系（$\Delta p = kq^2$）的流量，而且它们的水力阻力保持不变。这个基本原理被用来平衡一根支管上的各个末端装置，平衡支管和平衡它们之间的立管。

使用比例法对一个水力模块进行水力平衡调节时，需要测量和计算每一个回路实际流量和设计流量的比值 λ。

识别出最小流量比的回路，即 λ 值最小（λ_{min}）。将回路中的最后一个末端流量比例调整到和 λ_{min} 末端比例相同，这个位置的静态水力平衡阀即作为参照阀。之后顺序将上游的那个末端流量比例调整到与参照阀相同比例，按此方式将该模块调整到平衡状态。

用同样的方法调整同一级的其他模块，之后再用同样的方法调整上一次模块，一直调到系统入口，如图 5 所示。

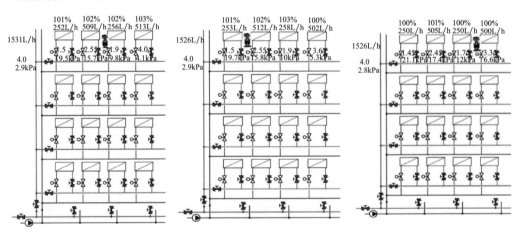

图 5　比例法调试步骤示意图

比例法比起迭代法，应用了比例原则，提高了调试速度，缺点是依然无法保证最不利回路上的平衡阀开度最小，即水泵节能不是最优的。

3.3 补偿法

补偿法是指用合作阀来补偿平衡调试时不同模块或末端由于水力互扰产生的流量影响的平衡调试方法。补偿法是在比例法的基础上发展而来的，这种方法可以用更短的时间获得更好的调试结果，同时保证最不利回路上的平衡阀压降最低。

用补偿法进行平衡调试时，先将最不利回路的静态水力平衡阀设定在设计流量下压降达到3kPa的开度或者全开状态，调节使最不利回路流量达到设计流量，并将其设为参照阀。用调试仪表监测参照阀的压降值。调节同级上游的平衡阀时，参照阀压降会改变，这时，通过调整模块入口处合作阀开度的方法，保持参照阀的压降不变；继续调节其他平衡阀时，对参照阀压降产生的影响，依然通过调整模块入口处合作阀开度的方式，保持参照阀的压降不变。按照同样的方法调整其他分支达到设计流量：

1）如图6所示，先将5号回路的静态平衡阀设定在设计流量3kPa压降的圈数下，调节其他回路——往往是该模块外地其他支路使5号回路流量达到设计流量。

2）继续调整4号回路流量时，5号回路的流量会增加，这时，通过调小合作阀开度，使5号回路的流量恢复到设计流量。

3）继续调整3号回路时，5号回路的流量还会增加，这时，通过调小合作阀开度，使5号回路恢复到设计流量。

4）依次调整到回路入口。

调整完毕时，5号回路一直处于设计流量，压降为3kPa或者是此处平衡阀全开时的压降。因此，使用无线法调整完毕的水系统，最不利回路上平衡阀的压降为3kPa或全开压降，这样给系统水泵额外增加的压降为最优。

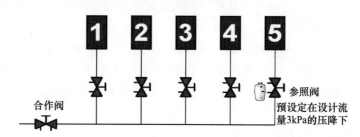

图6 补偿法的水力模块调试步骤示意图

应用补偿法，优点是每个平衡阀只测量一次，并保持最不利回路的平衡阀上的压降最优；缺点是无法判断或调整最不利回路，这个问题在无线法中获得了改进。当不具备无线法的设备条件——两套压差传感器、通过无线与手持机联机时，适宜使用补偿法进行平衡调试。

3.4 无线法

无线法是随着无线通讯技术的发展，1台平衡调试仪的手持机可以同时连接2台无线压差传感器，这样在补偿法的基础上，就可以同时测量观察2个末端的实际流量，实际操作步骤与补偿法相同。无线法节省了调试用的设备，简化了调试步骤，提高了调试效率；同时，通过手持机内置的数据储存和算法，可以在参照阀不是最不利回路时，一键调整最不利回路为参照回路，解决了补偿法的缺点，而且又继承了补偿法最不利回路压降最小的优点。同时，无线法还可以提供水力模块的自动压差诊断。

无线法的调试步骤（见图7）为：

1）将2号无线压差传感器连接到5号末端上的平衡阀，这个平衡阀即是参照阀，

图 7　无线法的调试步骤示意图

设置参照阀到设计流量压降达到 3kPa 的开度或者全开。

2）将 1 号无线压差传感器连接到 4 号末端上的平衡阀，对比经过 4 号和 5 号末端平衡阀的实际流量与设计流量的比值，将其调整到相同。

3）再将 1 号无线压差传感器连接到 3 号末端，对比经过 3 号和 5 号末端平衡阀的实际流量与设计流量的比值，将其调整到相同。之后依次按同样方式往上游进行。

4）如果发现当前阀门实际流量与设计流量的比值比经过参照阀的实际流量与设计流量的比值还低，在排除原因不是脏堵等其他因素后，可以通过手持机内的切换，将当前阀门切换为参照阀，所对应与其他阀门的关系可以通过手持机记录的其他阀门流量值自动转换，无需重新调试。

在大系统中，如果末端距离较远，可以设定中继作为中间连接，以增强连接距离，这样在开放空间可以达到 500m 的连接距离，在封闭空间也可以达到 70m 的连接距离。

在满足无线法使用条件时，应尽量使用无线法进行系统平衡调试。

4　系统的动态水力平衡调试

4.1　采用自力式压差控制阀水系统的调试

采用自力式压差控制阀的动态平衡方案，通常是将自力式压差控制阀布置在回水处，将静态水力平衡阀布置在供水处，这样的布置可以出现在立管处，也可以出现在水平分支或者末端处。一种典型的自力式压差平衡方案如图 8 所示。

自力式压差控制阀的主要功能有两个，一是稳定控制阀的压差，二是使回路之间实现"压力无关"。这两个功能可以实现稳定、精确的调节控制，使控制阀噪声变小，简化平衡与调试工作。另外，使回路在水力上相互独立的功能，在对新回路调试时也不会干扰其他已经运行的回路，这对于系统调试来说非常重要。

如图 8 所示，当系统应用了自力式压差控制阀的平衡方案时，在平衡调试时，只需将每个自力式压差控制阀所稳定的回路最大流量调整至设计流量，之后再调整其他回路流量时，对已调好的回路不会产生影响，所增加或减少的资用压头会被自力式压差控制阀自身抵消。此时，回路与回路之间不再需要考虑互扰对平衡调试的影响，因此，不再需要在模块入口处通过布置合作阀来"配合合作"抵消水力互扰的影响。在压差控制住的模块上游及更上游，无需设置静态平衡阀，整个方案可以更加简化；即使在这些位置

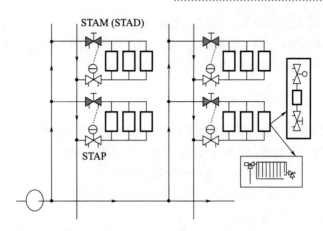

图 8　典型的自力式压差平衡方案示意图

设置了静态水力平衡阀，对系统平衡调试不具备测量流量和故障诊断以外的功能，此处的平衡阀应全开或设定在 3kPa 的压降下。

自力式压差控制阀动态平衡方案调试步骤如下：以图 8 系统为例，首先将下级静态平衡系统调试完毕，将自力式压差控制阀连接静态水力平衡阀的毛细管导通，将连接自力式压差控制阀的静态水力平衡阀重新完全打开并预设成最小的测量压降，再调整自力式压差控制阀的设定压差，使此时静态水力平衡阀上的流量达到设计流量，即调试完成。

由于系统在水力平衡完全调好之前可能存在欠流回路，因此动态压差平衡方案一种可行的调试顺序是从系统的近端往远端调。

4.2　采用动态平衡电动两通调节阀水系统的调试

动态平衡电动两通调节阀通常布置在每一个末端处，如图 9 所示。此时，上游的合作阀可以不用设置，如觉得有必要掌握分集水器处的分支流量，可以保留分集水器处的静态水力平衡阀。

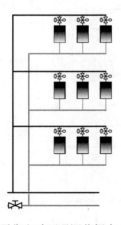

图 9　动态平衡电动两通调节阀水系统示意图

布置了动态平衡电动两通调节阀的系统依然需要进行水力平衡调试：

1）需要验证布置了动态平衡电动两通调节阀的流量达到了设计流量；

2）需要对流量未达标的地方进行故障排除。

动态平衡电动两通调节阀的调试较简单，将连接阀体的电动执行器摘下，设定流量到设计流量的开度，连接智能仪表进行流量测量和验证。

4.3 采用自力式流量控制阀水系统的调试

自力式流量控制阀是通过自动改变阀芯的过流面积、适应阀前后压力的变化，来控制通过阀门流量的。它的流量大部分是出厂时根据要求设定好的，也有可以在现场设定的型号。自力式流量控制阀实际上是一种保持流量不变的定流量阀。其功能是：当系统内有些设备如随着空调负荷的变化进行调节而导致管网中压力发生改变时，使其他设备的流量保持不变，仍然与设计值相一致。

固定流量型自力式流量控制阀由于其定流量特性，一般由生产厂家在出厂前根据要求设定好，根据安装要求进行安装即可，现场不需要调试。现场可设定流量型自力式流量控制阀，应使用生产厂家的专用设备，通过图表或测试设备完成调试。

在冷水机组的冷却侧，在多台冷水机组分布开启或关闭时，会产生流量波动或者过流的情况。在如图 10 所示的例子中，在 3 台冷水机组全部开启的情况下，每台冷水机组的流量为 10L/s，如果只开启 1 台冷水机组，主管道中的流量减少、压降减小、水泵实际扬程降低，会加速产生过流，导致当只有 1 台冷水机组开启时，即使水泵和冷水机组是一一对应的，也会导致过流至 17L/s。

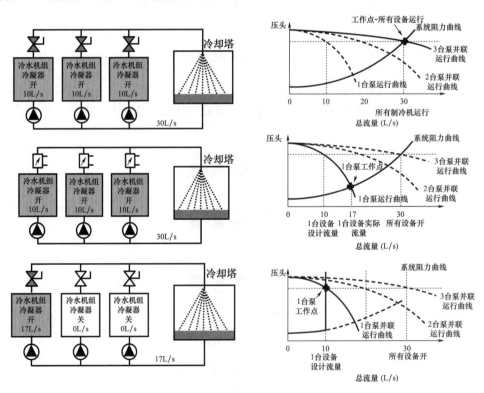

图 10 冷却侧设置自力式流量控制阀的水系统示意图

这种场合下，在每 1 台冷水机组冷却侧布置自力式流量控制阀，可以保证每台冷水机组的工作点流量为 10L/s，从而避免过流和流量互扰。当泵的工作数量变化时，自力式流量控制阀将根据系统阻力的变化相应调整，以保持设计流量。

当有大小冷水机组/水泵并联时，考虑以下 3 种情况：

1）每台冷机对应 1 台水泵

此时，无论冷水机组阻力大小，只要水泵设计得当，输入到 A、B 点（见图 11）的压头应该一致，所以无需考虑冷水机组间的流量互扰问题。如需测量每台冷水机组流量，可设置静态水力平衡阀。

2）大小主机并联后再连接并联水泵

此时，水泵并联输出时，由于大小冷水机组的阻力不同，存在不同数量开启/关闭状态时的流量互扰，可设置自力式流量控制阀来保证各种工况下冷机可达到设计流量。另外，造成此情况的原因是冷水机组阻力的不一致，在每台冷水机组处设置静态水力平衡阀并做好调节，也可以达到相同的效果。

3）二级泵并联

此时，合理的设计是水泵的扬程一致，并且通常二级水泵会设置变频，如果在水泵出口设置自力式流量控制阀，将与变频泵的控制逻辑矛盾，故不应设置此类阀门。

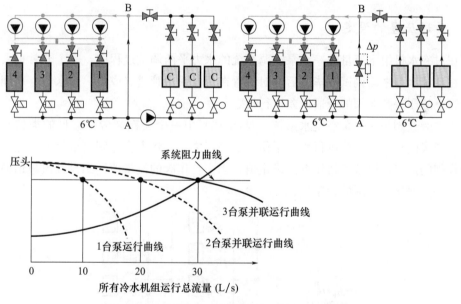

图 11　冷源侧设置自力式流量控制阀的水系统示意图

目前常见的空调冷水系统有 3 种形式：二级泵系统、冷水机组定流量的一级泵系统和冷水机组变流量的一级泵系统，3 种系统的示意如图 12 所示。

对于二级泵系统，由于冷源侧和负荷侧之间有去耦旁通管，即主机侧的公用阻力几乎为零，当多台主机之间开启和关闭时，对其他主机流量基本没有影响，所以无需在主机蒸发侧布置自力式流量控制阀；对于使用压差旁通的冷水机组定流量的一级泵系统，当压差旁通正确设定并正确运行时，无论多台主机之间如何切换，它们的公用阻力是固

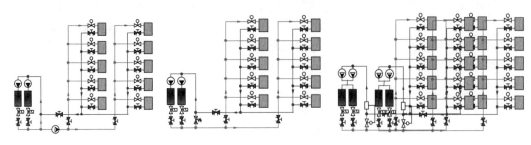

图 12　水系统形式示意图

定的，每个主机回路的阻力在不同切换状态下都是基本一致的，因此对每台主机的流量也没有太大影响，因此也用不到自力式流量控制阀平衡的功能；对于冷水机组变流量的一级泵变流量水系统，水泵为变频水泵，此时布置自力式流量控制阀，功能将和变频水泵冲突，更不应该设置。

在以上 3 种设计形式下，如获得冷水机组蒸发侧的流量，可设计静态水力平衡阀，起到流量测量、阻力调节和故障诊断的作用。

在空调水系统中，自力式流量控制阀的应用场景，可用于冷却塔或冷水机组的冷凝侧。

4.4　旁通压差的设定

在对冷水机组定流量的一级泵空调系统的水力平衡调试过程中，一个非常重要的步骤是在系统水力平衡调试完毕之后，对设置在总供回水管道（或集、分水器）之间水量平衡管上的压差旁通阀的旁通压差进行设定。

压差旁通阀是一级泵空调水系统（见图 13）中一个关键装置，常见的类型有机械式和电子式两种。在系统进行水力平衡调试完毕之后，将主合作阀完全打开，测量通过主合作阀的流量，调整旁通压差的设定值，当主合作阀的流量值达到设计流量值时，此时应该是旁通压差实际的设定值。

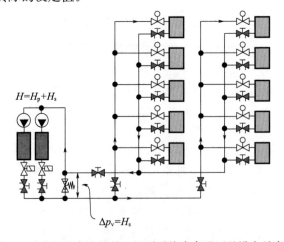

$H = H_p + H_s$

$\Delta p_v = H_s$

图 13　冷水机组定流量的一级泵系统中旁通压差设定示意图

5 结语

综上所述，水力失调是造成供暖和空调水系统输送效率低、建筑能耗高、房间冷热不匀的主要原因之一，而造成水力失调的原因是由于未对供暖和空调水系统采取一定的水力平衡措施和调试。因此，应首先在工程设计阶段采取设计平衡手段或适合系统特性的水力平衡装置等措施，并在此基础上选择适当时机对水系统和平衡装置进行正确的调试和设定，才能真正达到供暖和空调水系统的高效运行，实现建筑节能。

参考文献

[1] 建筑节能与可再生能源利用通用规范：GB 55015—2021 [S]. 北京，中国建筑工业出版社，2021.

[2] 民用建筑供暖通风与空调设计规范：GB 50736—2012 [S]. 北京，中国建筑工业出版社，2012.

• 空调制冷 •

山东省委党校被动式超低能耗综合培训楼新风系统精细化设计与施工

李向东[1☆] 张长帅[2] 潘学良[1] 钟世民[1]

（1. 山东省建筑设计研究院有限公司；2. 中建八局第二建设有限公司）

摘　要　介绍了住房城乡建设部被动式超低能耗示范项目——山东省委党校综合培训楼的新风系统设计思路，详细阐述了精细化设计过程及施工、检测要点。

关键词　被动式超低能耗建筑　新风系统　精细化设计与施工　检测

0　引言

常规建筑的新风系统能耗占空调系统总能耗的30％以上，而对于超低能耗建筑来说，围护结构保温效果以及建筑的气密性大大加强，使得通过围护结构传热引起的空调负荷大大降低，而与在室人员数量、活动性质相关的新风负荷与围护结构无关，新风负荷在总负荷中的占比更加显著。因此，关注新风系统的节能对于被动式超低能耗公共建筑具有更为重要的意义。

山东省委党校综合培训楼项目位于济南市，按超低能耗建筑及绿色建筑三星级标准建设，2017年申请列为住房城乡建设部被动式超低能耗示范项目，历经4年的设计、施工，目前已顺利竣工投入使用。本文将对该项目的新风系统节能设计及精细化施工予以介绍。

1　概述

1.1　工程概况

该工程地上12层，地下1层，其中地下1层为主楼范围内为设备用房、预留教学和办公用房，其他部分为地下车库，1～2层裙房为培训教室、研讨室、报告厅、会议室、大堂等公共用房，3～12层塔楼部分为学员宿舍。总建筑面积51544m²，除车库以外的主楼地上、地下为被动式区域，该部分建筑面积33599.67m²，建筑高度54.95m。效果图见图1。

☆　李向东，男，1969年生，工程硕士，工程技术应用研究员

　　250001　济南市市中区小纬四路四号山东省建筑设计研究院有限公司

　　E-mail：lxd7631@163.com

图1 项目效果图

1.2 设计参数

室内设计参数见表1，负荷计算及全年能耗模拟结果见表2。

表1 室内设计参数

房间名称	夏季		冬季		新风量/ [m³/(人·h)]	其他
	温度/℃	相对湿度/%	温度/℃	相对湿度/%		
培训教室、研讨室	26	55	22	35	30	PM2.5≤50μg/m³ （日平均） CO_2质量浓度≤ 2000mg/m³ 超温频率<10%
学员宿舍	26	55	22	35	40	
报告厅、会议室	26	55	20	35	12	
接待室	26	55	22	35	30	
大堂、走廊、电梯厅	27	55	20	—	10	
公共卫生间	26	—	20	—	—	

表2 负荷计算及全年能耗模拟

空调面积/ m²	设计日负荷（天正暖通）			全年累计需求（EnergyPlus）		
	类别	计算值/ kW	单位面积指标/ (W/m²)	类别	计算值/ (kW·h)	单位面积指标/ [kW·h/(m²·a)]
33288	热负荷	528.6	15.9	供热	305620.7	9.2
	冷负荷	842.3	25.3	供冷	716461.9	21.5

注：采用常规设计日负荷计算和全年能耗模拟2种方法进行了负荷计算，按不利结果进行设计选型。

1.3 空调及冷热源方案

该工程采用温湿度独立控制空调系统，其中报告厅采用一次回风全空气系统，2层以下培训教室采用新风加主动式冷梁系统，其他部分采用新风加干式风机盘管系统。

空调冷热源采用复合式地源热泵系统，考虑生活热水负荷需求，按冬季供热工况选择 2 台地源热泵机组作为主要冷热源，为平衡地源侧取放热量平衡并满足党校备用机组要求，夏季另设置 1 台磁悬浮离心式冷水机组。

夏季负荷侧设计供回水温度 14℃/19℃（冷梁系统通过混水泵提供 17℃/20℃中温冷水），地源侧设计供回水温度 30℃/35℃，热回收供回水温度 50℃/45℃。

冬季负荷侧设计供回水温度 45℃/40℃（冷梁系统通过混水泵提供 40℃/34℃中温热水），地源侧设计供回水温度 10℃/5℃。

1.4 新风处理

温湿度独立控制系统的新风采用内冷式双冷源新风机组处理，经过滤后的新风首先进入全热回收装置，回收排风中的能量，然后经高温冷源预冷，再经内置压缩循环进一步降温除湿，最后被内置冷源的冷凝器再热，经管道送入室内。

内冷式双冷源新风机组主要技术参数如下：

1）内置高效热回收装置采用带石墨烯涂层、可水洗、板式高效全热换热芯体，冬季工况显热回收效率≥75％、潜热回收效率≥70％；夏季工况显热回收效率≥70％、潜热回收效率≥65％。

2）新风侧设置粗效（G4）、高中效（F7）两级过滤，过滤效率对粒径≥0.5μm 的细颗粒物的一次通过计数效率≥80％，对粒径≥2.5μm 的细颗粒物的一次通过计数效率≥90％，回风设置粗效（G4）过滤。

3）内置互锁式电动旁通阀。

4）内置压缩机为 2 组，其中一组冷凝器设于送风侧用于再热，另一组设于排风侧，排风侧冷凝器采用蒸发冷却技术。压缩机均采用变频控制。

5）送、排风机均采用数字式直流无刷电动机。

6）设计送风温度为 17℃，送风含湿量宿舍部分为 10g/kg，教室部分为 8g/kg。

宿舍部分进入新风机组的室内回风全部来自卫生间排风，为防止卫生间污风向送风侧泄漏污染新风，采取的措施包括：严格控制机组气密性，招标文件提出严格要求；送排风机均采用吸出式布置方式，热回收段处于负压；带石墨烯涂层高分子结构的换热机芯仅传递热量和水分子，对产生臭味的硫化氢等气体分子具有选择性过滤能力；送风段增设纳米水离子杀菌装置对空气进行二次处理等。

在被动式超低能耗建筑中，通风电力需求 e_V 是表征热回收新风机组能耗的重要指标，一般的热回收机组要求 $e_V≤0.45$。考虑内冷式双冷源新风机组，送风部分需要增加 3 组表冷（加热）器、加湿器，排风部分需要增加 1 组表冷（加热）器，内置阻力大大增加，故本工程经能耗计算，控制 $e_V≤0.6$。

2 主要空调区新风系统设计

2.1 学员宿舍

3～12 层为学员宿舍部分，每层设有 36 间宿舍，卫生间均采用竖向排风，为了实现排风热回收，需将热回收新风机组设于屋顶层，本设计采用新风系统水平、竖向相结合的系统划分及分区方式，每层分为 4 个宿舍区、1 个公共区，宿舍区竖向按 3～7 层、8～12 层分别划分为 2 个系统，公共区竖向不分区。3～12 层共划分为 9 个系统。

每间宿舍额定新风量按满足人员所需的最小新风量 30m³/（人·h）、维持卫生间排风平衡所需的风量进行计算，由于被动式建筑气密性较强，可不必考虑维持正压所需的额外风量。卫生间排气扇额定风量为 80m³/h，故每间宿舍额定新风量按卫生间排风量确定，取 80m³/h。考虑宿舍间歇运行及节能需求，宿舍新风系统采用三段式风量控制。每个新风支管均设置智能电动定风量风阀，设置 3 挡开度，分别满足风量 80、30、10m³/h，墙装新风控制面板内置 5 合 1 室内空气质量传感器（温度、湿度、CO_2 浓度、PM2.5、TVOC 浓度）。

智能电动定风量风阀与房间客控系统（RCU）联动，人员入住后，RCU 联动开启排风扇、新风阀开至最大；人员离开后，排风扇关闭，新风阀自动保持最小开度。正常运行时，新风阀可根据人员需求，手动调节 3 挡风速（主要从降低噪声的角度），也可根据室内 CO_2 浓度自动调节。

新风机组根据送风干管静压自动调节送风机转速，从而对总风量进行调节。

需要说明的是，宿舍属于低人员密度房间，除湿需求不大，对于采用干式风机盘管机组的温湿度独立控制系统，新风控制按满足人员卫生需要的风量即可满足除湿需求。另外，对于宿舍、客房、个人办公室等类似房间，室内 CO_2 浓度控制并不敏感，上述 CO_2 浓度自动控制功能为中标厂家自行附加的功能。

2.2 培训教室

培训教室主要布置在裙房 2 层，共设置 45 人、60 人、80 人、150 人等不同人数房间若干。教室属于人员密集场所，新风量较大，设计按就近、集中，每个新风机组风量控制在 5000m³/h 左右的原则进行系统划分。

教室采用主动式冷梁作为室内处理末端，一次风安装定风量阀以保证其需要的恒定风量，多余的新风量通过一个变风量末端装置单独送到室内，由室内 CO_2 浓度进行自动控制。

新风处理方式，室内空气品质监测系统，新风机组风量控制方式同上。

主动式冷梁作为一类干式处理末端，同样需要对新风的湿度处理予以控制，新风处理终状态点的绝对湿度由双冷源新风机组进行控制，而室内湿负荷的变化由在室人员数量确定，采用室内 CO_2 浓度控制新风量，也同步对新风除湿能力进行了调节。

冷梁本身自带温度控制与防结露控制功能。温度控制通过在回水管上安装电动两通阀，防结露控制系统采用防结露优先控制的原则，同时控制房间的温度。墙装温度控制器测量房间的实际温度，根据温差控制冷梁电动两通水阀的通断；露点传感器出厂预装在冷梁内部的进水管上，快速检测冷梁室内诱导风的相对湿度，当水管周围的相对湿度超过 95% 时，输出信号至墙装温度控制器，控制器输出信号关断冷梁的电动水阀，防止结露。

2.3 其他区域

首层大堂、展厅，各层研讨室，地下 1 层预留用房等，采用干式风机盘管加新风系统，其中研讨室的新风末端设置变风量末端装置，根据室内 CO_2 浓度自动调节，其他区域变风量均设置定风量阀。新风处理方式均采用双冷源新风机组。

项目设 300 人报告厅一间，空调系统采用全空气系统，空气处理方式采用双冷源全空气机组。

3 新风系统精细化设计

3.1 准确的风量计算

按规范计算每个房间的新风量，并在施工图中进行明确标注，如图 2 所示。设置定风量阀的系统标注每个定风量阀的额定风量；设置智能定风量阀的宿舍，标注每个定风量风阀的额定风量；设置变风量末端的教室，标注变风量末端的额定风量、风压等参数。

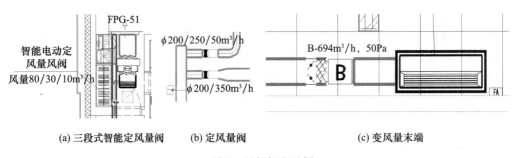

(a) 三段式智能定风量阀　　(b) 定风量阀　　(c) 变风量末端

图 2　风阀标注示例

3.2 严格的风量平衡设计

根据房间功能、布局划分风量平衡区域，进行严格的风量平衡计算：

1）每间宿舍为一个独立的风量平衡区，房间送风，卫生间回风，卫生间门下预留缝隙用于空气溢流。

2）宿舍层半开放式公区（接待区、活动区）与公共卫生间构成风量平衡区，室内送风，卫生间回风，通过严密性较差的公共卫生间、杂物间、玻璃门门缝、卫生间门下缝隙作为空气溢流通道。

3）首层大厅等公区与公共卫生间构成风量平衡区，卫生间回风，通过跨过卫生间隔墙的溢流风管及风口实现空气溢流。

4）教室、会议室、报告厅等独立空间分别为独立的风量平衡区，分别设置送风口、回风口，送风量等于回风量。

除上述 4）中独立设置送风、回风实现房间内部平衡的区域外，其他需要采用溢流风管或溢流口的区域，需计算通过溢流口的风量、面积，控制其溢流风速范围不大于

2m/s，并标注在施工图纸中，如图3所示。

卫生间门下缝隙长度0.8m，缝隙高度2cm，溢流风速1.4m/s	杂物间门下缝隙长度1.0m，缝隙高度2.5cm，溢流风速0.17m/s	研讨室设4个玻璃门，每门缝隙长度9m，缝隙宽度不小于0.5cm，溢流风速0.6m/s	公共卫生间溢流风量450m³/h，百叶风口500mm×200mm，风速1.4m/s
(a) 卫生间	(b) 杂物间	(c) 研讨室	(d) 公共卫生间

图3　溢流口标注示例

3.3　准确的风系统水力计算

对所有风系统进行水力计算，通过计算确定风机压头，并确保实现机组通风电力需求，风道系统单位风量耗功率等节能指标。水力计算步骤如下：

1）绘制各系统原理图，标注各节点设计风量；

2）分别计算各系统新风—送风、回风—排风管路尺寸、沿程阻力；

3）计算阀门、弯头、三通、风口（含新风百叶）、送风口余压等局部阻力；

4）计算新风机组送风机/回风机余压；

5）根据设计风量进行新风机组选型，计算新风机组机内阻力；

6）计算机组通风电力需求。如不满足要求，则通过调整风管系统尺寸重新计算余压值及调整新风机组选型重新计算机内阻力，直至满足。

3.4　风管系统节能设计

风管系统设计时，采取如下节能设计措施：

1）尽量减小风系统作用半径；

2）控制矩形风管长短边比不大于4；

3）弯头采用圆弧形，曲率半径不小于1.5倍的平面边长；

4）弯头、三通、调节阀、变径管等管件之间直管段长度，不小于5～10倍风管当量直径；

5）风机或空调机组入口与风管连接，设置大于风管直径的直管段，当弯管与风机入口距离过近时，在弯管内加导流片；

6）风管风速控制在不大于3m/s，个别主管道难以满足时不大于5m/s。

4　新风系统精细化施工

新风系统施工严格执行GB 50243—2016《通风与空调工程施工质量验收规范》，并针对被动式建筑的特点，采取相应的技术措施。

4.1　双冷源新风机组安装

1）机组均安装于专用机房内，安装前做好混凝土基础，支撑面须有足够的强度，能承受机组运行时的质量。

2）机组安装场合须留足够的空间，阀门、仪表、控制面板均应合理设置，确保便于操作与维保。

3）机组就位时，在机组与基础之间设置 10mm 厚天然橡胶隔振垫。

4）分段出厂的机组，段间连接采用鱼尾板＋螺栓连接，先在 2 个段的中间粘贴聚乙烯发泡塑料保温材料，然后再将机组段体用螺栓连接，最后再使用专用硅胶密封处理。

5）双冷源新风机组内置一套压缩循环制冷系统，设备的吊装、就位过程中，时刻保持设备的水平度。

6）所有进出机房隔墙的风管，首先需要预留穿墙套管，风管施工完毕，采用内外粘贴透汽膜和隔气膜以保持隔墙气密层的连续。

4.2 智能定风量阀安装

智能定风量阀为圆形结构，阀前设置较大尺寸的圆形消声软管，阀后为矩形风口接管。智能定风量阀要求进风口处设置不小于 $1D \sim 1.5D$ 的直管段，为连接方便并保证调节精度，该工程采用由定风量阀厂家预制前后变径接口，避免现场施工误差影响调节性能。其结构如图 4 所示。

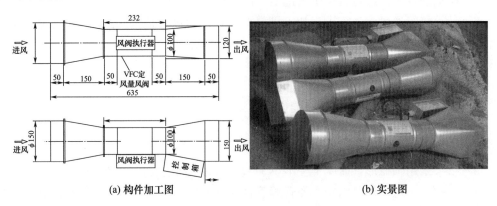

(a) 构件加工图   (b) 实景图

图 4　一体化智能定风量阀结构

4.3 智能变风量末端安装

智能变风量末端其基本结构为内置直流无刷风机的风机箱，设备安装时，需注意设备需要设置单独的减振吊架，并预留检修空间，同时风机前后也应预留直管段，进风侧不小于 1 倍当量直径，出风侧不小于 3 倍当量直径。

4.4 风管制作安装

所有风管为工厂预制完成，开口封闭后运抵现场，并做好现场保护工作，每段风管组装完毕，迅速对管口进行封堵，防止污染。

风管施工完毕，进行气密性试验。根据 GB 50243—2016《通风与空调工程施工质量验收规范》，该工程风管系统均为低压系统，实际气密性试验均按中压系统进行。

所有竖向风管均设于风井内。安装做法：土建砌筑风井时，留出至少一面墙，将已保温风管嵌入后再将风井全部砌筑，风管穿风井处同样做气密性处理。

风管全部采用镀锌钢板压制加强筋，密封胶条密封，共板法兰连接。部分管道较长、阻力较高的系统，采用法兰连接。

4.5 保温绝热工程

需要保温的空调风管采用整体包覆柔性泡沫橡塑管壳的方式，保温厚度较普通建筑应显著加厚，根据风管类别、安装位置，风管保温厚度见表3。

表 3 风管保温厚度　　　　　　　　　　　　　　　　　　（mm）

部位	送风管	回风管	新风取风管	排风管
竖井（卫生间回风除外）	50	20	—	—
屋顶被动区内新风机房	50	—	60	50
屋顶被动区外部	—	150	—	—
地下空调机房被动区内部	50	—	60	50
地下空调机房被动区外部	150	150	—	—
被动区内部	50	—	—	—

保温厚度超过50mm的风管保温，采用多层捆扎做法，具体注意事项如下：

1）保温胶必须涂抹均匀，不得出现漏涂或少涂；

2）保温板分层粘贴时，必须错缝粘贴，以减少冷凝水隐患；

3）室外露天部分风管设置压花铝板保护层。

5 系统调试与检测

新风系统安装完毕后进行严格的调试，首先对所有房间定风量阀、变风量末端根据设计要求进行标定，然后委托第三方进行风量检测，根据检测结果再次对风管系统进行调节。系统竣工后，结合德国 Dena 认证要求，由第三方检测机构对项目进行了全方位检测，以下为部分检测过程与检测结果。

5.1 宿舍部分新风量检测

2022 年 3 月，对 2 个机组的系统风量、5 个楼层的宿舍新风量进行了检测。根据房间入住情况，每个楼层分别设置 17～32 个不同数量的测点，检测时，新风阀位于高挡。检测方法依据 GB 50243—2016《通风与空调工程施工质量验收规范》[1]附录 E。检测结果分别见表4、表5 和图5。

GB 50411—2019《建筑节能工程施工质量验收标准》[2]第 10.2.1 条规定：系统的总风量与设计风量的允许偏差不应大于 10％，风口的风量与设计风量的允许偏差不应大于 15％。据此可以判断，该工程所检测宿舍部分的新风量满足设计要求。

表 4　系统新风量检测结果

系统编号	设计新风量/(m³/h)	检测结果/(m³/h)	风量偏差/%
RFAU-B1-02	5700	5383	−5.6
RFAU-JF-G1	3960	4220	+6.6

表 5　宿舍新风量检测结果　　　　　　　　　　　　(m³/h)

楼层	5层	6层	8层	10层	12层
平均风量	84.3	82.3	80.9	82.9	76.5
最大风量	92.0	91.6	92.0	93.1	98.7
最小风量	68.0	68.0	68.2	68.3	68.0

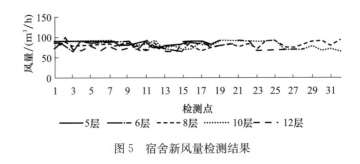

图 5　宿舍新风量检测结果

5.2　冷梁部分新风量检测

冷梁系统采用新风作为一次风,诱导室内空气掠过冷梁干冷表面,以辐射与对流两种形式对室内进行温度调节。与其他辐射空调类似,为保证冷梁表面不出现结露,一方面需要新风量及新风处理终状态点满足室内除湿需要;另一方面,需要对冷梁水系统进行防结露控制。作为驱动空气的新风系统,进入冷梁时需维持足够的余压,冷梁厂家要求进入冷梁的新风余压需达到 200～300Pa,机组需大幅度提高余压,风管系统工作压力增加,常规的共板法兰施工工艺无法满足风管严密性要求;同时,过高的余压必然带来更大的能耗,新风机组将无法实现要求的通风电力需求指标,与超低能耗的设计理念不符。基于以上因素,按冷梁工作需要的 80～100Pa 最小余压考虑,同时对冷梁系统的最终使用效果进行检测验证。

由于目前国内尚无冷梁的检测标准,被动房验收时亦未对冷梁系统提出特别的检测要求。为了验证冷梁及其新风系统效果,采用了新风余压检测结合室内温湿度效果验证的综合检测方法。

1) 新风量检测

对机组的系统新风量进行检测,确保满足设计要求,前述编号为 RFAU-B1-02 的机组即为 2 层典型教室的新风系统。

2) 新风余压检测

2023 年 5 月 30 日至 7 月 8 日,由第三方检测机构分多次对冷梁新风余压进行检测,检测仪器为厂家推荐的手持式风压检测仪,检测结果见表 6。

表6　冷梁新风余压检测结果　　　　　　　　　　**(Pa)**

冷梁编号	教室			
	202	206	208	210
1	84.3	81.4	100.0	89.2
2	82.2	85.9	80.1	74.0
3	85.1	85.8	102.0	86.5
4	89.0	88.7	122.3	87.6

3）室内温湿度检测

2023年7月11日开始对2层各主要教室进行了连续监测，共放置了22支自动记录温度计，10min采集一次数据，连续监测48h，其中2支温度计检测室外温湿度。监测结果见图6。

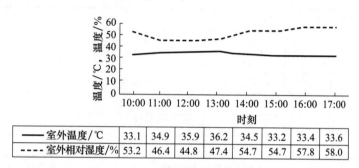

—— 室外温度/℃	33.1	34.9	35.9	36.2	34.5	33.2	33.4	33.6
----- 室外相对湿度/%	53.2	46.4	44.8	47.4	54.7	54.7	57.8	58.0

图6　室外温湿度监测结果

图7为编号202教室全天室内温湿度监测结果，图8为2层各监测教室全天平均监测结果。

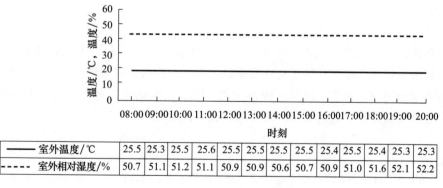

—— 室外温度/℃	25.5	25.3	25.5	25.6	25.5	25.5	25.5	25.5	25.4	25.5	25.4	25.3	25.3
----- 室外相对湿度/%	50.7	51.1	51.2	51.1	50.9	50.9	50.6	50.7	50.9	51.0	51.6	52.1	52.2

图7　编号202教室温湿度监测结果

4）室内空气质量监测

每间教室均配置有室内空气质量监测面板，表7为监测期间对几个主要房间的室内空气质量的监测记录结果。

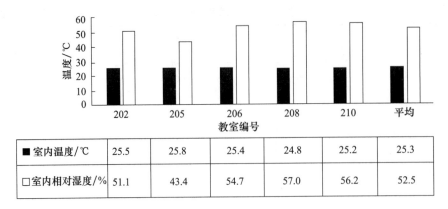

■ 室内温度/℃	25.5	25.8	25.4	24.8	25.2	25.3
□ 室内相对湿度/%	51.1	43.4	54.7	57.0	56.2	52.5

■ 室内温度 □ 室内湿度

图 8 2 层各监测教室全天平均值

表 7 室内空气质量监测

教室	室内温度/℃	室内湿度/%	CO_2 体积分数/×10^{-6}	PM2.5 质量浓度/(μg/m³)
202	25.2	55.0	631.0	20.0
205	24.6	45.0	520.0	5.0
206	25.5	55.0	856.0	9.0
208	24.9	55.0	1084.0	7.0
210	25.7	57.0	780.0	18.0
平均	25.2	55.0	774.2	11.8

注：室内空气质量监测面板读取的数据非严格的检测结果，仅供参考，其中 208 教室 CO_2 体积分数偏高，分析可能是面板误差引起。

各种检测、监测结果对照，说明冷梁部分完全达到了设计效果。

6 结语

被动式超低能耗建筑以远低于常规建筑的能耗为实施目标，采用性能化的设计思路，以精细化设计、精细化施工为实施手段。其中，高效新风系统是被动式超低能耗建筑的重要组成部分，对系统设计、设备性能、安装及调试等各方面提出了更高的要求，需各参建方密切配合，共同努力，方能取得良好的结果。

参考文献

[1] 上海市安装工程集团有限公司 . 通风与空调工程施工质量验收规范：GB 50243—2016［S］. 北京：中国计划出版社，2016.

[2] 中国建筑科学研究院有限公司 . 建筑节能工程施工质量验收标准：GB 50411—2019［S］. 北京：中国建筑工业出版社，2019.

东安湖图书馆（媒体中心）空调系统设计

文 玲☆　魏明华　熊帝战

（中国建筑西南设计研究院有限公司）

摘　要　本文对"第31届世界大学生夏季运动会"主媒体中心的空调系统冷热源、空调水系统和风系统进行了简要介绍。重点分析了空调系统如何兼顾赛时和赛后两种使用功能以及作为媒体中心使用时主要功能空间的空调设计特点。

关键词　世界大学生运动会　主媒体中心　空调系统　声学　演播室　气流组织

1　项目概况

该项目位于四川省成都市龙泉驿区东安湖南岸，环湖南路北侧，属于夏热冬冷地区。东安湖为人工湖泊，周边无集中能源站，市政电力及天然气供应充足。该项目临时使用功能为"第31届世界大学生夏季运动会"主媒体中心，大运会后永久使用功能为图书馆、档案馆、科技馆。设计阶段需同时兼顾临时使用功能和永久使用功能。该项目于2020年4月完成施工图设计，2021年4月竣工，2023年7月28日至8月8日作为世界大学生运动会的主媒体中心使用。

该项目总用地面积23377.32m²，总建筑面积45136.01m²，其中地上建筑面积30626.20m²，地下建筑面积14509.81m²。为建筑高度23.95m的多层公共建筑。地上5层主要功能为新闻发布厅、新闻文字工作区、演播室及其附属用房、办公、会议等；地下1层主要功能为车库、设备用房、预留用房等。该项目建设标准为：绿建二星、声学指标"二级标准"。

2　空调室内设计参数（见表1）

表1　空调室内设计参数

房间名称	室内温、湿度设计参数				人员新风量/[m³/(h·人)]	噪声控制标准	
	夏季		冬季			NR评价曲线	dB（A）
	温度/℃	相对湿度/%	温度/℃	相对湿度/%			
新媒体直播室	25	50	20	40	30	NR25	—
导播室	25	50	20	40	30	NR30	—

☆　文玲，女，1989年10月生，硕士研究生，高级工程师
610041　四川省成都市高新区天府大道北段866号
E-mail：547659071@qq.com

续表

房间名称	室内温、湿度设计参数				人员新风量/[m³/(h·人)]	噪声控制标准	
	夏季		冬季			NR 评价曲线	dB（A）
	温度/℃	相对湿度/%	温度/℃	相对湿度/%			
400m² 演播室	25	50	20	40	30	NR30	—
≤200m² 的演播室	25	50	20	40	30	NR25	—
化妆室	25	55	20	40	20	—	45
导控、调光器室	25	55	18	40	30	NR40	—
高清制作区 新闻文字工作区	25	55	20	40	30	—	45
新闻发布厅	25	55	20	40	20	NR35	—
同传	25	55	20	40	30	NR35	—
专访	24	55	20	40	30	NR25	—
贵宾	24	55	20	40	30	—	35
总控机房、应急调度机房	22	50	18	40	30	—	≤60
媒资数据中心、媒资资料库	22	50	18	45	—	—	≤60

注：经与甲方协商，作为媒体中心使用时仅按制冷工况考虑，后期永久使用功能用房自然湿度即可，故空调均未考虑加湿。

3 空调方案的分析

3.1 赛时及赛后功能的兼顾

该项目作为媒体中心在夏季临时使用，标准高（特别是声学要求高）、使用时间短（仅十几天），空调系统需满足使用要求和造价控制，赛后最大化合理重复利用原有系统。设计过程中对 2 种使用功能的设计共同点和不同之处进行了深入分析和比较，在一定程度上相当于进行了 2 个工程的设计，设备、系统和部件、管路等需同时考虑两种使用功能下的匹配和适应等。表 2，3 是不同使用功能下的负荷分析和末端对比。

表 2　不同使用功能的负荷分析

功能	房间功能	空调面积/m²	空调面积冷指标/(W/m²)	冷负荷/kW	空调面积热指标/(W/m²)	热负荷/kW
媒体中心	办公、门厅、演播室、新闻发布厅等	15524	171.8	3101.1	77.7	1403.4
	地下室预留用房	2529				
	1 层新闻文字工作区、等候区、租用办公、会议等（后期改为档案库）	3752	178.1	668.4	68.5	257.1
	总控机房、应急机房等	1645	300	493.5	—	—
	媒资数据中心、媒资介质库	183	300	54.9	—	—

续表

功能	房间功能	空调面积/m²	空调面积冷指标/(W/m²)	冷负荷/kW	空调面积热指标/(W/m²)	热负荷/kW
媒体中心	屋顶预留用房	540	200	108	90	48.6
	物管用房、消防控制室	225	180	40.5	—	—
赛前小计		24398	—	4466.4	—	1709.1

功能	房间功能	任务书建筑面积/m²	空调面积/m²	空调面积冷指标/(W/m²)	预估冷负荷/kW	空调面积热指标/(W/m²)	预估热负荷/kW
图书馆	阅览室	19200	13632	165	2249.3	90	1226.9
科技馆	活动中心	3450	2449.5	250	612.4	110	269.4
档案馆	档案库	7000	4970	100	497.0	45	223.7
	附属用房	2900	2529	160	404.6	70	177.0
共享面积	多功能厅	1800	1278	250	319.5	110	140.6
赛后小计		34350	24858.5	—	4082.8	—	2037.6

注：1）总控机房、应急机房及媒资数据中心、媒资介质冷负荷由电气/工艺提资料；

2）赛后1层通高区域新闻文字工作区加板，增加建筑面积约600m²。

经与业主协商，确定了集中空调水系统保留，分散式空调系统结合后期具体建筑功能尽可能保留使用的设计原则。通过对赛时和赛后房间的使用功能、使用时间和使用频率、温湿度要求及负荷特性分析，本着灵活使用、安全可靠、经济合理的原则，确定了空调系统以集中空调为主，部分区域采用多联式空调系统、机房专用空调系统等分散式空调系统的设计方案。作为媒体中心空调系统具体划分如下：

1）对于有声学要求且24h使用的新媒体直播室设置风冷直膨式空调系统，室外机就近设置。

2）对于调光器室、演播室设备间、导控室等需尽量避免水管进入的工艺用房采用多联式空调系统，室外机放于屋顶。

3）对媒资数据中心及媒资介质库24h使用且工艺温湿度有特殊要求的房间（夏/冬：22℃/18℃；40%～55%）采用机房专用空调系统。

4）总控机房、应急机房、网络机房、收录存储机房、UPS机房、配电房、消防控制室等24h使用且发热量较大的电气用房，采用独立的分体式空调或多联式空调，室外机就近放置。

5）其余区域（包括演播室、新闻发布厅、新闻文字工作区、高清制作区等）合设集中式空调系统。

由表2可见，赛后扣除24h使用且需恒温恒湿的档案库负荷后，空调冷负荷为3585.8kW，热负荷为1813.9kW；赛时扣除机房、媒资数据中心/介质库、预留用房、物业用房等这类使用时间和使用频率相对独立区域的负荷，再扣除后期将改造为档案库的1层新闻文字工作区、等候区、租用办公、会议等后空调冷负荷为3101.1kW，热负荷为1403.4kW；为兼顾赛时及赛后功能，结合业主对恒温恒湿档案库的保障度要求，确定赛后档案库单独预留一套空气源热泵系统，其余区域以赛后空调冷、热负荷进行冷热源的选择。该项目冷源选用 2 台 1325kW 的定频螺杆式冷水机组和 1 台 1000kW 的变频螺杆式冷水机组，冷媒均选择环保冷媒，制冷机房位于地下 1 层；热源选用 2 台 1050kW 常压间接式燃气热水机组，热水机房位于地下 1 层。赛后档案库预留 2 台 250kW 制冷量的空气源热泵机组及水泵、水系统附件安装位置。其中赛时仅开启 3 台螺杆式冷水机组供冷，热水机组仅赛后制热使用。

表 3　不同使用功能末端对比

媒体中心分区	楼层	临时功能（媒体中心）	永久功能（三馆）	临时功能末端	永久功能末端	赛后改造情况
附属用房	地下1层	预留用房	档案馆附属用房	预留空调及通风机房和水管接口	后期深化设计	改造少
MPC（主新闻中心）	1层	注册大厅	图书馆大厅	全空气系统	全空气系统	改造少
		新闻发布厅	多功能厅			
		发布厅附属用房及办公	多功能厅附属用房	风机盘管＋新风	风机盘管＋新风	
		新闻文字工作区	档案馆（档案库）	风冷直膨全空气系统	后期改为档案库，恒温恒湿，尽可能利用原末端管线	需改造
		等候区		风冷直膨全空气系统		
		租用办公区、会议等		多联式室内机＋新风		
		物管用房、消防控制室	物管用房、消防控制室	分体空调	分体空调	无须改造
附属用房	2层	新闻文字工作区	图书馆（阅览/办公）	全空气系统	全空气系统	改造少
		成都印象展馆				
		餐厅				
IBC（国际广播中心）	3层	总控机房		多联式空调系统	需根据建筑功能和具体分隔调整，可利用原末端设备管线	改造少
		网络机房				
		UPS机房				
		收录机房				
		应急机房				
		新媒体直播		全空气系统		
	4层	2个400m²演播室	科技馆	全空气系统	全空气系统	改造少
		1个200m²演播室				
		2个100m²演播室				
	4层	演播室附属用房		风机盘管＋新风/多联式空调系统	后期为科技馆附属用房，改造少	
	5层	电梯厅等公区		风机盘管＋新风	风机盘管＋新风	改造少
		4~5层高清制作区		全空气系统	全空气系统	
	5层	办公、设备维修库房	图书馆（阅览）	风机盘管＋新风	风机盘管＋新风	需改造
		媒资数据中心及介质库		精密空调	需根据建筑功能和具体分隔调整	

注：1）4 个核心筒各有 1 处排烟竖井及空调水井，通高区域的排烟系统独立；

2）表中全空气系统、风机盘管＋新风系统对应的冷热源赛前赛后合用，为集中空调水系统。

针对后期功能本设计阶段建筑仅有大致三馆的区域划分，房间具体分隔、位置并未完全确定，为尽可能减少后期的拆改和设备管材的浪费，与建筑配合兼顾赛时赛后末端形式不变的原则考虑功能布置，使末端设计尽可能协调一致。通过表3不同使用功能末端对比可见，预留用房采用预留机房和水管接口的方式，减少后期的拆改；冷热源、竖向的风系统和水系统赛时及赛后均可兼用；冷热源机房及末端主要暖通机房均可重复利用；除1层局部改为档案库的区域及5层采用精密空调的媒资数据中心及介质库的末端设备及管路根据建筑功能调整会存在较大改造外，其余舒适性空调区域赛时及赛后末端匹配度较好，改造较少。

3.2 特殊房间的空调末端系统设计——演播室

该项目作为媒体中心使用时需要重点关注的区域为演播室。在满足声学和工艺要求的前提下达到较好的空调气流组织是演播室空调设计的重难点。

演播室内有大量的工艺灯光设备，发热量大，存在温度梯度，且演播室声学要求高——该项目演播室声学指标为 GY/T 5086—2012《广播电视录（播）音室、演播室声学设计规范》中噪声容许标准的二级标准。为保证演播室达到工艺和声学要求，相关声学措施见表4。

表4 演播室暖通相关声学措施

房间名称	层高/m	风口安装高度/m	噪声要求 NR评价曲线	风速控制/(m/s) 允许值（规范要求） 主风道	支风道	风口	设计值 主风道	支风道	消声风筒	其他消声措施 空调机房位置	空调机组形式	消声器设置	消声风筒长度/m
400m²演播室	9.6	6.7	NR30	6.5	5.5	3.3	5.5	4.5	2.5	地下室			1.5/1
200m²演播室	5.4	3.2	NR25	5	4.5	2.5	5	4.5	1.5	不贴临	组合式空调机组内置1.2m长消声段	送、回风管进演播室设一级1.5m阻抗复合消声器	1
100m²演播室	5.4	3.2	NR25	5	4.5	2.5	5	4.5	1.5				1
70m²新媒体直播	4.4	2.7	NR25	5	4.5	2.5	4	3	1.5				1

为满足声学和工艺要求，演播室采取了以下消声、减振、隔声措施：

1) 对末端风管及风口风速进行控制（由于服务演播室的风管风速和末端风口风速会产生二次气流噪声，结合该项目的噪声要求和消声器的实际设置条件确定了低于规范限值的风管和风口风速设计值）；

2) 空调机组内置消声段（如图1所示）；

3) 空调机房设置于地下室与演播室不贴邻，送、回风管设置在竖向管井中；

4) 送、回风管进演播室分别设1.5m长消声器；

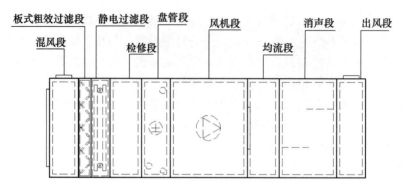

组合段位：混风段＋板式 G3＋静电 F7＋检修段＋冷热盘管段＋送风机段＋

均流段＋消声段 1.2m＋出风段（从左至右）

图 1　演播室空调机组段位示意图

5）送、回风口根据演播室高度不同采用不同长度的消声风筒（如图 2 所示）。

对于面积较大的演播室（如 400m² 的演播室），由于主管风速限制，为尽可能降低主管尺寸，空调系统设置两套。考虑到作为媒体中心使用时演播室为制冷工况，此时主要冷负荷来自于灯栅层，为避免灯栅层的冷负荷进入人员活动区域，采用上送上回的气流组织方案。进行风口布置时尽可能将送风口布置在灯栅层以下，回风口布置在灯栅层（如图 2 所示）。此外进行末端空调设计时，需根据灯栅层的实际发热量考虑回风温升。

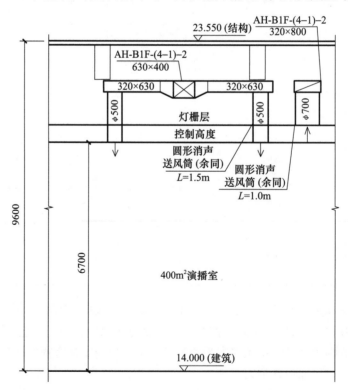

图 2　演播室局部风管、风口安装剖面图

以 400m² 演播室为例，通过采取以上措施后 400m² 演播室的室内消声计算结果见

表 5（考虑一定的消声富余）。结果表明，400m² 演播室满足 NR30 的声学要求。

表 5   400m² 演播室消声计算

		频率/Hz							
		63	125	250	500	1000	2000	4000	8000
机组声功率级/dB	机组出口[1]	87.2	78.5	65.9	52.9	39.8	39.5	42.2	50.1
	机组入口[2]	83.2	87.5	81.9	84.9	75.8	75.5	70.2	64.1
机组内置消声器消声值/dB	送风	7	15	20	34	40	40	34	21
消声器消声值（1.5m 阻抗）/dB	送风	3.6	9.1	18.8	31	38.9	34.9	24	18.4
消声器消声值（1.5m 阻抗）/dB	回风	3.6	9.1	18.8	31	38.9	34.9	24	18.4
累计管道部件噪声衰减值（含消声风筒）/dB	送风	40.51	51.61	43.63	37.13	31.81	31.27	31.27	31.27
	回风	32.9	44.11	36.12	26.79	21.75	21.5	21.5	21.5
管道部件噪声再生值（累计）/dB	送风	32.68	28.53	25.66	20.72	21.1	22.71	24.55	27.16
	回风	37.31	34.49	32.1	29.58	30.44	32.23	34.35	37.07
房间噪声自然衰减值/dB	送风	21.9	21.01	19.63	17.76	17.05	16.45	15.92	15.92
	回风	22.43	21.58	20.27	18.45	17.76	17.17	16.65	16.65
总噪声传至房间声压级（送、回风管进演播室设消声器）/dB	送风	21.58	7.88	6.05	2.97	4.05	6.26	8.63	11.25
	回风	21.69	13.39	11.85	11.13	12.68	15.06	17.71	20.42
标准值/dB（NR30）		59.2	48.1	39.9	34.0	30.0	26.9	24.7	22.9

注：1）机组出口噪声已扣除机组内均流段、消声段、出风段等引起的噪声衰减；

2）机组入口噪声已扣除机组内过滤段、检修段、盘管段等引起的噪声衰减。

3.3 演播室气流组织模拟

由于演播室采用消声风筒送风，无可参考的计算公式进行人员活动区域的风速校核，因此该项目对几个典型演播室空间进行了气流组织模拟，通过模拟得到风筒正下方人员活动区域（距地 1.5m）速度场、温度场以及 PMV 值。以 400m² 演播室为例，通过模拟结论得到演播室采用消声风筒送风时最合适的送、回风口布置方案。由于演播室较高，模拟时将室内冷负荷以 2m 为界进行拆分，2m 内为主要的人员活动区域（负荷构成为围护结构、人员、灯光、设备等），上部主要是灯栅层的灯光负荷、围护结构负荷等，模拟边界条件见表 6，各模拟工况的送回风口布置方案见图 3。

表 6   400m² 演播室气流组织模拟边界条件

类别		工况 1	工况 2	工况 3
送风口	风口数量/个	24	36	36
	单个风口风量/（m³/h）	1330	880	880
	风口尺寸/mm	Φ500		

类别		工况 1	工况 2	工况 3
回风口	风口数量/个	8	12	8
	单个风口风量/(m³/h)	3500	2333	3500
	风口尺寸/mm	$\Phi700$		
送风温度/℃		17		
2m 内热源强度/(W/m³)		56		
上部热源强度/(W/m³)		11.8		
房间面积/m²		400		
房间高度/m		9.6		

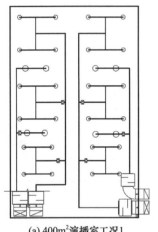 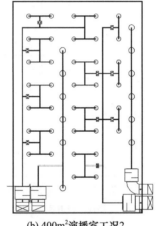 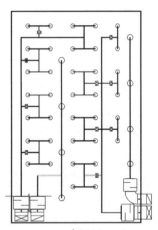

(a) 400m² 演播室工况1
(送风口24个、回风口8个)

(b) 400m² 演播室工况2
(送风口36个、回风口12个)

(c) 400m² 演播室工况3
(送风口36个、回风口8个)

图 3　400m² 演播室送、回风口布置工况 1～3

模拟结果如图 4～6 所示。

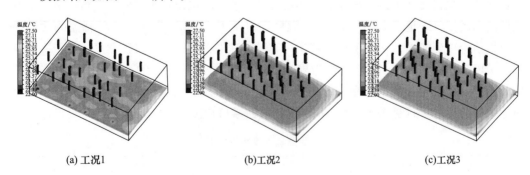

(a) 工况1　　　　　　　(b)工况2　　　　　　　(c)工况3

图 4　400m² 演播室 1.5m 高温度场

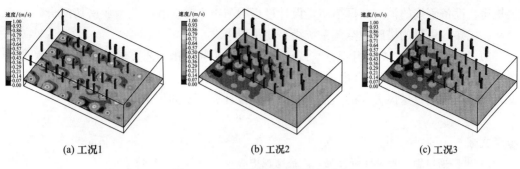

(a) 工况1   (b) 工况2   (c) 工况3

图5　400m² 演播室 1.5m 高速度场

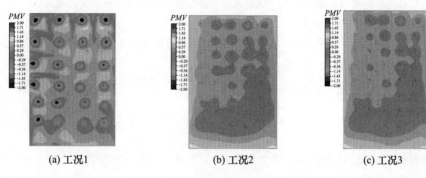

(a) 工况1   (b) 工况2   (c) 工况3

图6　400m² 演播室 1.5m 高 PMV

通过以上模拟结果可见：工况1（送风口风速1.5m/s）的风筒正下方气流速度大于GB 50736—2012《民用建筑供暖通风与空气调节设计规范》中人员长期逗留区域风速（Ⅱ级舒适人员活动区域风速≤0.3m/s）的要求，温度也低于设计值（25℃）。在风筒正下方的人员 PMV 值也远偏离舒适范围。故引入工况2和工况3 2种工况，通过改变送、回风口位置和数量模拟对气流组织的影响，结论如下。

1）提高送风口数量、降低送风口风速：工况2和工况3通过提高送风口数量，降低送风风速（送风口风速0.98m/s）使得人员活动区域的速度场、温度场及 PMV 值均在舒适范围内。

2）改变回风口数量、降低回风口风速：工况2（回风口风速1.32m/s）和工况3（回风口风速1.98m/s），回风口位置确定后，在一定范围内提高回风速度对气流组织的影响较小。

4　结语

1）合理的空调方案以匹配赛时、赛后两种功能：一方面从源头入手，设计前期与土建密切配合，使建筑在赛时的分隔、功能布局及使用情况与赛后功能尽可能契合，降低后期的改造范围；另一方面从暖通系统划分入手，根据各类房间赛时和赛后的工艺要求和负荷特性，合理划分空调系统和选择末端空调系统形式。

2）专业间深入配合：演播室、配音室等功能用房声学要求高，需特别重视暖通相关机房、设备管线的消声减振措施，设计过程中与声学专业和工艺专业密切配合，采用经济、成熟、可靠的措施使空调系统满足使用要求。

3）关注演播室的气流组织：空调设计既要满足声学和工艺要求，又要满足人员的热舒适要求。本文通过 CFD 模拟得到了演播室采用上送上回适宜的送、回风口布置方案，对今后采用该送风方式的演播室暖通空调设计有一定的借鉴和参考意义。

参考文献

[1] 中广电广播电影电视设计研究院 . 广播电视中心技术用房室内环境要求：GY/T 5043—2013 [S]. 北京，2013：2.

[2] 中广电广播电影电视设计研究院 . 广播电视录（播）音室、演播室声学设计规范：GY/T 5086—2012 [S]. 北京，2012：3—7.

[3] 中广电广播电影电视设计研究院 . 广播电影电视建筑设计防火标准：GY 5067—2017 [S]. 北京，2017：13.

[4] 中国电子工程设计院 . 数据中心设计规范：GB 50174—2017 [S]. 北京：中国计划出版社，2017：17—20.

[5] 中国电子工程设计院 . 洁净厂房设计规范：GB 50073—2013 [S]. 北京：中国计划出版社，2013：19—22.

[6] 中国建筑科学研究院 . 民用建筑供暖通风与空气调节设计规范：GB 50736—2012 [S]. 北京：中国建筑工业出版社，2012：6—8.

[7] 中国建筑科学研究院 . 公共建筑节能设计标准：GB 50189—2015 [S]. 北京：中国建筑工业出版社，2015：47—50.

[8] 何维浪，李林宝 . 湖南广播电视台空调系统设计及气流组织研究 [J]. 洁净与空调技术，2017：44—48.

[9] 廖晨，徐光，廖健敏，等 . 浅谈苏州现代传媒广场 2000 演播室暖通设计 [J]. 发电与空调，2017：84—88.

[10] 刘建华，李沁笛，李敏，等 . 张家口转播中心与电视演播室暖通空调设计 [J]. 暖通空调，2022，52（6）：111—115.

[11] 顾兴蓥 等 . 民用建筑暖通空调设计技术措施 [M]. 2 版 . 北京：中国建筑工业出版社，1996：258—278.

[12] 中国建筑标准设计研究院组织编制 . 国家建筑标准设计图集 . XZK 阻抗复合型消声器选用与制作（选用分册）：19K116-5 [M]. 北京：中国计划出版社，2020：3—8，67.

[13] 陆耀庆，等 . 实用供热空调设计手册（上册）[M]. 2 版 . 北京：中国建筑工业出版社，2008：1359—1375.

管井渗滤取水江水源热泵系统的工程应用

唐 盈[1]☆ 王志标[1] 闵 磊[2] 袁 毅[1] 吴祥生[3]

（1. 重庆市市政设计研究院有限公司；2. 眉山洪雅三石地源凿井技术有限公司；

3. 重庆缙陵建筑工程施工图审查有限公司）

摘 要 介绍了重庆市广阳岛集中能源站采用江水源热泵的背景。分析了管井渗滤取水方式在水温、水质、水量、投资、运维及水资源综合梯级利用等方面相对于其他取水方式的优势。详细介绍了管井渗滤取水工艺及其在广阳岛江水源热泵项目中的应用，并介绍了集中能源站的基本情况。简要分析了项目的节能性及经济性。证明了基于管井渗滤取水的江水源热泵系统节能减排效益显著，绿色低碳环保，值得推广。

关键词 江水源热泵 管井 渗滤取水 集中能源站 水资源梯级利用

0 引言

在"双碳"目标的引领下，国家及重庆市出台了一系列政策法规，鼓励利用清洁能源（尤其是可再生能源）。目前重庆市可再生能源建筑应用面积已达 1500 万 m² 以上。定位为"长江风景眼、重庆生态岛"的广阳岛（如图 1 所示）按照"绿色、低碳、循环、智能"的理念修补和建设岛内基础设施和人文设施，最大程度降低对自然生态本底的影响。在技术合理、经济可行的前提下，确保全岛清洁能源利用率 100%，建设高品质清洁能源设施。

图 1 广阳岛鸟瞰图

☆ 唐盈，男，1982 年 2 月生，硕士研究生，高级工程师

400020 重庆市渝北区和孝路 183 号

E-mail：13079439@qq.com

广阳岛毗邻长江，江水资源丰富，江水源热泵系统作为可再生的、清洁的集中空调系统形式具有极好的应用条件。

作为岛上为建筑服务的舒适性空调，若设置传统冷水机组＋燃气热水锅炉空调系统，不仅未利用长江水这一"唾手可得"的可再生能源，而且冷却塔的噪声、散热排湿及燃气锅炉烟囱排放物将对环境、景观造成不良影响。

作为可再生能源，与传统空调技术相比，水源热泵具有高效节能、节水省地、绿色环保、降低城市热岛效应及空气噪声污染等优点。因此在广阳岛采用江水源热泵替代传统的冷水机组＋燃气锅炉作为集中空调的冷热源，并采用了抽水测试表现良好的渗滤取水方案。

1 项目概况

广阳岛规划在岛东侧建设国际会议中心、会议酒店及大河文明馆（博物馆）。其中国际会议中心空调面积约 2.5 万 m^2，会议酒店约 0.9 万 m^2，大河文明馆约 0.96 万 m^2，总空调面积约 4.36 万 m^2。空调冷负荷约 11000kW，空调热负荷约 4120kW。水源侧供回水温差 7℃，夏季最高时需水量 1630 m^3/h，最高日需水量约 2.2 万 m^3/d；冬季最高时需水量 472 m^3/h，最高日需水量约 0.65 万 m^3/d。

根据各建筑冷热负荷需求，经过技术经济分析及多方论证，国际会议中心、会议酒店及大河文明馆采用区域集中供冷供热系统。在供能范围的负荷中心区域设置集中能源站，空调冷热源采用江水源热泵系统，取水方式采用管井渗滤取水，取水工程位于岛东侧区域。如图 2 所示。

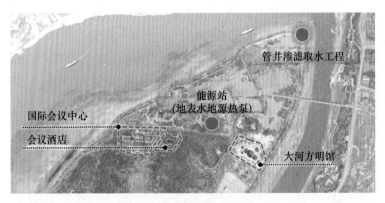

图 2 广阳岛东侧总体布局图

2 水文地质情况

2.1 长江重庆段水资源情况

我国长江水资源丰富，多年平均流量为 10930 m^3/s。据长江重庆段寸滩水文站近年的水文资料，分析水温数据可以得到夏季月均水温为 22～25℃，最高水温 29℃；冬季月均水温为 11～16℃，最低水温 9℃。根据长江水文水资源勘测局在长江上游不同水文站点对不同深度的水温监测数据，水体深度方向的最大温差小于 0.1℃。水源热泵系统以广阳岛区域江水作为热汇与热源，冬季可以实现可再生能源供热，夏季与冷却塔散热相比可以提高制冷能效，从而实现现场零排放和显著降低事实碳排放。

分析月均含沙量数据可以得到长江水含沙量波动范围在 20～2000mg/L，特别是夏季月均含沙量为 370～920mg/L，远超 DBJ 50-115—2010《地表水水源热泵系统设计标准》第 4.0.1 条含沙量≤100mg/L 的要求，长江水含沙量全年大部分时间不能满足热泵机组的要求。除含沙量外，其他江水水质指标均能满足机组对水质的要求。由此可见，若利用长江水作为水源热泵的水源，必须解决长江水的含沙量问题，尤其是在夏季含沙量大、微生物与悬浮物含量高的情况下，水体会腐蚀、磨损和堵塞热泵机组的换热器，同时也会降低机组换热器的换热效果[1]。

2.2 地质情况

广阳岛属于冲积型沙洲岛，取水施工区域在广阳岛东岛头。地层结构由上至下分布为：粉细砂堆积层（含水层、但不能取水需阻隔）、砂砾石地层（富水系、渗滤层）、砂泥岩层（裂隙水层）和砂岩层（隔水层、不含水）。由于取水井设置在围绕东岛头的内、外河（三峡水位 172～175m）消落地带，施工范围跨度较大。经地质勘探探明，该区域范围内地质变化较大。其中粉细砂地层主要分布在内河段（厚度接近 20m），外河段相对较薄。砂砾石地层分布极不规律，内、外河道砂砾石厚度从 4.5～22m 不等。由于取水水质要求高，为防止粉细砂地层水渗透至井内导致水质含沙量大，以及发生地表沉降等情况，施工中应将粉细砂地层作隔断，只取长江河床与砂砾石相连接地层渗滤水。图 3 为管井构造图。

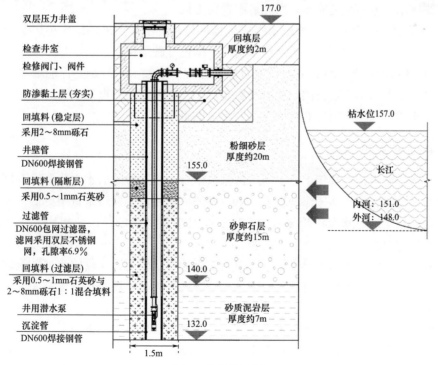

图 3　管井构造图

3 取退水方案的选择

3.1 常用取水方式

江水源热泵常用的取水方式主要分为直接取水和渗滤取水两大类。直接取水的主要形式有河岸取水、河床取水、浮船取水、缆车取水等方式[2]，渗滤取水的主要形式有河床渗滤取水[3]、大口井渗滤取水[4]、管井渗滤取水[5]等方式。

3.2 取水方案综合比较

渗滤取水与直接取水相比具有以下优势：

1）水温。直接取水水温夏季高至 28℃，冬季低至 8℃；渗滤取水水温全年较为恒定，一般在 18~22℃，冬暖夏凉，对水源热泵系统能效提升显著。

2）水质。直接取水受江水水质影响较大，须设置水处理设施；渗滤取水工艺取潜流层渗滤水，水质优良，无须设置水处理设施；不须增设板式换热器，无温度损失，可进一步提升系统能效。

3）水量。渗滤取水工艺不受江水水位影响，只要保证枯水位的取水量则满足全年水量需求，水量较为稳定。

4）投资。渗滤取水工艺避免设置系统复杂且投资高的水处理设施，不需增设板式换热器，造价相对较低。

5）运维。直接取水设施容易堵塞，需要经常清洗，操作管理不便，运维成本更高；由于渗滤取水工艺系统更简单，因此运维费用更低。

6）水资源综合利用。渗滤取水水质优良，热泵机组换热后的尾水可用于全岛杂用水，实现水资源梯级利用，显著节约水资源，绿色低碳环保。

7）对环境的影响。直接取水设施对周围环境影响较大，特别是浮船取水和缆车取水；渗滤取水工艺不影响行洪、通航及生态，无须办理复杂的审批手续。

综上所述，基于该项目的特殊定位，不考虑直接取水方式。

3.3 取水方案的确定

管井渗滤取水是近些年综合了河床渗滤取水及大口井渗滤取水方式的优点创造的一种新的取水方式。相比河床渗滤取水，管井渗滤取水初投资及运维费用更低。大口井渗滤取水仅适用于地下水埋深较浅、含水层较薄且渗透性强的地层，相比大口井渗滤取水，管井渗滤取水水文地质适应性更强。

管井渗滤取水施工技术难度较大，对施工企业要求较高；比较依赖水文地理条件较好的区域。如果遇上渗滤条件不理想的地质情况还可通过换填滤料，构筑人工过滤床等方式来解决渗滤取水问题。

因地制宜选择合理的取水方案，是江水源热泵项目成败的关键因素，在地质结构稳定、地下水资源丰富的地区非常适合采用管井渗滤取水方式。目前重庆巫溪、开州等地已有水源热泵项目采用了管井渗滤取水方式，运行情况良好，节能减排效益优异，项目投资回收期合理。

经过技术经济分析及多方论证，该项目取水方式采用管井渗滤取水。

3.4 退水方案

渗滤取水水质较好（详见 4.4（2）），退水方案充分考虑水资源梯级利用（详见 5.2）。

4 渗滤管井

4.1 管井布置

如图 4 所示，在东岛头沿岸布置 35 口管井，管井数量根据现场水量测试确定（详见 4.4（3））。根据场地空间以及水文地质条件，取水管井采用沿河双排布置形式。同时根据业主场地规划要求和前期的水文地质勘查，并结合两口试验井和一口观测井的单井涌水量，以及影响半径等数据综合分析，确定井间距为 20～30m。施工完成后逐步恢复为原始地形地貌。

图 4　管井布置示意图

4.2 渗滤管井构造

根据施工区域的水文地质情况（详见 2.2），渗滤管井设计井深 45m，成井直径 1.5m，井管直径 0.6m，成井与井管之间 0.45m 间隙全部回填滤料。渗滤管井构造如图 3 所示。成井采用水井钻机施工。井管由井壁管和过滤管组成。粉细砂地层采用实管封堵、阻隔。砂砾石地层安装过滤管过滤、渗透。取水井底部设置两根沉沙管。由下至上岩层与砂砾石地层回填米石滤料。砂砾石与粉细砂交接层处至井口回填石英砂作隔断层。检查井底部采用黏土回填夯实后作水泥地平封闭,防止地表污水渗入。施工中每口管井应根据实际地质情况变化,采取针对性井管布置和滤料选择。

4.3 渗滤管井施工

渗滤管井施工过程分为成孔、下管、填料、洗井、成井等阶段,如图 5 所示。

| (a) 成孔 | (b) 下管 | (c) 填料 | (d) 洗井 | (e) 成井 |

图 5 渗滤管井施工流程

1)成孔。采用钢护筒跟进泥浆护壁工艺施工成孔。

2)下管。井管采用工厂定制钢板卷圆无缝焊接工艺。单根井管长 3m、直径 0.6m,井管内外做 3 层防腐涂层。过滤管采用双层不锈钢外网包裹,设置孔隙率为 5.65% 的圆孔过滤管。

3)填料。岩层与砂砾石层采用米石回填。砂砾石与粉细砂交接层处至井口全部采用石英砂作隔断层。防止粉细砂地层水下渗。

4)洗井。在井管安装滤料回填完毕后,及时清洗井中泥土、细砂、泥浆等,确保取水井与长江渗透水路贯通。洗井采用不同机械交错和联合洗井工艺方法(完成洗井的四大类、八大项、十二个程序)。洗井完毕水清沙尽后需做一次大升降式抽水试验。

5)成井。所有取水井施工工序完成后,在井口加钢板焊接作临时防护。井口外围开挖并回填黏土夯实进行止水封闭,最后在黏土层以上作双层密闭承压井室浇筑。

4.4 取水测试

为了保证取水温度、水质及水量满足热泵空调系统的使用要求和相关规范标准,需进行严格的取水测试。在取水测试前,为确保单井水温、水质及水量数据采集的准确性,每口取水井需要进行 24h 的抽水实验,待相关数据稳定后再做各项取样或检测工作。

1)水温

以 1# 试验井测试数据为例,测试时间为 2021 年 12 月至 2022 年 7 月,期间平均气温 9.5~32.0℃,长江江水平均温度 12.3~24.5℃,渗滤管井取水平均温度 20.1~20.6℃,如图 6 所示。

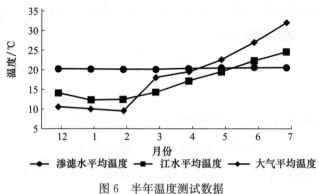

图 6 半年温度测试数据

冬季（2021 年 12 月 18 日）和夏季（2022 年 7 月 15 日）对 1♯试验井进行了全天 24h 水温测量，并同时测量了江水温度及气温，如图 7，8 所示。

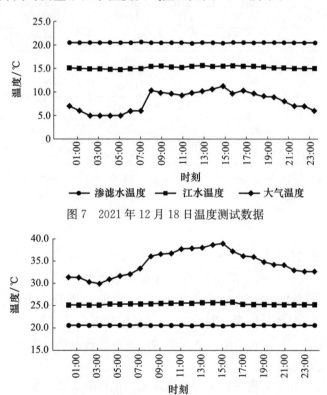

图 7 2021 年 12 月 18 日温度测试数据

图 8 2022 年 7 月 15 日温度测试数据

测试结果表明，渗滤管井取水温度较为稳定，基本不受气温及江水水温波动影响。夏季取水平均水温较江水更低，冬季取水平均水温较江水更高，可以提高热泵机组的能效。因此使用渗滤管井取水作为空调系统冷热源具有更为优越的条件。

渗滤取水的来源一方面为经过岩土层过滤的江水，另一方面为靠近岸边方向的裂隙水（若有裂隙水恰好流经取水井的过滤区域；若没有，则无）。由于这些水均与岩土层有热交换过程，所以夏季的水温低于江水平均温度，冬季则高于江水平均温度。重庆市

10 年前的类似工程已经证明了这个机理。对于该工程的长期运行水温如何变化，有待于工程投入使用后的运行数据验证。

2）水质

以 1♯试验井水质检测报告为例，取水水质各项指标均满足 DBJ 50-115—2010《地表水水源热泵系统设计标准》第 4.0.1 条规定的地表水水源热泵机组水质标准（详见表 1），无须再处理即可直接送往热泵机组。

表 1 管井渗滤取水水质检测结果

项目	允许值	检测结果	备注
含沙量/(mg/L)	≤100	8	满足要求
浊度/NTU	≤100	5.2	满足要求
pH 值	6.5～9.5	7.9	满足要求
钙硬度（以 $CaCO_3$ 计）/(mg/L)	≤1100	370	满足要求
总 Fe/(mg/L)	≤1.0	0.03	满足要求
Cu^{2+}/(mg/L)	≤1.0	0.02	满足要求
Cl^-/(mg/L)	≤1000	11.7	满足要求
SO_4^{2-}/(mg/L)	≤2500	96.6	满足要求
硅酸（以 SiO_2 计）/(mg/L)	≤175	24.2	满足要求
$Mg^{2+} \times SiO_2$（Mg^{2+} 以 $CaCO_3$ 计）/(mg/L)	≤50000	22.6	满足要求
NH_3-N/(mg/L)	≤10	0.117	满足要求
COD_{Cr}/(mg/L)	≤100	18	满足要求

3）水量

2022 年重庆遭遇极端天气，重庆长江段在三峡水位 155～161m 期间通过对 35 口管井的联合运行测试数据表明，即便在冬季枯水位期间单口井出水量依然能达到 30～90m³/h，如遇丰水期或达到长江正常蓄水位 175m，取水井水量预计还会增加。经 48h 抽水联合运行测试，总水量约为 2000m³/h，动水位降深小于 0.5m，满足水源热泵系统的最大需水量 1630m³/h 要求，并有 20% 富余，满足项目对可靠性的高要求。

4）取水测试小结

与直接取用江水相比，通过管井渗滤取水工艺得到的水源，水温品质高，水质标准高，水量保障高。

5 取退水工程

5.1 取水系统设计

取水管路系统采用变频二级泵提升方式。管井渗滤取水前端采用分组并联模式，缓解取水泵管路损失，分组汇入岛内地下式供水泵房内的保温水箱，再由变频泵提升至能源站，水泵可长期稳定运行在高效段，相比一次直接提升可节约能效约 15%。取水系统原理如图9所示。

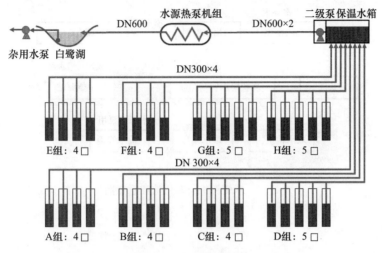

图9　取水系统原理图

5.2　水资源梯级利用

　　渗滤取水经水源热泵机组换热后的尾水就近排入白鹭湖作为杂用水水源，岛内杂用水最高日用水量约1.0万 m³/d，年杂用水量约120万 m³，超出杂用水需求的尾水溢流至市政排水管网，并排入长江。白鹭湖设有杂用水泵站，抽取湖水进入全岛杂用水管网，并满足全岛溪湖生态补水、绿化浇洒、农业灌溉等杂用水需求，实现水资源的梯级利用，绿色低碳。水资源综合利用总平面布置如图10所示，水资源综合利用流程如图11所示。

图10　水资源综合利用总平面布置图

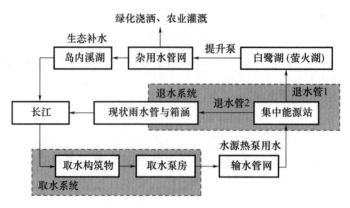

图 11　水资源综合利用流程示意图

6　能源站

6.1　土建情况

能源站采用全地下建筑形式，占地约 $2100\mathrm{m}^2$，层高 8.1m。能源站平面布置如图 12 所示。

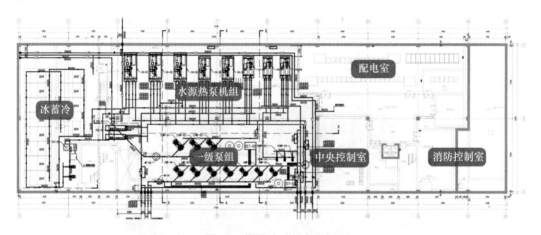

图 12　能源站平面布置图

6.2　空调冷热源设备配置

根据逐时负荷拟合，日间使用率高且负荷集中，夜间存在小负荷工况，因此考虑采用大型离心机＋小型螺杆机组合满足不同负荷工况需求。

考虑服务建筑的重要性，以及分时电价运行的经济性，设置冰蓄冷系统。蓄冷量为设计总冷量的 10%，夜间低谷电价时段蓄冰，日间高峰电价时段融冰，并且可作为高峰负荷时段的备用冷源。

能源站建设高效机房，所有冷热源机组能效系数满足重庆市 DBJ 50-052—2020《公共建筑节能（绿色建筑）设计标准》的要求并提高 6%。

冷热源主要设备配置见表2。

表2 冷热源主要设备

主要设备	设备参数	台数
制冷主机 CH-01	制冷工况：制冷量 2918kW，功率 413kW，COP 7.05 制冰工况：制冷量 2080kW，功率 415kW，COP5.0	1
制冷主机 CH-02、03	制冷量 3500kW，功率 435.2kW，COP8.0	2
热泵主机 CH-04、05	制冷量 1580kW，功率 204kW，COP7.7 制热量 2000kW，功率 361.5kW，COP 5.5	2
热泵主机 CH-06	制冷量 750kW，功率 110.7kW，COP6.79 制热量 890kW，功率 172.4kW，COP5.19	1
冷水循环泵	$Q=450m^3/h$，$H=29m$，$P=75kW$	3+1 备
热水循环泵	$Q=320m^3/h$，$H=15m$，$P=22kW$	2+1 备
冰蓄冷水泵	$Q=260m^3/h$，$H=38m$，$P=45kW$	1+1 备
取水水泵	$Q=550m^3/h$，$H=45m$，$P=110kW$	3+1 备

6.3 空调冷热水系统

空调冷热水系统采用直接连接的两管制二级泵变流量系统，避免设置换热器降低系统运行效率。一级泵设于能源站内，二级泵设于单体建筑热力机房内。夏季供回水温度5℃/12℃，冬季供回水温度47℃/40℃。冰蓄冷系统（25％乙二醇溶液）蓄冰工况－1.6℃/－5.6℃，融冰或日间运行工况 4℃/11℃。制冷工况江水侧设计供回水温度22℃/29℃，制热工况江水侧设计供回水温度18℃/11℃。

7 节能及经济分析

传统空调方案（冷水机组＋冷却塔）冷却水设计供回水温度32℃/37℃，管井渗滤取水方案设计供回水温度22℃/29℃，平均温差约9℃，冷水机组能效提升约30％。经测算，能源站系统全年综合能效系数（ACOP）在5.0以上。

通过技术经济对比分析，水源热泵管井渗滤取水方案前期投资比传统方案（冷水机组＋冷却塔＋燃气锅炉）更高，后期运行费用更低。每年比传统方式节电约45万 kW·h，节气约37.4万 m^3，节水约123.5万 m^3，折合节省标准煤605t，碳减排1507t。每年可节省运行费用690万元，投资回收期约5a。其中管井渗滤取水经水源热泵机组换热后的尾水用作全岛的杂用水，实现水资源的梯级利用，仅此一项每年就可节省费用546万元。

8 结语

作为一种可再生能源，与传统空调技术相比，水源热泵具有高效节能、节水省地、绿色环保、降低城市热岛效应及空气噪声污染等优点。

与直接取水相比，管井渗滤取水水温全年较为恒定，对水源热泵系统能效提升显著；水质优良，无须再处理；不受江水水位影响，水量较为稳定；热泵机组换热后的尾水可用于全岛杂用水，实现水资源梯级利用，显著节约水资源；不影响行洪、通航及生态，无须办理复杂的审批手续；造价相对较低，且运维费用较低，项目投资回收期合理。

因地制宜选择合理的取水方案，是江水源热泵项目成败的关键因素。基于管井渗滤取水的江水源热泵系统绿色低碳环保，符合"双碳"目标，值得推广。

目前该项目处于施工末期，节能减排等结论性数据均通过系统模拟及计算预测。待项目投入运行以后，还要对运行数据进行测量和积累，并对系统能效、取水温度、水质及水量进行监测。通过数据分析总结，得出实际运行的节能减排数据，提出系统节能运行优化方案，为同类工程项目提供参考。

参考文献

[1] 王子云，付祥钊，仝庆贵．利用长江水作热泵系统冷热源的技术分析 [J]．中国给水排水，2007，23（6）：6-9.

[2] 马惠芬，张奎，桂树强，等．江水源热泵项目取水方式及适用条件研究 [J]．水利水电快报，2019，40（5）：47-50.

[3] 李文，王勇，吴浩．开式地表水水源热泵系统的取水方案分析 [J]．制冷与空调，2009，9（4）：20-22.

[4] 龚孟梨．关于垂直取水工程的研究进展 [J]．山西水利科技，2018（4）：80-82.

[5] 黄云龙，周锦辉，赵鑫，等．重庆临河地区建筑水源热泵取水方式探讨 [C] //第 6 届全国建筑环境与设备技术交流大会论文集，2015：174-177.

平疫结合医疗建筑暖通空调设计探讨

黄孝军☆　刘日明

（华蓝设计（集团）有限公司）

摘　要　介绍了平疫结合的医疗建筑暖通空调设计的主要难点及解决措施，主要包括气流组织、风系统水力平衡、通风系统的监测与控制、负压手术室的设备选择等。

关键词　医疗建筑　平疫结合　气流组织　水力平衡　监测与控制

0　引言

由于新冠疫情的暴发，全国各地的应急医院及平疫结合医院大量出现，对暖通专业来说，本身负压病房及负压隔离病房的设计难度就很大，也非常复杂，再加上需要平疫结合，所以需要进行深入的探讨和研究。本文以广西壮族自治区龙潭医院突发公共卫生事件紧急医疗救治业务综合楼为例进行分析，为平疫结合的医疗建筑暖通空调设计提供参考。

1　项目概况

广西壮族自治区龙潭医院突发公共卫生事件紧急医疗救治业务综合楼位于柳州市，总建筑面积为10677.51m²，地上5层，无地下室。使用功能有医技用房、病房及手术室，没有门诊用房，具体布置为：1层是医技用房（CT、DR、常规检验区等）和非呼吸道传染病房，2层为非呼吸道传染病房，3层为呼吸道传染负压病房，4～5层为负压隔离病房、ICU病房及手术室。设置平战结合病床176床，负压隔离病房病床69床。建筑高度21.5m。

根据项目的可行性研究报告，经与业主沟通，住院楼采用平疫结合设计，重点考虑疫情时接收类似新冠病人等的呼吸道传染病医院，同时兼顾平时作为普通传染病医院的使用，1～3层平时与疫情时一样，都是传染病房，至于4～5层平时是呼吸道传染病房还是非呼吸道传染病房要根据实际情况定，所以平时按呼吸道传染病房考虑。

该项目各功能区按照使用功能分成多个空调系统：

1）1层CT、DR以及常规检验区设置多联机系统。

☆　黄孝军，男，1970年11月生，大学，正高级工程师

530011　南宁市华东路39号华蓝设计大厦11楼

E-mail：957387059@qq.com

2）5 层手术室及辅助用房设置双冷源恒温恒湿全新风空调系统，采用表冷器与风冷直膨机组合的空调机组。

3）病房、其余检查用房、办公室、休息室均设置冷暖型分体式空调器以及小型商用空调系统，室内机设抗菌滤网。

4）医院内清洁区、半污染区、污染区的机械送、排风系统按区域独立设置。

5）4、5 层负压隔离病房采用动力分布式通风系统。

6）通风系统中所有的送风系统均采用全新风空气处理机经过降温后送入房间，冷热源采用空气源热泵机组。

2　技术难点及解决措施

2.1　气流组织

气流组织的难点在于要求整栋楼的新风口及排风口要分开布置，避免互相影响；同时各层的空气压力从清洁区→半污染区→污染区逐渐降低，使空气单向流动；病房内要使新风首先送到医护人员，然后才到病人处，并及时排出有害气体，避免医护人员感染。

解决措施主要有：1）将新风系统进风口与排风系统的排风口分开设置在两侧，新风口均设置在上风向，新风机内置粗、中、亚高效过滤器，保证新风洁净度；排风口、排风机设置高效过滤装置，防止污染源随排风系统排出室外；排风口高出屋顶 3m 以上，防止过滤后的残留物对室外活动区域造成影响。2）除了根据"三区两通道"原则按区域分别单独设置送风及排风系统外，吸取以往的经验教训，采用风量平衡计算公式，从整层考虑，详细计算了各个区域的送风及排风量。通过计算，发现以往的设计的确欠妥，比如中间的半污染区，其送风量比排风量大，而如果单独算这个区域，由于半污染区需要负压，则想当然地认为是排风量比送风量大。3）合理布置病房的送、排风口，采用顶送风下排风的气流组织方式，送风口位于床脚一侧上方，排风口位于床头的一侧下方，室内的气流首先通过医护人员的工作区，然后经过病床床头下部排风口进入排风管道，形成定向稳定的气流组织，保证医护人员在病房内进行诊疗时，始终处于洁净气流的上方，降低了感染的可能性。

2.2　负压病房区域的风系统水力平衡

普通负压病房采用定风量阀，但是定风量阀可调节的风量有限，同时调试时非常困难；对于负压隔离病房，可采用动力分布式通风系统，每个负压隔离病房独立设置有送、排风机，一般采用小型的 EC 风机，配变频器，可根据房间的气压差变化无级调节风机风量，同时多个房间共用集中的送、排风机，一套送风或排风系统均由 2 个风机接力完成。动力分布式通风系统另一种做法是将房间的送风机改为定风量阀，其余不变，一套送风系统只有 1 个风机，而排风系统由 2 个风机接力完成。

2.3　通风及空调系统的监测与控制

通风及空调系统的监测与控制是负压病房设计的重中之重，其难点在于如何实现上述所讲的气流组织及风系统的水力平衡，其监控系统要求每层独立设置，自成一体。各层的通风及空调系统的监控内容如下表1所示。

表1 各层的通风及空调系统的监控内容

类别	平时	疫时
需要监测的参数及状态	多联机或分体空调及新风机组的运行状态、故障报警、手自动状态	多联机或分体空调及新风机组、排风机的运行状态、故障报警、手自动状态，排风机的运行频率
	新风机组送风的温湿度以及房间空气的温湿度	与平时一样
	风管上的粗、中效过滤器两侧压差，超压报警、电动密闭风阀的开、关状态	风管上的粗、中、高效过滤器两侧压差，超压报警、电动密闭阀、电动风量调节阀的开、关状态，全热交换器回风阀的开、关状态 房间与相邻区域之间的空气静压差
需要控制的设备及执行机构	多联机或分体空调及新风机组的现场/远程启停控制	多联机或分体空调及新风机组及排风机的现场/远程启停控制，排风机变频器控制
	新风、回风干管上的密闭阀远程开、关控制	送、回风干管及各房间支管上的密闭阀远程开、关控制，电动风量调节阀风量调节控制
	新风机组的风机与电动密闭风阀的连锁启停	新风机组风机、排风风机与电动密闭风阀的连锁启停
通过控制要满足的参数	房间的空气温湿度	房间的空气温湿度、空气静压差、空气洁净度

为满足平疫两种工况时换气次数、温湿度、压差及室内空气品质的要求，需要采取一系列的监控策略，具体做法如下：

1）换气次数（或新风量）的监控。新风机组采用定风量运行策略，为满足平疫2种工况不同的风量要求，设置变频器。调试时，测试好送入房间的新风量满足要求即可，运行时不需要计量各个房间及总的新风量。运行过程中当新风系统中过滤器阻力增加时，根据主干管上的静压调节风机频率，保持新风量不变。

2）压差的监控。平时，除卫生间外，病房的排风系统一般不开启，开启新风机组，通过保证最小新风量来满足房间的微正压要求。疫情时，如果是用于清洁区，除卫生间外，其余区域没有机械排风系统，则开启新风机组能满足正压要求，如果是用于半污染区或污染区，则需要同时开启排风系统，并使机械排风量大于新风量。调试及运行时一般保持新风量恒定，通过调节排风量来满足室内负压要求。各房间的送风支管上设定风量阀，排风支管上设置电动风量调节阀，可根据房间的压差来调节电动风量调节阀以满足要求。排风风机采用变频自动控制，运行过程中当排风系统过滤器阻力增加时，根据主干管上的静压调节风机频率，保持排风量不变。当高效过滤器两侧的压差监控报警时，则需要更换过滤器。

3）温湿度的监控。平时，房间内的温度由多联机（或分体空调）进行自动控制，通过控制新风机组的送风温度保证室内空气湿度满足要求。直膨式新风机组自带控制系统，能够根据室外及房间的温湿度通过算法自动控制新风机组的送风温度，以满足室内空气湿度要求。疫情时1～3层继续由多联机（或分体空调）进行自动控制，4～5层的负压隔离病房及 ICU 重症监护病房，则要求关闭多联机（或分体空调），采用全新风运行，各房间的室内冷热负荷由新风机组进行处理，由于此时新风量很大，通过调节送入室内的新风量完全能满足室内的温湿度要求。

4）空气品质的监控。平时，新风系统通过设相应的粗效、中效过滤器，送入室内一定量的新风，保持微正压来满足室内的空气品质符合要求。疫情时，如果用于污染区或潜在污染区，则需要加大新风量来稀释室内空气，同时排风系统上设高效过滤器，以保证排出的空气经过过滤或消毒处理，不会对周围环境造成污染。由于多个房间共用一套通风及空调系统，为保证在某个房间不使用或进行消毒时其余房间的空调通风系统能继续运行，则需要关闭该房间送、排风支管上的电动密闭阀，在消毒完成后需要继续使用空调时再开启。疫情时，需要对室内的空气品质进行监测，监测对象一般为 CO_2 浓度及 PM2.5，在需要监测的房间内设置相应的颗粒物或污染物浓度传感器，当监测到室内颗粒物或污染物浓度超标时报警，提醒管理人员清洗或更换过滤器。

根据上述内容，列举一个疫情时为负压隔离病房采用分体空调＋新风的污染区通风系统监控原理图，见图 1。

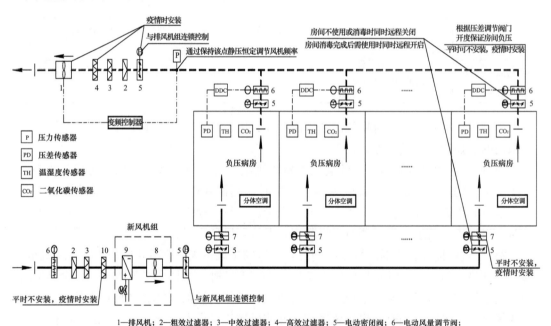

1—排风机；2—粗效过滤器；3—中效过滤器；4—高效过滤器；5—电动密闭阀；6—电动风量调节阀；
7—定风量阀；8—新风机组送风机；9—表冷器；10—亚高效过滤器

图 1　某负压隔离病房通风空调系统监控原理图

2.4　负压手术室

常规使用的洁净手术室为保持房间的洁净度一般是需要正压，而用于新冠等传染病的手术室则需要负压，同时还需要全新风运行。由于手术室需要的送风量非常大，如果要全新风，则采用单一冷源无法将室外 35℃左右的新风直接降到手术室需要的送风温度 16℃。为此通过焓湿图进行分析比较，并与设备厂家进行协商，最后确定采用表冷器与风冷直膨机组合的双冷源恒温恒湿全新风空调机组可以满足要求且节能，夏季新风首先通过接 7℃/12℃冷水的表冷器进行降温除湿，然后再由直膨式机组进行恒温恒湿处理，具体的空气处理过程焓湿图见图 2。

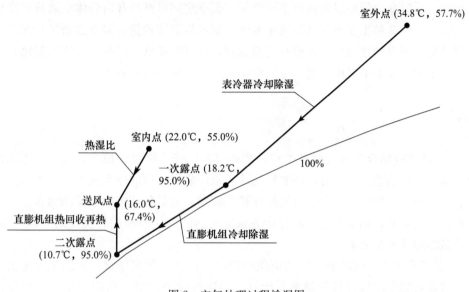

图 2　空气处理过程焓湿图

通过焓湿图分析，采用了空气源热泵及直膨式双冷源，保证空调机组全新风运行时冷、热负荷要求，确保空调机组在全新风运行的情况下，手术室的风量及温湿度均满足要求。

2.5　管道布置

该项目层数多，每层均需根据三区两通道单独设置通风系统，则通风系统多，管道交叉重叠多，各层层高受限，管道布置难度大，需合理设置排风井位置，同时考虑管道综合布置。通风空调设备数量多，几乎均设置于屋面，排风口与进风口距离需满足要求，进风处于上风向，排风处于下风向，增加了布置设备的难度。

解决措施是加强专业间协同配合，在关键部位画剖面图，同时利用 BIM 指导施工单位进行安装。

3　平疫结合设计

考虑该项目平疫结合的使用需求，病房卫生间、公共卫生间等平时产生异味和水汽的区域均设 2 套通风系统，平时每间卫生间单独采用管道式排气扇直接在本层排出，每间卫生间的排风管上均设置手动密闭阀，平时开启，疫情时关闭；疫情时各层病房的卫生间另外设置一套通风系统，卫生间通风并入所在区域的排风系统，通至屋顶高空排放。

选用各区域通风机时，均考虑平时跟疫情时两种运行工况，如果平疫 2 种工况的风量相差较大（一般是疫情时风量是平时风量的 2 倍以上），则通过风机变频无法同时满足平疫两种工况，此时设置 2 台不同的风机来满足使用要求。

该项目的空调系统，除手术室单独设置一套定风量全空气系统外，其余各房间均设置独立的分体空调或多联机空调，平时这些房间的冷热负荷由分体空调或多联机空调负担，疫情时，负压隔离病房及 ICU 重症监护病房需要关闭分体空调或多联机，采用全新风运行，此时室内的热湿负荷由新风负担，其余房间可继续开启分体空调或多联机空调。为满足平疫 2 种工况不同的新风量需求，新风机组按疫情时需要的新风量配置，采用变频控制，平时低速运行，疫情时高速运行，可有效降低平时的空调使用能耗。

负压手术室考虑平时使用时，可以根据使用要求做正负压转换。

4   结论

1）设计平疫结合医院需要考虑的参数和因素比普通医院多很多，除了要考虑温湿度及空调水系统的水力平衡外，还要特别注意负压病房区域的风系统水力平衡、室内外空气压差、空气洁净度等，设计时要抓住核心问题，就是气流组织，考虑到各个室内设计参数会相互影响，调试及运行时应优先保证各房间的压力梯度和换气次数满足要求，其次才是温湿度满足要求。

2）对于设置"三区两通道"的负压病房或负压隔离病房区域，要满足气流组织的要求，需要对整个区域进行风量平衡计算，不能仅仅考虑单个房间的室内外空气压力差，满足单个房间的压差不一定能满足整个区域的气流组织要求。

3）要充分考虑疫情时全新风运行对空调系统冷热源及末端设备的影响，比如负压手术室空调机组全新风运行时冷热负荷计算及设备选择，如果仅仅按冷负荷或者风量选择空调机组，则实际运行时是达不到要求的。

参考文献

[1] 刘国林 . 建筑物自动化系统 ［M］. 北京：机械工业出版社，2002：370-371.

[2] 赵文成 . 中央空调节能及自控系统设计 ［M］. 北京：中国建筑工业出版社，2018：187-191，195-196，457-459.

[3] 公共场所集中空调通风系统卫生规范：WS 394—2012 ［S］. 北京：中国标准出版社，2012.

[4] 传染病医院建筑施工与验收规范：GB 50686—2011 ［S］. 北京：中国建筑工业出版社，2011.

[5] 顺德中菱空调设备有限公司 . 洁净手术室用空气调节机组：GB/T 19569—2004 ［S］. 北京：中国标准出版社，2004.

[6] 北京大学第一医院 . 医院隔离技术规范：WS/T 311—2009 ［S］. 北京：中国标准出版社，2009.

[7] 江苏苏净科技有限公司 . 医院负压隔离病房环境控制要求：GB/T 35428—2017 ［S］. 北京：中国标准出版社，2018.

智适应水力平衡系统调控方法探析

田彦法☆

（山东华科规划建筑设计有限公司）

摘　要　集中空调水系统的水力平衡调试越来越受人们重视，介绍了一种智适应动态水力平衡系统的构造、功能和调控策略，可实现实时采集各分支环路的空调水系统运行数据，进行智能化计算校准和自适应精准调控水力平衡，并监测和输出运行参量，且不额外增加输配能耗的目的。该系统应用在集中空调能源站的总分、集水器的各分支和各并联主要环路的供回水干管上，可为空调系统节能降耗。

关键词　智适应　动态水力平衡　构造　功能　调适策略

1　研发背景

在采用了水系统集中空调的建筑工程中，空调能源站会根据各区域的功能属性、相对位置和设计参数的不同进行多个水路并联环路的分区。由于设计阶段无法做到各环路精确的平衡计算，系统施工阶段又存在诸多不利因素，导致实际运行时各环路间水力失调的情况时有发生，造成房间冷热不均，系统能耗增加[1]。根据各分区室内末端空调负荷需求的变化，各分区房间内的风机盘管和空调器等设备的风机会对应地开启、关停或调节，而在无平衡调控分配措施的空调水系统中，空调能源站给各环路供应的循环流量是相对恒定的，这就会造成空调各分区环路热（冷）量供应与实际空调负荷需求与之间的不匹配，称为水力平衡失调—部分场所的热（冷）量供应不足，而其他场所的热（冷）量供应过量，既浪费了能源消耗，也造成了室内热舒适的质量降低。

目前市场上的水力平衡阀虽可实现根据负荷需求，对流量进行平衡分配，但均为阻力调节型，在进行流量调节的同时，也增加了输配能耗。

基于此，迫切需要一种既可随时根据室内空调负荷需求和末端设备的启停，对各环路进行动态对应的水力流量平衡调节，又可有效降低水系统输配能耗的智适应动态平衡控制系统，总体实现在满足室内热舒适的前提下，最大限度降低水系统集中空调能源站的能源消耗。

2　系统构造

虽然水力稳定性是水系统本身的属性[2]，但在实际运行时，管网的阻力特性和环境

☆　田彦法，男，1971 年 4 月生，大学，工程技术应用研究员
　　252000　聊城市松桂路 166 号山东华科规划建筑设计有限公司
　　E-mail：tianyf@hkdi.cn

的热量交换都在不断变化，因此，水力失调是不可避免的。另外，普通调节型的平衡阀本质上只是增强了系统的调节性能，但其本身属于阻力元件，使用不当可能导致更严重的水力问题[3]。对定流量系统而言，各分支环路的供回水温差会有较大差异，而循环泵的变频控制信号源为供回水总管的温差——各环路回水混合后的总回水温度，势必会造成空调各分支环路热（冷）量供应与实际空调负荷需求之间的不匹配，既影响室内空调效果，也会造成能源浪费。空调系统水力平衡的动态调节对于整体空调效果保证和节能调适而言至关重要。而因室内负荷变化的频繁性和突发性，靠人工实现实时水力平衡调节是无法实现的。

基于空调主机自定的控制特性，即使在同一供水温度设定值的情况下，系统实际的供回水温度也是在不断变化的。因此，要求设在各环路上的动态平衡阀应具有匹配供回水温差频繁波动变化的自动调适功能。笔者从工程设计的角度，研制开发了一种变占空比的通断型水路智能化自适应动态水力平衡系统，其结构示意图见图 1，该系统和调适方法申报了国家发明专利。

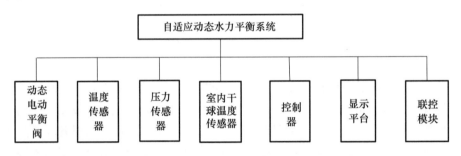

图 1　自适应动态水力平衡系统结构示意图

该系统的构造主要由四部分组成：一是变占空比的通断型水路智能动态电动平衡阀，包括阀体、执行器和时钟，并内置流量传感器；二是配对设置在各环路供回水干管上的温度传感器和压力传感器；三是各环路末端典型房间设置的室内干球温度传感器；四是智能化计算控制系统，可通过通信与执行器交换数据。

工程中常用的水力平衡方法有迭代法、比例法和补偿法等[4]。因为解决过流问题远比解决欠流问题简单，本系统的调适方法采用补偿法。本智适应动态水力平衡系统主要应用在水系统集中空调能源站的总分水器和集水器上，也可设在水系统各并联主要环路的供回水干管上，以实现实时采集各分支环路的空调系统运行数据，并进行智能化计算校准和自适应精准调控水力平衡，并监测和输出运行参量，且不额外增加输配能耗的目的。

3　系统功能和调控策略

智能化自适应动态水力平衡系统的调控流程见图 2。

该系统可实现的关键功能和调控策略如下。

1）测量：智能动态电动平衡阀和各传感器可定时测量和获取空调水系统各环路的

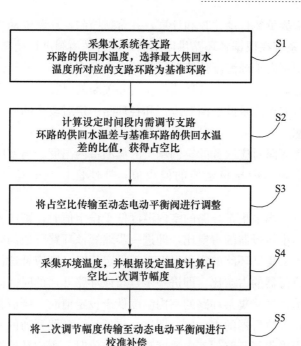

图2　自适应动态水力平衡系统调控流程示意图

供回水温度、平衡阀前后的供回水压力、各环路的循环流量以及平衡阀的通、断时长等信息，并将相关数据传输给计算控制系统。

2）控制：控制系统根据定时采集到的各环路供回水管路上的温度，自动比较各环路的供回水温差，动态控制电动平衡阀执行器的占空比，智能化调节各环路的流通和关断的时长，以实现各环路一定时段内的供应流量与需求流量的平衡对应，和各环路一定时段内的供应总热能量与需求总热能量的匹配适应。

各环路供应的热（冷）量为循环流量与供回水温度之差绝对值的乘积，各环路一定时段内的供应总热（冷）能量为各瞬时供应热（冷）量在一定时间段内的积分值。

电动平衡阀执行器占空比的控制策略为：控制系统定时采集各环路供回水温度，将计算并比较最大供回水温度差的环路作为基准环路，自动控制该环路的电动平衡阀执行器，调节平衡阀为长期开通的运行状态，即占空比为无穷大；进而调节其他相对较小供回水温度差的环路，控制其他环路的电动平衡阀执行器，调节平衡阀为一段时间开通、一段时间关闭的运行状态。基本为，需调节的环路供回水温度差与基准环路供回水温度差的比值，作为控制该环路电动平衡阀执行器占空比的等比例函数值，即供回水温度差与基准环路供回水温度差相差越大的环路，平衡阀关闭的时间段越长，开通的时间段越短，电动平衡阀执行器的占空比越小；反之，供回水温度差与基准环路供回水温度差相差越小的环路，平衡阀关闭的时间段越短，开通的时间段越长，电动平衡阀执行器的占空比越大。

在设定的时间段内，系统按照采集各环路的供回水温度差，经自动比较和计算出的各环路电动平衡阀的占空比运行。在下一个设定的时间段，系统重新采集各环路的供回水温度差，按上述步骤重新自动比较和计算，并重新控制各环路电动平衡阀的占空比。

3）校准：控制系统在根据各环路供回水温差，对平衡阀进行动态平衡调节的同时，还要根据各环路典型室内干球温度传感器采集的室内温度状态，补偿性控制电动平衡阀执行器的占空比，智能化二次调节各环路的流通和关断的时长，进一步校准各环路一定时段内的供应流量与需求流量的平衡对应，和各环路一定时段内的供应总热能量与需求总热能量的精准匹配。

系统定时采集各环路对应服务的空调场所的典型室内温度，与室内设计的温度设定值进行比较，根据室内温度与设定值的偏离值，补偿性控制电动平衡阀执行器的占空比。

具体为：在夏季，当采集某环路的室内温度低于设定值时，则应补偿控制电动平衡阀的执行器，再次调小执行器的占空比，即进一步缩短该环路开通的时间段，延长该环路关断的时间段；当采集某环路的室内温度高于设定值时，则应补偿控制电动平衡阀的执行器，再次调大执行器的占空比，即进一步延长该环路开通的时间段，缩短该环路关断的时间段。在冬季，当采集某环路的室内温度低于设定值时，则应补偿控制电动平衡阀的执行器，再次调大执行器的占空比，即进一步延长该环路开通的时间段，缩短该环路关断的时间段；当采集某环路的室内温度高于设定值时，则应补偿控制电动平衡阀的执行器，再次调小执行器的占空比，即进一步缩短该环路开通的时间段，延长该环路关断的时间段。

且以上校准控制，均以设定温度值与实际温度值之差的绝对值，作为电动平衡阀执行器占空比二次调节幅度的等比例函数。

4）计算：控制系统还可根据采集到的一定时间段内各环路的总流通量和供回水温度（差），自动计算出一定时长内，总环路和各分支环路供应的实际供冷（热）能量。

总环路及各环路供应的热（冷）量为循环流量与供回水温度之差绝对值的乘积，总环路及各环路一定时间段内的供应总热（冷）能量为各瞬时供应热量（或冷量），在一定时间段内的积分值。

通过对总环路供应的能量统计，可对能源站总体产生的能量进行汇总，以制定冷源供应的总体控制策略。而对各环路供应的能量统计，可准确根据各环路服务空调场所的实际负荷需求，进行供应量的即时调节，以达到各环路动态平衡的目的，实现供能量的量化直观效果，进一步掌控各环路空调负荷的变化规律，形成平衡阀控制调节的记忆功能，总体实现空调能源站的节能降耗。

5）避险：为保证安全运行，控制系统对各环路平衡阀的通断控制，尽量避免多环路同时处于关断状态，更要避免各分支环路同时关断。

6）输出：以上监控的参量不仅可显示在监控界面上，还可以将数据进行存储、查询，并形成报表和曲线，以供下载和查询。

7）联控：智适应动态水力平衡系统，可以和空调系统能源站总体的监控系统联合控制，兼容在一个监控平台上，实现该智适应动态水力平衡系统的调控状态，与制冷机的出力和水泵的变频调节一体化的最优控制，达到能源站的最高效率运行。

4 结语

集中空调系统的运行是否节能高效，与水力平衡的动态调适密切相关，也是空调系统运行调适工作越来越受到人们重视的重要原因。水力平衡的实现是一个复杂的系统工程，不仅需要科学的设计计算和必要的水力平衡设备（平衡阀）设施和系统，而且空调系统整体的运行维护和定期调试也必不可少[5-6]。希望随着该智适应动态水力平衡系统在实际工程中的应用反馈，为空调系统的节能提效发挥积极作用，为"双碳"目标作贡献。

参考文献

[1] 秦继恒，安爱明．空调水系统水力平衡调节 [J]．暖通空调，2012，42（9）：100-104.

[2] 秦绪忠，江亿．供热空调水系统的稳定性分析 [J]．暖通空调，2002，32（1）：12-16.

[3] 冯国会，等．大型集中空调水系统平衡调试技术探讨 [J]．暖通空调，2018，48（10）：19-24.

[4] 罗伯特·珀蒂琼．全面水力平衡：暖通空调水力系统设计与应用手册 [M]．杨国荣，胡仰耆，魏炜，等，译．北京：中国建筑工业出版社，2007：229-250.

[5] 赵亚伟．空调水系统的优化分析与案例剖析 [M]．北京：中国建筑工业出版社，2015：392-394.

[6] 刘新民．静态水力平衡阀工程应用分析 [J]．暖通空调，2011，41（8）：43-46.

北京某办公楼复合能源空调系统设计

张小峰☆　刘元坤

（gad 设计集团—青岛分公司）

摘　要　根据北京某办公楼复合能源空调系统设计项目，结合场地及地质条件介绍了地埋管换热器和冷热源配置情况。同时根据建筑负荷特点、土壤温度、湿球温度、机组特性等因素制定了详细的冷水机组与热泵机组供冷季及供热季运行控制策略。

关键词　办公建筑　复合能源系统　地埋管　地源热泵　变流量　控制策略

0　引言

根据相关研究，复合式地源热泵系统初投资少，在减小地下热不平衡率及提高系统运行效率方面有较大的优势[1-3]。同时运行控制策略对复合式地源热泵系统的运行效果影响巨大。如果没有合理的运行控制策略，系统供能与建筑负荷不匹配就会造成能源浪费且空调运行效果不佳。为了解决上述问题，相关文献对复合式地源热泵系统的运行控制策略进行了大量的研究[4-6]。本文结合实际项目并参考相关文献研究成果，分析制定了适合北京某办公建筑的运行控制策略。

1　复合能源系统设计

1.1　建筑概况

该项目是中国节能集团位于北京的办公总部园区（见图 1），总用地面积 72673.488m²，总建筑面积 264259.13m²，包括 A 栋、B 栋、C 栋 3 栋 7 层～10 层的办公楼、1#楼～11#楼的 10 栋 10～14 层的人才公寓及地下车库。根据业态功能定位，A 栋、B 栋办公楼为业主单位自用，建筑面积 58049m²；C 栋办公楼对外出租出售，建筑面积 29313m²；公寓为配套人才住房，建筑面积 82093m²。

图 1　园区效果图

☆　张小峰，男，1969 年生，高级工程师
　　266071　青岛市市北区龙城路 31 号
　　E-mail：xk13@163.com

1.2 系统方案

针对上述业态功能定位，A栋、B栋办公楼使用时间比较固定统一，负荷相对规律稳定，适合采用高效的集中式冷热源系统[7]。同时为响应国家节能低碳政策以及凸显业主单位节能环保的企业定位，在与业主充分探讨分析后，确定利用现有场地条件采用复合式地源热泵系统作为A栋、B栋办公楼冷热源，不足的冷热量由水冷式冷水机组及燃气热水锅炉补充；C栋办公楼由于后期租售业态及工作性质、时间不确定，故按营业单元独立设置商用多联式空调系统作为冷热源，业主可独立自主控制，使用灵活方便；公寓冷源采用户式家用集中空调，热源由园区集中锅炉房提供。各建筑物能源系统方案见表1。本文主要介绍A栋、B栋地源热泵系统＋冷水机组＋燃气真空热水锅炉复合能源系统设计内容。

表1　复合能源系统方案

建筑物	A栋、B栋	C栋	公寓
能源系统方案	地源热泵＋冷水机组＋燃气真空热水锅炉	商用多联式空调	户式家用集中空调＋燃气真空热水锅炉

1.3 建筑负荷

利用空调负荷计算及能耗模拟软件V4.0（HDY-SMAD）对采用复合能源系统的A栋、B栋全年逐时负荷进行模拟计算，结果如图2所示。根据负荷计算结果，A栋、B栋夏季空调计算冷负荷为5542kW，冬季空调计算热负荷3908kW。

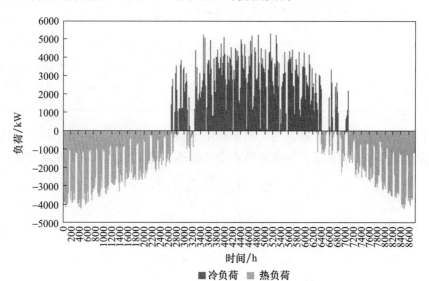

图2　A栋、B栋全年逐时负荷

1.4　场地状况勘察

地埋管换热系统的换热量与场地条件及水文地质条件密切相关，场地条件决定了地埋管换热器的数量，而水文地质条件决定了地埋管换热器换热效果[8]。为了得到园区场地的岩土热物性参数，设置两口热响应试验井。试验井基本参数见表 2。

表 2　试验井基本参数

试验井	钻孔直径/mm	换热井深度/m	换热管规格	岩土导热系数/[W/(m·K)]	释热量/(W/m)	取热量/(W/m)
1#	150	90	PE 管、双 U、De32	1.486	60.9	37.5
2#	150	90	PE 管、双 U、De32	1.697	64.7	39.9

根据表 2，试验区岩土体综合导热系数平均为 1.592W/(m·K)，每延米井夏季平均释热量为 62.8W，冬季平均取热量为 38.7W。根据两个试验井的地层地质分布情况得知，1#井 85m 及 2#井 83m 以下的区域均为花岗岩地质，钻孔难度加大，成本增加，周期延长[9]。故地埋管换热井有效深度按 90m 进行设计，按照 5m×5m 间距布置400 个地埋管换热井。初步计算地埋管换热井夏季最大释热量约为 2826kW，冬季最大取热量约为 1742kW。

1.5　设备配置

根据地埋管换热井释热量及取热量数据，复合能源系统主要设备配置见表 3。

表 3　主要设备配置参数

设备类型	制冷/制热量/kW	制冷/制热功率/kW	供回水温度/℃	流量/(m³/h)	数量/台	备注
地源热泵	1580/1979	297/364	6/13，50/40	174/173	1	A 栋、B 栋与公寓共用热水锅炉
冷水机组	2110	376	6/13	259	2	
热水锅炉	2100	15	50/40	182	3	

因土壤有一定的热量扩散能力，对于热不平衡率在 ±20% 以内的工程，可通过土壤自身的恢复能力和合理的运行调节来解决全年的热平衡问题。热不平衡率按下式计算：

$$Q_{sh}=Q_c\left(1+\frac{1}{COP_c}\right) \tag{1}$$

$$Q_x=Q_h\left(1-\frac{1}{COP_h}\right) \tag{2}$$

$$n=\frac{Q_x-Q_{sh}}{Q_x}\times100\% \tag{3}$$

式（1）～（3）中　Q_{sh} 为供冷季向土壤的释热量，kW·h；Q_x 为供热季从土壤的吸热量，kW·h；Q_c 为地埋管供冷季累计负荷，kW·h，每年 5 月 15 日至 9 月 15 日，每天 8：00—18：00；Q_h 为地埋管供热季累计负荷，kW·h，每年 11 月 15 日至 3 月 15

日，每天 8：00—18：00；COP_c 为供冷季综合性能系数；COP_h 为供热季综合性能系数；n 为冷热不平衡率。

根据第 2 章制订的夏季与冬季运行策略，可测算地源热泵机组夏季向土壤的释热量以及冬季从土壤中的取热量，并按照式（1）～（3）验证地源热泵系统全年释热量与取热量不平衡率，以确定是否需要设置辅助冷却塔散热[10]。

2　结果与分析

2.1　供冷季运行策略分析

该项目夏季冷负荷由地源热泵机组＋冷水机组复合能源系统共同承担，因此需要合理分配热泵机组及冷水机组的运行时间，制定适应建筑负荷变化的运行策略，尽可能使热泵机组及冷水机组高效运行。基于以上原则首先需分析热泵机组及冷水机组不同工况下的满负荷能效比 EER 以及部分负荷下的 COP。根据机组特性，蒸发器入口水温相同的情况下，冷凝器入口水温越低，机组能效比 EER 越高。

从图 3 可以看出，在负荷率 20%～90% 时热泵机组地埋管工况下的 COP 要高于冷水机组冷却塔工况下的 COP，在此区间之外的负荷率下，冷水机组冷却塔工况下的 COP 高于热泵机组地埋管工况下的 COP。冷却塔工况下的地源热泵机组在各负荷率的 COP 均比其他 2 种工况低。因此供冷季需要结合室外环境湿球温度与土壤温度的关系充分利用热泵机组地埋管工况及冷水机组的冷却塔工况。

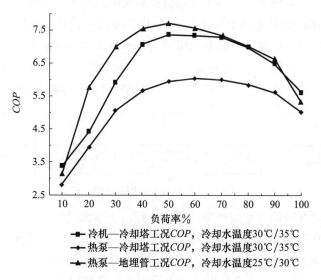

图 3　冷水机组、热泵机组 COP 曲线

根据文献［11］研究成果，供冷季采用湿球温度控制法，可使复合系统的 COP 最优且系统能耗最低，即根据机组冷却水进口温度与室外湿球温度的差值，判断热泵机组地埋管工况运行还是冷水机组冷却塔工况运行。图 4 为供冷季室外湿球温度与土壤温度变化曲线，可以看出，供冷季初期 5 月 15 日至 6 月 30 日及供冷季末期 9 月 1 至 9 月 15

日时间段内，室外湿球温度均低于土壤温度，可以认为冷却塔出水温度低于地埋管出水温度，因此优先开启冷水机组及冷却塔供冷。供冷季中期 7 月 1 日至 8 月 31 日期间，室外湿球温度高于土壤温度，地埋管的出水温度低于冷却塔出水温度，供冷优先开启地源热泵及地埋管供冷。

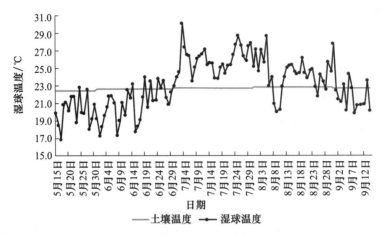

图 4　供冷季室外湿球温度与土壤温度变化曲线

根据以上分析，制定以下供冷季热泵机组及冷水机组分时段运行控制策略：

1）供冷季初期（5 月 15 日至 6 月 30 日）、末期（9 月 1 日至 9 月 15 日）优先开启 1 台冷水机组及冷却塔供冷（运行策略一），当负荷增加单台冷水机组不能满足负荷需求时，开启第 2 台冷水机组及冷却塔（运行控制策略二）。

2）供冷季中期（7 月 1 日至 8 月 31 日）优先开启 1 台热泵机组以地埋管工况运行（运行策略三），当负荷增加单台热泵机组满载仍不能满足负荷需求时，开启 1 台冷水机组及冷却塔（运行策略四）；若负荷持续增加且热泵机组及冷水机组在运行策略四下均满载时，开启第 2 台冷水机组及冷却塔（运行策略五）。具体控制策略见图 5。

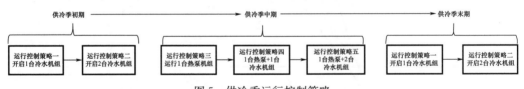

图 5　供冷季运行控制策略

以上控制策略充分结合了室外湿球温度特点、土壤温度情况、机组性能特性，在室外温度较低时，充分利用冷水机组低冷凝温度能效比高的特点，优先运行冷水机组承担室内部分负荷，减少热泵机组的运行时间，以减少其向土壤的散热量，有助于平衡土壤温度场及降低能耗[12]。图 6、7 分别为冷水机组及热泵机组供冷季逐时运行负荷及对应的运行策略。

2.2　供热季运行策略分析

该项目冬季供热负荷由地源热泵机组＋燃气真空热水锅炉复合能源系统共同承担，热泵机组与锅炉的运行时间不仅影响系统的运行效率与运行费用，更重要的是影响土壤

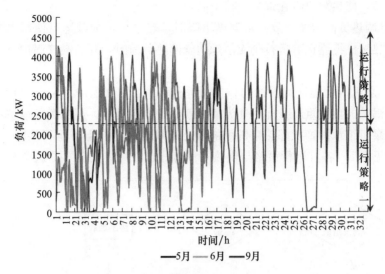

图 6　供冷季初期、末期逐时负荷及机组运行策略

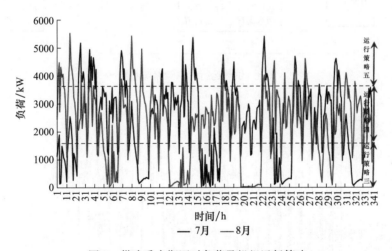

图 7　供冷季中期逐时负荷及机组运行策略

的冷热平衡[13]。因此供热季热泵与锅炉运行控制策略应充分考虑冬季热负荷、夏季供冷释热量、热泵与锅炉的单位供热费用来确定，以充分发挥复合系统高效、节能、经济的特点。

根据北京市发改委供热季平均电价 1.05 元/(kW·h)、天然气价格 2.21 元/m³ 计算，热泵系统单位供热费为 0.23 元/kW，锅炉系统单位供热费为 0.27 元/kW，在运行费用经济性方面两者几乎没有差别，因此运行策略重点关注冬季热负荷适应性及土壤热平衡。

机组运行策略采用回水温度控制法，供热季（每年 11 月 15 日至次年 3 月 15 日，每天 8：00—18：00）具体运行策略如下：

1) 由图 3 可知，热泵机组在负荷率 30%～90% 的区间内 COP 较高，因此在供热季初始阶段室外温度较高，室内负荷较低时优先低频启动地源热泵机组及相应水泵供热

（运行策略一），使热泵机组在部分负荷下高效运行。

2）当空调热负荷增加导致回水温度下降时，热泵机组加载运行使回水温度达到设定值，直至热泵机组满负荷运行仍无法承担全部热负荷时，开启燃气锅炉进行辅助供热（运行策略二）。

3）当热泵机组及燃气锅炉的总供热量超过 2100kW（锅炉额定供热量）时，热泵机组与燃气锅炉的负载重新分配，优先使燃气锅炉满载运行，超出燃气锅炉额定供热量的部分由热泵机组承担，发挥热泵机组部分负荷效率高的特点（运行策略三）。具体运行策略流程见图8，各月运行策略与供热季负荷分布的对应关系见图9。

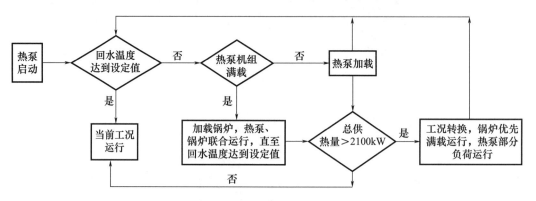

图 8 供热运行控制策略流程图

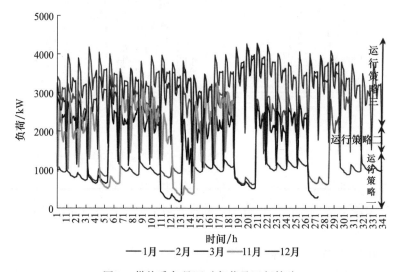

图 9 供热季各月逐时负荷及运行策略

根据以上供冷季及供热季运行策略统计，供冷季地源热泵机组累计运行时间为684h，累计承担冷负荷 869414kW·h，供热季地源热泵运行时间 1410h，累计承担热负荷 1332692kW·h。根据式（1）～（3）计算得出供冷季向土壤中的释热量 1032837kW·h，供热季从土壤中的取热量 1087712kW·h，两者不平衡率仅为 5.3%。因此以上运行策略满足土壤冷热平衡要求，不需要设置冷却塔辅助散热。

3 结论

1）项目充分利用了场地及地质条件，合理地配置复合式地源热泵机组既满足业主利用可再生能源的诉求，又兼顾了施工难度及周期问题。

2）使用负荷模拟计算软件详细计算并分析了建筑供冷供热季的负荷，得出了设计日及全年逐时负荷分布图表，为设备选型及运行策略分析提供了数据支撑。

3）根据建筑物负荷特点同时结合土壤温度、室外湿球温度、机组特性等因素，有针对性地制定了复合能源系统主机供冷、供热季详细的运行策略，该运行策略有利于机组高效运行降低能耗，同时又能保证土壤的冷热平衡。

基于以上分析，该项目采用地源热泵＋冷水机组＋燃气真空热水锅炉的复合能源系统方案，满足建筑冷热负荷需求的同时可长期高效稳定运行，待系统投入运行后可长期跟踪运行效果以验证系统合理性。

参考文献

[1] 李芳，王景刚，李恺渊.辅助冷却复合式地源热泵系统运行控制策略研究 [J].暖通空调，2007，37（12）：129-132.

[2] 曾俊.大型公共建筑空调系统能耗监测探讨 [J].应用能源技术，2009（4）：37-39.

[3] 曲云霞，张林华，方肇洪，等.地源热泵系统辅助散热设备及其经济性能 [J].可再生能源，2003（4）：9-11.

[4] 於中义，胡平放，王彬，等.混合式地源热泵系统优化设计 [J].暖通空调，2007，37（9）：105-109.

[5] 黄慧丽.机房群控系统机组启停策略研究 [J].低温与制冷，2011，29（5）：12-15.

[6] 闵科峰.夏热冬冷地区复合式地源热泵适宜性研究 [J].建筑热能通风空调，2014，33（5）：57-59.

[7] 陶贤文.某综合办公楼中央空调系统设计方案的比较分析与选择 [J].广东建材，2008（12）：101-104.

[8] 陈旭，范蕊，龙惟定，等.竖直地埋管单位井深换热量影响因素回归分析 [J].制冷学报，2010，31（2）：11-15.

[9] 马宁，魏巍，卜颖.复杂地质条件下的地埋管换热孔成孔工艺措施 [J].城市地质，2016，11（3）：49-53.

[10] 任万辉，何理霞，曲志光，等.复合式地源热泵系统在青岛科技馆项目中的应用 [J].暖通空调，2022，52（1）：36-42.

[11] 李营，由世俊，张欢，等.冷却塔复合式地源热泵系统的运行策略研究 [J].太阳能学报，2017，38（6）：1680-1683.

[12] 周世玉，崔文智.冷机辅助复合式地源热泵运行特性探析 [J].制冷与空调，2015，29（5）：513-517.

[13] 赵强.地源热泵空调系统的优化设计与试验研究 [D].济南：山东建筑大学，2008：54-58.

云南某超高层办公建筑空调系统简析

康亚盟☆　朱晓山　孟凡兵

（中国航空规划设计研究总院）

摘　要　结合云南昆明当地气候特点及某超高层建筑使用功能，综合比较后选定使用多联机（VRV）空调系统为建筑物供冷、供暖，实现了不同朝向空调系统的独立控制，适应房间负荷的各种变化，满足了同一时间不同的冷热需求。本文还介绍了该项目多联机系统设计的特点，阐述了超高层建筑多联机系统设计的注意事项。

关键词　超高层　办公建筑　多联机系统　调节灵活　独立控制

本文结合超高层使用需求及多联机系统特点，采用多联机系统满足建筑不同房间、不同朝向的冷热使用需求。

1　建筑概况

该建筑位于昆明，功能为 5A 甲级办公楼，工程建设定位为国家绿色建筑三星设计标识，高度为 226m，属于一类高层建筑。该建筑总建筑面积 104615m²，其中地上建筑面积 84943m²，地下建筑面积 19672m²；地上 40 层（不含出屋面设备层），核心筒顶部局部出屋面结构标高 207.5m；地下 3 层（局部设夹层），地下 3 层楼面标高为 −15.20m。（图 1 为该建筑效果图）

图 1　建筑外立面效果图

☆　康亚盟，男，1991 年 8 月生，硕士，工程师

100120　北京市西城区德外大街 12 号

E-mail：kangym@avic.com

根据 GB 50176—2016《民用建筑热工设计规范》中建筑热工设计分区，昆明属于温和地区，气候特点是年温差较小、日温差较大，太阳辐射强烈。

2 负荷计算及空调系统选择

2.1 负荷计算

室外设计参数（根据 GB 50736—2012《民用建筑供暖通风与空气调节设计规范》[1]）：昆明夏季空调室外计算干球温度 26.2℃，室外计算湿球温度 20℃；冬季空调室外计算温度 0.9℃，室外计算相对湿度 68%。

室内设计参数见表 1。

表 1　室内设计参数

房间名称	夏季		冬季		新风量/ [m³/(h·人)]	A 声级噪声允许值/dB
	温度/℃	相对湿度/%	温度/℃	相对湿度/%		
办公室	24	≤60	20	—	30 50（32 层以上）	≤40
中、小会议室	24	≤60	20	—	30 50（32 层以上）	≤40
大会议室	24	≤60	20	—	20	≤45
休息区、企业展厅、大厅	26	≤70	20	—	20	≤45
餐厅	24	≤70	20	—	25	≤50
数据中心	24	35～60	24	35～60	40	—
档案室	16	45～60	24	45～60	30	≤45

经计算，总冷负荷为 3643kW（舒适性空调冷负荷，不含变配电室、数据中心等电气设备用房冷负荷）。冷负荷指标（总建筑面积）：35W/m²，总热负荷：4500kW。热负荷指标（总建筑面积）：43W/m²。

2.2 空调系统选择

虽然昆明地处气候温和地区，但由于该项目建设标准较高，室内要求舒适度高，所以需设置人工供冷、供暖措施。昆明一天内的温度波动较大，会出现早晚需要供热、中午需要制冷的情况；并且昆明地区太阳辐射强烈，该超高层建筑外立面为玻璃幕墙，室内环境受太阳辐射影响巨大，在某一时段出现阳面需要制冷、而阴面需要供热的情况。综上此建筑的空调系统应该能做到不同朝向独立控制并且能够同时供热、制冷。

若采用四管制空调系统，可以实现同时在建筑的不同地方供热、制冷，适应房间的负荷变化、调节灵活。但是四管制空调水系统存在以下三个局限：

1）初投资及运行费用高昂，四管制相比两管制的系统管道长度几乎翻倍，造成初投资成本大大增加，而且四管制系统运行需要同时开启制冷机和热源，运行费用也有所增加。

2）实际运行时间有限，北京的西苑、香山、长城、昆仑等饭店，南京的金陵饭店等不少于 20 个工程都采用的四管制系统，但十几年运行实践中基本按两管制运行[2]。

3）占用吊顶空间，由于管线众多，四管制系统占了许多吊顶空间。而超高层建筑相比其他建筑物核心筒结构复杂，剪力墙更多，结构梁的尺寸也更大，这就造成了吊顶空间紧张，很难应用四管制空调系统。

除此之外由于空调水系统承压能力有限，超过一定高度后就需要设置转换层，该建筑 226m，至少需要一个转换层才能保证水系统不超压。设置转换层就会降低热效率，造成热量、冷量的浪费，初投资及运行成本都要增加。并且更加严重的后果是设备层占用了很多建筑面积，该超高层位于城市核心区，设备过度占用建筑面积会造成巨大经济损失。

标准层采用多联机空调系统可以实现室内环境需求，其具有如下特点：

1）室内机独立控制，控制灵活[3]，能够较好适应空调间歇性运行的工况，并且可以自动计算储存不同分户使用电量的情况，建筑物分租后便于计费。

2）安装方便、节省空间[4]，在吊顶空间只需布置冷媒管和冷凝水管，并且不需要在建筑物内另设制冷机房、锅炉房。

3）运行高效，维护成本低[5]，空调系统满负荷运行时间很短，而多联机部分运行效率高，因为室外机组负荷输出可以随室内机开启数量而变化，智能化较高，不用设置机房，系统的故障处理机制为通过备用模块的启动来维持系统的运转，系统运行时无须专人值守。

综上，结合当地气候和超高层建筑的特点，以及空调系统间歇性使用、累计使用时间短的实际情况，确定采用相对分散的多联机空调系统以满足灵活使用的需求。针对建筑经常处于部分负荷的特点，多联机系统更能显现出 IPLV 高的优势。针对昆明地区室外空气焓值低的特点，加大新风，可以直接利用室外空气改善室内空气品质。

3 空调系统设计

裙房中入口大厅（3 层通高）和大会议室（2 层通高）都是高大空间，并且人员密度大，使用普通多联机室内机难以满足用户对室内环境的需求，所以采用直膨（热泵）式空调机组供暖、供冷。机组形式为分体式，直膨机组室外机置于 5 层设备平台，室内机置于 3 层机房内，室内空调系统采用全空气低速风道空调系统，空调机组将室内回风与室外新风混合，经过滤、制冷（制热）后，经风管送入使用空间。

入口大堂送风口采用自动温感可变流态桶形风口顶部送风，夏季送冷风时为散流状态使冷风舒适下沉，冬季送热风时风口自动变为直吹下送状态，送风深度达 12m。大会议室送风口采用自动温感可变流态散流器顶部送风，大会议室净高 8m，送风口形式同上，冬季热风吹送深度达 8m。以上措施保证高大空间气流组织兼顾夏季冬季送风效果，送风口均匀布置以利于送风的均匀性。室内空气经顶部回风口、回风管输送回空调机房，空调机组配套设置回风机，送、回风机均采用变频风机，可分别控制，在过渡季节可全新风运行，直接引入室外新风，改善室内环境，实现节能运行。

本建筑其余标准层房间均采用多联机供暖、供冷，每层配备一台新风换气机组，并设置热回收可控装置，根据室内外焓差判断是否启用热回收装置，为室内送入新风并排出室内的污浊空气，新风经粗效＋电子中效过滤处理，提高室内空气品质。空调室内机形式多样，结合装修风格，确定除设备间外都采用吊顶暗装风管式室内机，室内机在吊顶内安装，前后分别接送风管、回风箱，送风管接散流器送风口，回风箱接单层百叶回风口，室内机产生的空调冷凝水汇集后有组织排放。

此外考虑到冷媒管的长度、室内外机的高差、建筑立面效果以及室外平台面积有限，将多联机系统按照避难层和设备平台分成四大部分。室外机分别置于不同的避难层，为避免避难层出现热岛效应，通风不畅从而影响室外机的制冷效率，在室外机上设置倒流排风管并设置倒流静压箱接至建筑百叶，将气流及时导出，避免气流短路。由于室外机外部静压有限，倒流风管不能过长，所以室外机只能放在外墙边缘，最多只能沿外墙放置两排室外机。室外机具体接管方式如图2所示。

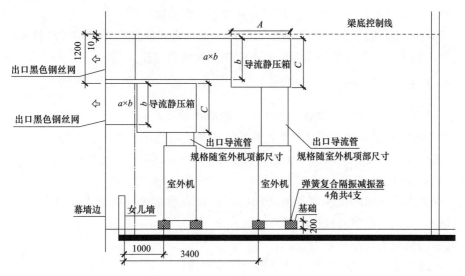

图2 空调室外机导流管道示意图

根据平面布局，除1～5层公共空间存在跨层或不同方向共用一台室外机的情况，其他楼层均为每层的每一个朝向为一个独立的多联机系统。1～5层房间除入口大厅和大会议室外，多联机室外机置于6层的设备平台，6～10层及12～20层的多联机系统室外机均放置在第一避难层（11层）的设备平台，22～30层多联机室外机设置在第三避难层（31层）的设备平台，32～40层多联机室外机放置在41层的设备平台（此层为室外）。其中31层室外东侧设备平台与百叶之间高差较大，因为室外机静压有限，排风管道不能过长，为保证排风散热效果将6台多联机室外机用钢架支起以缩减多联机与百叶的高差。此外对于32层以上的通高房间均采用高静压风管保证送风效果。

弱电间、电梯机房等需要全年供冷的设备房间，其开启时间、使用用途与其他办公房间不同，单独设置多联机系统。根据室内外机高差限值要求及室内机之间的高差要求，弱电间的多联机系统按竖向划分布置。

位于11和31层的网络数据机房设置机房专用空调系统，采用风冷型机房空调实现室内恒温恒湿控制。气流组织形式为地板送风、上回风。机房空调按B类设置，每个机房用空调按$N+1$配置数量，其中一台备用。位于36层的档案室同样具有温湿度范围要求，选用独立恒温恒湿空调。恒温恒湿空调为直膨式，室内机为立柜式，包括制冷、加热、除湿、加湿功能，气流组织形式为上送风、侧回风，室外机设置在 41 层设备平台。网络机房和档案室的室内机均设置挡水围堰、地漏，并设置漏水传感器。

4 设计特点及注意事项

4.1 设计特点

1) 结合当地气候特点和该建筑的使用情况，将建筑物分层、分朝向设置多联机系统，方便分租、管理，满足同一时间不同朝向用户的不同的冷热需求；

2) 考虑到室内外机的高差不能过大，将多联机按避难层和设备平台在高度方向分为若干部分，保证室内外机之间不超高并减少了配管长度；

3) 为保证多联机室外机在避难层的散热效果，将多联机室外机用导流排风管接至排风百叶，但考虑到室外机静压有限，不能使导流风管过长。

4.2 注意事项

在条件允许的情况下，多联机系统应尽量减小室外机和室内机之间的高差和距离，减少配管长度，并尽可能采用性能系数高的小规格多联机组，具体要求如下：

1) 减少配管长度，一般最大实际单管长度为190m，第一分歧管后最大长度为90m（不同品牌有所区别）；

2) 降低多联机室内机和室外机之间的高差，一般室内外机最大高差在 70～100m（不同品牌，室内机或室外机在上有所区别）；

3) 室内机最大高差一般为 30m；

4) 室外机进、排风应通畅，且不形成气流短路；

5) 室内外机容量配比需要考虑同时使用率、连接管长度、高差修正等因素，且同一系统室内机数量不能超过室外机允许连接的数量。

5 结语

在设计超高层建筑时，选择空调系统不仅要结合当地的气候特点，还要考虑节能、经济、空间、维护等问题。多联机系统因其控制灵活、节省空间、运行高效、维护成本低，广泛应用于商用和居住建筑中。在吊顶空间紧张、需要同时供冷供热的超高层建筑中，多联机空调系统在适宜的气候条件下是不错的方案。

参考文献

[1] 中国建筑科学研究院 . 民用建筑供暖通风与空气调节设计规范：GB 50736—2012 [S]. 北京：中国建筑工业出版社，2012.

[2] 刘天川 . 超高层建筑空调设计 [M]. 北京：中国建筑工业出版社，2003.

[3] 张俊森，吴成斌，季阿敏，等 . 多联机的三种制冷季节性能评价指标的差异性分析 [J]. 暖通空调，2012，42.

[4] 刘强，苏晓耕 . 多联式空调性能评价方法的探讨 [J]. 电器，2013，(S1).

[5] 强天伟，杨阳 . 志丹县某办公楼暖通设计 [J]. 低温建筑技术，2012 (9).

中深层地热源水环多联机系统在西安某超高层建筑中的应用分析

郭利娜☆　江　源

（中国建筑西北设计研究院有限公司）

0　引言

关于西安市西咸新区中深层地热源应用，近年来已经有一些研究，结果表明该区适合推广无干扰地热供热，当地政府于 2019 年推出了《西咸新区中深层无干扰地热供热系统建设应用技术导则》[1]。此外，近年来玻璃幕墙在超高层建筑中应用较多，传统的多联机系统应用于玻璃幕墙的超高层中，冷媒管较长，受室外气温、安装条件等因素影响，性能不够稳定。

本文以西安市西咸新区某超高层建筑为案例，介绍了一种结合中深层地热能、天然气锅炉和冷却塔的水环多联机系统，该系统在传统多联机系统基础上，采用多种可再生能源，提升了传统多联机系统的稳定性，同时具有一定的节能潜力。在此基础上，对该系统进行了全年逐时负荷计算，分析了空调全年能耗，旨在探索一种既节能减排又运行稳定的空调系统形式，为类似工程提供参考。

1　项目简介

1.1　项目背景

项目主要功能为办公，建设方考虑后期招租运营的灵活性，要求分层采用多联机系统。西咸新区政策对无干扰地热供热技术有一定的支持和推广。

1.2　项目概况

项目位于西安市西咸新区，为新建一类超高层公共建筑；建筑总面积 54970m²，建筑高度为 149.8m。利用建筑性能分析平台搭建的该项目建筑模型如图 1 所示。该建筑分为裙房和主楼两部分，1 层包含办公大堂和裙房商业，2 层裙房为商业，3 层为休闲会所，4 层为架空层，13、28 层为避难层。5～12 层、14～27 层、29～42 层均为办公用房。本文介绍的空调系统应用于 1 层办公大堂和 5 层以上的办公区域，该部分建筑面积共 51417m²。

☆　郭利娜，女
　　710018　陕西省西安市未央区文景路 98 号中国建筑西北设计研究院
　　E-mail：gln29030301@163.com

1.3 方案确定

如图 1 所示，建筑外立面有大面积的玻璃幕墙，采用传统的多联机系统室外机只能集中摆放在避难层，该项目方案对建筑立面要求，不同意立面开大面积百叶；且离避难层远的楼层室内外机高差大，冷媒管过长，加上传统多联机系统受室外参数影响较大，在极端气温天气使用效果差。

综合考虑当地政策、建设方要求、项目概况等因素，该项目采用中深层地热源水环多联机系统。

图 1 项目建筑模型

2 设计介绍

2.1 负荷情况

利用建筑性能分析平台软件对项目进行了全年负荷计算，得到全年逐时空调负荷计算结果，如图 2 所示，该结果为后续全年能耗计算提供依据。在全年逐时负荷基础上，整理出空调冬、夏设计日负荷具体数据，作为空调系统设计计算的依据，见表 1。

表 1 空调冬、夏设计日负荷

空调面积/m²	设计日冷负荷/kW	冷指标/(W/m²)	设计日热负荷/kW	热指标/(W/m²)
39200	4420	113	3879	99

注：表中冬季空调设计日为 1 月 21 日，夏季空调日为 7 月 21 日。

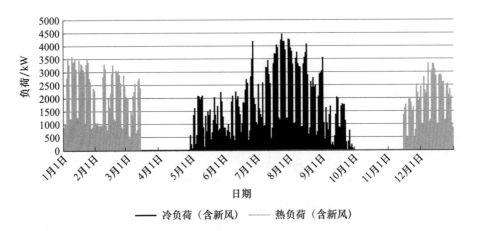

图 2 项目全年逐时负荷图

2.2 空调系统介绍

该项目的中深层地热源水环多联机系统的原理图如图 3 所示。系统冷热源主要由水环多联机系统提供，冬季由中深层地热井和燃气热水锅炉为水环多联机的蒸发器侧提供辅助热源，夏季由冷却塔为水环多联机的冷凝器侧提供辅助冷源，过渡季节通过水环多联机水侧回收建筑内冷热量，末端根据用户需求选择合适的形式。

（1）水环多联机系统

水环多联机系统水侧设置辅助供冷和辅助换热系统，冬夏季通过阀门切换。水环系统采用二管制闭式系统，不分高低区。夏季采用闭式冷却塔辅助供冷，与水环系统直接连接，冷水供回水温度为32℃/37℃。水环辅助供冷循环泵设置3台，3台同时使用，循环泵根据供回水温差变频、变流量运行，以维持5℃温差。冬季采用中深层地热与锅炉联合作为辅助热源，与水环系统采用换热器间接连接，水环系统热水供回水温度为23℃/13℃。

（2）辅助热源

辅助热源采用中深层地热源优先、燃气热水锅炉补充的联合供热方案。

根据2.1节中表1的负荷计算结果，中深层地热系统采用4口2500m深井供热，地温梯度参考项目旁边住宅项目数据，取4℃/100m，参考《西咸新区中深层无干扰地热供热系统建设应用技术导则》，单井供热量按586kW估算，井口出水温度30℃，回水温度15℃。3口井总供热量为2344kW，地热系统的设计由专业单位进行。

同时设置2台低氮真空燃气热水锅炉为水环多联机系统补充供热，单台供热量为1160kW，总供热量为2320kW。真空锅炉热水的供回水温度为30℃/15℃，锅炉工作压力0.1MPa。烟气排放满足NO_x质量浓度<30mg/m³。

（3）辅助冷源

水环多联机系统的辅助冷源由3台280t闭式冷却塔提供，单台供冷量为1626kW，总供冷能力为4878kW。冷却水供回水温度为32℃/37℃，冷却塔设置在该栋建筑屋面。水系统出屋面部分设置关断阀门与泄水阀门，冬季关断出屋面的阀门，泄空屋面管道的循环水，防止冻结。

（4）水环换热机组

中深层地热源和燃气热水锅炉供回水温度均为30℃/15℃，通过1台额定换热量3879kW的换热机组换热，给水环多联机机组侧提供23℃/13℃的辅助热源，循环泵根据供回水温差变频、变流量运行，以维持10℃温差。

（5）末端空调形式

办公大堂采用水环冷媒直膨全空气系统。空调机房设在2层核心筒旁，水环主机设于机房内；各办公楼层均采用水环多联机空调系统，各办公室均采用多联机空调风管型室内机末端。每层分4个空调系统，空调主机均设于各层机电用房内。

3 成本分析

3.1 初投资分析

该项目的中深层地热源水环多联机系统，其初投资主要由中深层地热井及其管路附件、天然气锅炉及其管路附件、闭式冷却塔及其管路附件、水环换热机组及其管路附件、水环多联机系统及其管路附件组成。为了使计算模型更具有普适性，根据项目概算数据，参考相关文献[2]的分析方法，统计单位机组容量或单位面积对应的投资额，并以此作为暖通系统购置费。根据式（1）将该项目初投资指标和总初投资费用进行统计整

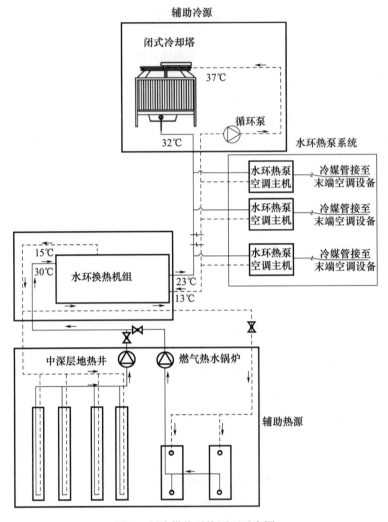

图 3　制冷供热系统原理示意图

理,结果见表 2。

$$C_v = P_1 H + P_2 A + P_3 A + P_4 A \tag{1}$$

式中　C_v 为系统总购置费用,元;P_1 为单位井深的中深层地热井及其管路附件购置费,元/m;H 为中深层地热井深度累计值,10000m;P_2 为水环多联机换热机组、燃气锅炉及其管路附件购置费,元/m²;P_3 为冷却塔及其管路附件购置费,元/m²;P_4 为末端空调及其管路附件,元/m²;A 为建筑面积,51417m²。

表 2　项目初投资费用

	P_1	P_2	P_3	P_4
费用指标	1000 元/m	40 元/m²	70 元/m²	400 元/m²
小计（万元）	1000	206	360	2057
C_v/万元	3623			
面积指标/(元/m²)	704			

3.2 系统运行费用

（1）运行能耗

1）能耗计算方法

利用建筑性能分析平台对项目进行了全年负荷计算，并在此基础上进行了空调系统全年能耗计算。

水环多联机机组用电量依据水侧供回水温度对制冷量、制热量和 COP 进行修正，并考虑部分负荷率对用电量的影响；各种循环泵依据流量、扬程和水泵效率计算水泵的运行功率，对于变频水泵依据流量和功率的性能曲线进行逐时功率计算；燃气热水锅炉依据锅炉热功率、热效率、部分负荷率对热源耗热量进行计算，按照 JG/T 358—2012《建筑能耗数据分类及表示方法》进行能源转化；冷却塔依据冷却塔风量功率进行冷却塔能耗计算；末端新风、空调系统或风机盘管送风功率能耗或空调送风系统的耗电量通过系统风量、全压、效率及部分负荷率等参数进行计算。

2）计算结果

计算得到该项目中深层地热源水环多联机空调系统全年总能耗为 1502059kW·h，各项能耗具体数据以及其在全年总能耗中的百分比见图 4。该结果可以作为计算项目运行成本的依据，同时可为优化空调系统提供思路。

图 4 给出了中深层地热源水环多联机系统全年各项能耗的具体数值，将各项能耗占比整理得到图 5。由图 5 中可知，系统能耗主要是水环多联机能耗，占总能耗的 48.06%；其次为燃气锅炉能耗，占总能耗的 33.60%；同时冷却设备和冷却水泵的能耗也不容忽视，分别占 7.34% 和 1.84%；风机和供热水泵能耗最低，分别为 1.84% 和 0.97%。

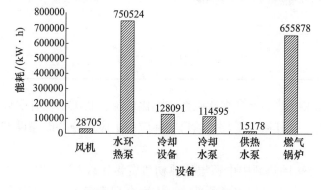

图 4 中深层地热源水环多联机
系统全年各项能耗计算结果

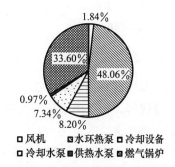

图 5 中深层地热源水环多联机
系统全年各项能耗百分比

根据该结果，该项目中有节能空间的项主要在水环多联机和燃气锅炉，项目在设备选型和系统设计中已尽量考虑提高水源多联机的性能，该项能耗降低有赖于设备厂家对产品性能的不断提升；由上文可知，约 60% 的辅助热源由中深层地热提供，这主要是考虑甲方初投资能力，今后工程中，合理选择中深层地热和燃气锅炉的供热配比，降低中深层地热源的初投资成本，成为可挖掘的节能减排方向。

（2）运行费用

以全年能耗为基础，根据西安市 2023 年分级电价政策，计算后得到该项目的中深层地热源水环多联机系统全年运行费用为 145.5 万元，计算结果见表 3。

表 3　中深层地热源水环多联机系统年运行费用

电价分级	能耗/(kW·h)	电价/[元/(kW·h)]	费用/元
一级	2160	0.4983	1076
二级	2040	0.5483	1118
三级	1557595	0.7983	1243428
合计费用/万元		1245623	

3.3　与多联机方案的对比

利用该项目的建筑模型，建立传统多联机系统的能耗计算模型，进行能耗计算，得到其全年空调能耗为 2259200.4kW·h。结合中深层地热源水环多联机系统计算结果，得出中深层地热源水环多联机系统相比传统多联机系统的全年节能率约在 30%。

计算得到传统多联机系统的全年空调运行费用为 180 万元，系统初投资单位面积造价按 450 元/m² 估算，与该项目中的中深层地热源水环多联机系统进行对比分析，经济性对比结果列于表 4。由表 4 可知，该项目中深层地热源水环多联机系统初投资高于传统多联机系统，年运行费用低于传统多联机系统，总体上，投资回收期约为 15a。

表 4　方案经济性对比

系统	中深层地热源水环多联机系统	多联机系统
初投资/万元	3623	2570.8
年运行费用/万元	124.6	180.2
总费用/万元（第 15 年）	5241.4	5274.3

由经济性对比结果可知，中深层地热源水环多联机系统相比传统多联机系统有明显的节能优势，但受限于较高的初投资，其回收期长，项目实际应用中应充分考虑建设方投资意见。

结合 3.1，3.2 节可知，系统的辅助热源中中深层地热初投资占比较高，节能潜力也大；燃气锅炉初投资尚可，但消耗天然气较多。可见，一方面合理确定系统的中深层地热源和燃气锅炉匹配，另一方面降低中深层地热开发成本，成为可进一步挖掘的节能减排方向。

4　结论与展望

1）本文介绍了一种结合中深层地热能、天然气锅炉和冷却塔的水环多联机系统，该系统一方面具备多联机系统应用灵活的优势，另一方面利用了多种可再生能源，提升了多联机系统的稳定性，具有较好的节能潜力。

2）通过建筑性能分析平台对该水环多联机系统进行了全年逐时负荷计算，分析了空调全年能耗，与传统的多联机系统进行了经济性对比，结果表明，该水环多联机系统节能性比传统多联机有优势，目前的推广受限于较高的初投资。

3）本文对中深层地热源水环多联机系统的研究，是以西安某超高层办公楼为例进行的。对于不同地区，不同使用功能、不同高度、不同体量的建筑中应用该系统的情况，今后进一步研究，才能得出更具普遍性的结论，为该系统适用的范围提供依据。

4）本文的空调方案对比，在中深层地热源水环多联机系统和普通多联机系统之间进行，今后的研究，应同时涵盖水系统集中空调、空气源热泵等多种空调系统种类，才能得出更全面的结论。

5）本案例中的水环多联机系统，相比传统多联机系统的全年节能率约为30%，因此系统的运行碳排放也相比普通多联机系统相应降低约30%，而其全寿命周期的碳排放的具体情况，可成为进一步研究的方向。

参考文献

[1] 西咸新区中深层无干扰地热供热系统建设应用技术导则［R］，2019，47.

[2] 孙婷婷．水环多联式热泵空调系统运行特性研究［D］．哈尔滨：哈尔滨工业大学，2012：98-100.

上饶某五星级酒店暖通空调系统设计

熊珈续☆　王梦云

（江西省建筑设计研究总院集团有限公司）

摘　要　介绍了上饶某五星级酒店的空调系统设计，主要包括冷热源选择、空调水系统、风系统和自控系统设计，分析了空调系统中采用的主要节能措施，总结和探讨了设计中遇见的问题。

关键词　酒店建筑　四管制水系统　暖通空调系统　免费冷　节能

1　项目概述

该项目位于江西省上饶市玉山县，东侧为金沙溪，北侧规划为公园。地上建筑面积 31350m²，由 1♯宴会厅，2♯酒店大堂、配套服务，3♯、4♯客房等 4 栋多层建筑通过连廊连接而成；地下 1 层建筑面积 15500m²，由后勤服务区、车库及设备用房区组成。图 1 为酒店俯瞰图。

图 1　酒店俯瞰图

☆　熊珈续，女，高级工程师
　　330046　江西省南昌市省政大院北二路 66 号江西省建筑设计研究总院集团有限公司
　　E-mail：358853138@qq.com

2 设计参数

2.1 室外设计参数（见表1）

表1 室外计算参数

	空调室外计算干球温度/℃	空调室外计算湿球温度/℃	空调室外相对湿度/%
夏季	36.1	27.4	—
冬季	−1.2	—	80

2.2 室内设计参数（见表2）

表2 室内设计参数

房间名称	夏季		冬季		新风量/[m³/(h·人)]	噪声标准/dB
	温度/℃	相对湿度/%	温度/℃	相对湿度/%		
大堂	25	55～65	20	≥30	15	NR50
宴会厅	25	55～65	20	≥30	30	NR50
会议室	25	≤65	20	—	30	NR35
游泳池	29	65	28	≥65	20	NR45
办公室	25	40～60	20	≥30	30	NR40
客房	25	50～65	23	≥30	50	NR32

3 空调冷热源设计

3.1 空调冷热负荷（见表3）

表3 负荷计算结果

	建筑面积/m²	空调冷负荷/kW	冷负荷指标/(W/m²)	空调热负荷/kW	热负荷指标/(W/m²)
酒店地上区域	31350	3376	99.8	2295	67
酒店地下室后勤区	2703	303	112	212	78

3.2 空调冷源系统方案比选

针对酒店建筑物，其所处环境、使用性质，空调系统有多种方案可供选择。但从可靠性、稳定性、经济性以及酒店建筑的分散性等方面综合考虑，适合该项目的方案有以下两种：方案1，冷水机组＋锅炉方案；方案2，风冷多联式空调（热泵）机组。表4为2种方案比较。

表 4 2 种方案比较

	方案 1	方案 2
空调形式	冷水机组＋锅炉	风冷多联式空调（热泵）机组
冷却方式	间接冷却，机组冷却冷媒水，通过冷媒水管路系统通往末端装置（风机盘管、空调箱），通过热交换冷却送往房间的空气	直接冷却，室内机直接蒸发冷却室内空气使房间冷却
系统主要优点	1）运行稳定可靠，能很好解决相对分散的建筑物冷热量远距离输送问题； 2）机组能效比高，在满负荷或较高负荷率情况下系统较节能，运行费较低； 3）制冷制热效果稳定，基本不受外界气候影响； 4）选用锅炉可以与生活热水同时使用，制热效果稳定，但需接驳市政天然气	1）全分散式系统，一套系统发生故障不会影响其他系统的使用； 2）设备简单，不需专人值守，系统自动化程度较高，设备维修一般由厂家承担，使用单位维修工作量较小； 3）温度控制精度高，通过数码技术控制压缩机，从而实现能量控制
系统缺点	1）需设置冷冻站、锅炉房，锅炉烟囱需附于主楼在屋顶排放，冷却塔需在室外绿化带内或者屋面布置； 2）系统的维护、设备的清洗工作量较大； 3）由于水系统管线较长，整个空调水系统庞大，从系统启动到室内达到制冷制热效果需要一定的时间，操作工人需提前开启冷冻机及锅炉	1）初投资较方案 1 高； 2）空调室外机设置在各单体屋面，客房楼顶层受噪声与机组振动影响大； 3）设备制冷、制热量受气候影响较大，江西冬季较潮湿，机组可能频繁除霜，影响制热效果； 4）室内机的工作方式为冷媒直接与室内空气进行热交换，送回风温差大，空气干燥度高，导致舒适性差； 5）屋面上放置空调室外机，低楼层管线较长，系统冷、热量衰减较大，实际 COP 值较额定工况低

经比选后选择方案 1 系统形式。经测算，磁悬浮离心冷水机组比离心式冷水机组初投资高 30％，但在一个制冷季（1200h）计算，磁悬浮冷水机组耗电量比冷水机组少 30％～35％，约 5.5 年可以收回投资，所以选择采用磁悬浮冷水机组加锅炉形式的冷热源系统。

3.3 空调冷热源

制冷机房内设置 2 台水冷磁悬浮离心机组（单台制冷量 1688kW），供回水温度为 7℃/12℃，与制冷机配套设置两用一备的空调冷水循环泵及两用一备的空调冷却水循环泵。空调冷水循环泵均配变频器。为解决酒店内区过渡季节或冬季供冷需求，采用冷却塔作冷源，对酒店内区房间提供"免费"供冷，设置一套过渡季冷却塔制冷板式换热系统。免费冷负荷按空调总冷负荷 20％计算，冷源侧供/回水温度为 8.5℃/12℃，负荷侧供/回水温度为 10℃/15℃，板式换热器水流量 86.5m³/h。根据室外温度及室内情况考虑运行策略。图 2 为制冷机房系统原理图。

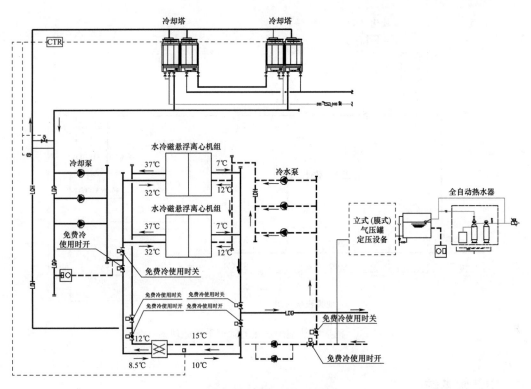

图 2　制冷机房系统原理图

　　锅炉房内设置 3 台燃气真空热水机组，热水机组系统划分见表 5，其中生活热水由给排水专业负责。锅炉房内尚预留了蒸汽发生器的位置，为以后酒店运行时洗衣房改造提供了空间。与真空热水机组配套的 3 台空调热水循环泵，两用一备。空调热水循环泵均配变频器。为维持大堂、泳池地面温度 26～28℃，设置地板辐射供暖系统，在水泵房内设置一套板式换热机组，一次侧供回水温度 60℃/50℃，二次侧供回水温度 45℃/35℃。相对于常压锅炉加板式换热器的做法，采用真空热水机组能够克服常压热水锅炉易结垢、氧腐蚀等缺点，同时减少锅炉房设备布置空间。由于真空热水机组板式换热器内置，且为汽—水交换，因此系统热效率也比常压锅炉加板式换热器的高。图 3 为锅炉房热力管道系统原理图。

表 5　真空热水机组系统划分

	单台机组供热量/kW	服务类型	供回水温度/℃	制热量/kW
真空热水机组 1	1050	生活热水	85/60	1050
真空热水机组 2	1050	空调热水	60/50	1050
真空热水机组 3（内置双板式换热器）	1745	生活热水/空调热水	85/60 60/50	500（生活热水） 1250（空调热水）

　　地下室后勤区域采用多联式空调系统；垃圾房、电气设备用房和屋顶电梯机房预留空调电源，实际根据需要另行安装分体空调。

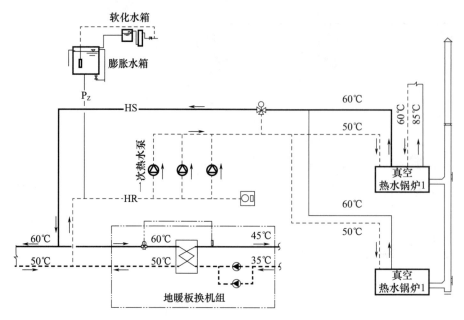

图 3 酒店供热锅炉房热力管道系统原理图

4 空调水系统

4.1 空调冷热水系统

空调水系统设计为一级泵变流量、四管制系统。空调系统采用一级泵变流量系统，在分水器之后，按照水系统服务区域以及考虑日后运营管理的便利性，分为 3 个环路，见表 6。由于客房区层高仅 3.6m，主梁高 800mm，为配合建筑控制走道净高，结构可以在顶层区域反梁留出高度安装水管干管，客房区风机盘管水系统采用主管接到顶层后分散到各个客房水管竖井后再接入各间客房。除客房区风机盘管水系统采用顶层水平管同程，入管井后竖向异程系统外，其他各水管环路均为异程系统。

表 6 水系统环路划分

	服务区域	冷水供回水温度/℃	热水供回水温度/℃
环路 1	1♯宴会楼	7/12	60/50
环路 2	2♯酒店大堂及配套服务楼	7/12	60/50
环路 3	3、4♯客房楼	7/12	60/50
地暖	大堂及泳池周边	—	地暖 45～35℃（制热量 90kW）

冷水机组与冷水循环泵采用共集管的连接方式，每台冷水机组的回水管上设置与冷水机组连锁开关的电动蝶阀。空调冷热水系统、冷却水系统采用全自动智能控制在线加药装置，具有防垢、防腐、杀菌、灭藻、加药作用。

在集水器每组空调回水干管上设置静态平衡阀，通过调节静态平衡阀的开度来控制主干管各段阻力损失，便于实现管路平衡。卧（立/吊顶）式空调机组、新风机组冷水管上设置电动调节阀（比例积分调节阀）＋动态压差平衡阀；客房风机盘管设双位电动两通阀。

4.2　空调冷却水系统

空调冷却水系统采用定流量、开式循环系统。2台冷却塔放置在1#楼屋面，冷却塔采用共集管并联运行，每台冷却塔进出水管上设置电动蝶阀，并与冷却塔联动开关。设3台定频循环水泵与冷却塔相对应，两用一备，单台水泵流量为400m³/h，扬程25.8m。冷却水供/回水温度32℃/37℃。

5　空调风系统设计

5.1　大空间空调系统设计

酒店大堂高度10.5m，宴会厅高度12m，此类高大空间均采用一次回风全空气空调系统，定风量运行。空气处理机组及新风机组均设置粗、中效过滤器。风机盘管设置回风过滤网。其中酒店大堂为局部挑高，周边为1层层高，采用分层空调设计，送风口设置在面向挑高区域的1层吊顶内，采用条形喷射风口，下回风，冬季利用地暖补充空调系统的供暖不足。宴会厅及门厅的空调气流组织均采用上送下回方式，宴会厅面积1040m²，可用屏风分隔为3个区域，为适应宴会厅的灵活分区，设计了3台AHU分别对应一个区域，根据室内使用情况确定机组的开启台数。餐厅均采用一次回风全空气空调系统，定风量运行，空调气流组织采用上送上回，AHU设置活性炭过滤段。

全空气空调系统在新风管设电动调节阀，过渡季通过调节新风和回风比例来实现全新风运行，消除室内余湿余热。同时宴会厅及餐厅均设置二氧化碳浓度检测装置，并与空调新风联动，通过调节新风阀的开度，在保证室内空气质量达标的前提下减少新风能耗。

5.2　客房空调系统设计

客房采用风机盘管加新风系统的空调形式。新风机设置在屋顶专用机房内，通过竖井接入各个房间。每间客房卫生间均单独设置静音排风机将风排向竖井，屋顶汇总后经排风机排出室外。

5.3　恒温泳池空调系统设计

2#楼1层室内泳池恒温恒湿系统，屋顶夹层设置泳池专用热泵除湿机组1台，新风经泳池专用热泵型除湿机组新风口吸入，再由除湿热泵经风管送至泳池，排风通过热泵排风机排出。泳池空调风采用"上送上回"的循环方式。由于泳馆的水温和池厅温度较高，在池厅使用期间（尤其是室内外温差较大时），大量的潮湿空气经池面蒸发，室内温湿度可以通过除湿热泵上的自动控制系统控制在28℃/60%～70%。

6 节能设计

选择高效的冷热源主机设备水冷磁悬浮离心机组，$COP=6.67$，$IPLV=7.65$，燃气真空热水机组额定热效率为 96%。全空气空调系统变新风比采用自动控制方式；冷却塔风机开启台数或转速可根据冷却塔出水温度自动控制。冷水泵、热水泵采用变频控制，减少运行电耗。

冷却塔免费供冷。考虑过渡季节和冬季内区冷负荷的需要，设置冷却塔直接供冷系统。当室外湿球温度较低时，关闭冷水机组，由冷却塔循环水通过板式换热器间接向空调系统供冷。过渡季空调冷负荷约为 500kW，设置一台"免费冷"板式换热器。冷源侧供/回水温度为 8.5℃/12℃，负荷侧供/回水温度为 10℃/15℃，板式换热器水流量 $86.5m^3/h$。根据室外温度及室内情况考虑运行策略。

客房卫生间排风在屋顶闷顶层设置热回收装置，对新风预处理。新风通过粗效过滤器后，经过热回收元件与排风进行热湿交换，预冷或预热后送入房间。

泳池采用"三集一体"热泵机组，利用现有的冷源和热源，保证泳池空间温湿度的同时，回收除湿汽化潜热，用于池水预热，当池水不需要预热或不能完全使用时，通过机组自配的冷凝器排至室外。

7 自动控制

风机盘管出水管上设置电动两通阀，由室内温控器自动控制阀门的启、闭，温控器具有冷、热模式转换功能和 3 挡（手动）风速开关。空气处理机组回水管上设电动调节阀（比例积分调节阀）＋动态压差平衡阀，温度传感器设于回风总管上，根据回风温度自动调节水流量。

冷水机组自带微电脑控制，可实现对机组状态参数的监测，并能根据负荷变化自动调节机组制冷量。多台冷水机组设计群控，根据系统实际负荷的变化可自动控制主机的加载或卸载。

空调冷水变流量运行，冷水泵根据供回水管之间的压差进行变频调节。

全空气空调系统在新风、回风风管设电动调节阀，过渡季通过新、回风焓差控制调节新风和回风比例，以实现新风比大于 70% 的全新风运行，消除室内余湿余热。空调季根据室内设置的 CO_2 监控装置调节新回风比。

8 总结及体会

1）五星级酒店通常采用四管制系统，四管制系统空调末端可以随时选择制热或者制冷模式，各空调区域房间可以根据需求灵活设定室内温度，比两管制系统更人性化及具有更好的热舒适性，但相比于两管制系统会增加 15% 左右的初投资，管网会更复杂。为节省投资，在全空气系统区域可以局部采用两管制系统。

2）针对酒店大堂净高较高，冬季大堂门频繁开启冷风进入较多，上送下回式空调机组供暖效果受影响较大，大堂辅助设置地板辐射供暖系统，可以给入住酒店的客人更好的感受。

3）经测算，冬季空调和生活热水负荷高峰发生在不同时段，共用燃气真空热水机组比单独设置，可以减少总的装机容量。在部分负荷运行时，均有备用机组，安全性更高；共用机房可以减少机房面积以及值守人员，同时可减少1台机组，降低造价。综上所述，从能源的稳定性及运行的节约性，共用燃气真空热水机组经济可行。

参考文献

［1］陆耀庆．实用供热空调设计手册［M］．2版．北京：中国建筑工业出版社，2008.

［2］中国建筑科学研究院．民用建筑供暖通风与空气调节设计规范：GB 50736—2012［S］．北京：中国建筑工业出版社，2012.

［3］中华人民共和国住房和城乡建设部．建筑节能与可再生能源利用通用规范：GB 55015—2021［S］．北京：中国建筑工业出版社，2021.

［4］中国建筑科学研究．GB 50189—2015 公共建筑节能设计标准［S］．北京：中国建筑工业出版社，2015.

武汉万象城 A 塔空调系统设计

刘付伟☆　昌爱文　陈焰华　卢　涛

（中信建筑设计研究总院有限公司）

摘　要　介绍了武汉万象城 A 塔空调系统设计，对比了变风量与风机盘管的优缺点；介绍了 A 塔标准层内外分区划分及详细的负荷计算，讨论了超高层空调水系统分区及其优缺点，为同类型工程设计提供了一定的参考依据。

关键词　空调系统　变风量　空调水系统　超高层

1　工程概况

武汉华润万象城（见图 1）位于湖北省武汉市江岸区台北路，东临长江日报南路，西临台北路，南临台北二路，北临建设大道，是由综合商业、2 栋超高层办公楼、4 栋超高层住宅组成的大型商业综合体。A 塔共 53 层，其中 1～6 层为裙房商业，7 层及以上均为办公用房，避难层分别设置在 10 层、21 层、32 层、43 层、建筑高度 241.3m，建筑面积为 104700.21m²。建筑类别均为一类高层建筑，耐火等级：地上一级、地下一级；设计使用年限 50a。

图 1　华润万象城整体鸟瞰图

☆　刘付伟，男，1981 年生，硕士研究生，高级工程师
　　430014　武汉市江岸区四唯路 8 号中信建筑设计研究总院有限公司
　　E-mail：liufw@citic.com

2 空调风系统

目前办公楼层空调系统主要有风机盘管加新风系统、变风量系统两种形式,各有优缺点,详细比较见表 1。

表 1 VAV 变风量系统与风机盘管系统对比

比较内容	VAV 变风量空调系统	风机盘管系统
系统原理	属于全空气系统,通过改变送风量而维持室内恒温的空调系统,可调送风量。根据天气情况,可自动调节新风量,但对管井及机房面积需求较大	属于空气水系统,通过控制水路上的电磁阀进行温度控制。根据卫生标准,全年固定 15% 左右新风量
室内空气品质	根据环境温度情况,新风可以在 10%～100% 内调节,空气质量非常好,但对管井及机房面积需求较大	只能固定在 15% 左右的新风量
	可以加湿	加湿量有限
节能性	节能是变风量空调的主要特性	不能改变新风量
	能利用新风节能	不能利用新风制冷
	在过渡季节,可以利用新风进行节能,其节能效果根据不同地区有所区别,100% 全新风运行较困难	
	能实现变风量节能	
	与定风量全空气系统相比,通过改变房间送风量减少风机能耗。定静压控制可获得 30% 以上,变静压控制可获得 60% 以上的风机节能效果	风机盘管风系统末端阻力较小,末端风系统能耗远低于全空气变风量系统
适应性	可以适当提高人员新风量,提高舒适性	全年运行新风量固定
可维修性	每层均设置有空调机组,需要清洗维护;BOX 箱也需要预留检修口	标准层无空调机房,每台风机盘管均需维护
环境	由于是全空气系统,办公室内完全不会出现漏水的情况	每间办公室都有冷热水管和冷凝水管,有漏水隐患
维护	考虑 BOX 箱,两者维护量相当	考虑 BOX 箱,两者维护量相当
室内噪声	采用单风道型,因室内末端无风机(只有风口),故室内噪声低	风机盘管中有旋转部分(风机、电动机),故有一定噪声

续表

比较内容	VAV 变风量空调系统	风机盘管系统
中央控制	空调机组能实现功能非常强大的中央集中控制（如定时开关机等），也可以就地控制，不可独立控制	每台风机盘管、每间办公室均可独立控制，比较灵活
装修分隔	空调末端送风可用软接，可灵活适应装修分隔	风机盘管可以根据装修分隔二次安装，可灵活适应装修分隔
施工要求	施工方便	施工方便
系统组成	VAV BOX 设备、空调机组，周边控制设备，DDC 控制器，风管材料，控制电线及安装附件等	风机盘管、新风机组、周边控制设备、温控器、风管材料、水管材料、控制电线及安装附件等
初投资	投资费用比风机盘管系统高 70% 左右	投资费用最低
占地面积	在每层楼中需要一间 25m² 左右的专用机房	无须专用机房
应用情况	在一些高档办公楼有一定的应用	大量普遍使用

风机盘管加新风系统较为成熟可靠，但甲方对 A 塔办公楼定位较高，空气品质要求较高，且过渡季节利用新风节能是变风量系统的主要特性，符合节能减排理念，所以 A 塔采用变风量系统。

同一建筑内，由于围护结构构造、朝向和使用时间的差异，不同区域会产生不同的建筑负荷。在负荷分析基础上，根据空调负荷差异性，可以将空调区域划分为若干个温度控制区。空调分区的目的在于使空调系统能有效地跟踪负荷变化，在改善室内热环境的同时降低空调能耗[1]。

变风量系统末端组合形式较多，该项目采用单冷再热型，即内区采用单冷型单风道末端，外区采用带再热盘管的单风道末端，如图 2，此系统全年送冷风，冬季内区送冷风降低内区热负荷，外区利用再热盘管提高送风温度，满足外区的温湿度要求。

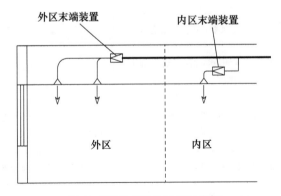

图 2　VAV 变风量系统示意图

空调机组冬季运行时，冷热水盘管不开，新风和回风混合后直接送至内外区。由于内区回风温度较高（20℃），若按照夏季人员新风量来运行，则冬季与回风混合后的送风温度无法满足消除内区负荷的要求，所以冬季需加大送风量。

该项目在机组新风处设置两套电动风阀，一个常开，另外一个常闭，常闭阀门在过渡季节节能运行及冬季消除内区热负荷开启，加大新风量，如图3所示。

该项目以5m为界划分内外区，如图4所示。内区冬季为显热负荷，为稳定热负荷，内区热负荷粗略计算如下：人员密度：$8m^2$/人；新风量：$6525m^3$/h；人员负荷：90W/人（显热），46W/人（潜热）；照明及设备负荷：$38W/m^2$；内区显热负荷：90/8＋38＝$50W/m^2$；内区总显热负荷：$50W/m^2×600m^2＝30kW$。图4为A塔内区分区示意图。

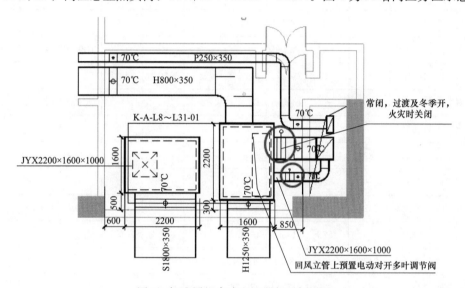

图3　标准层组合式空调器新风阀设置

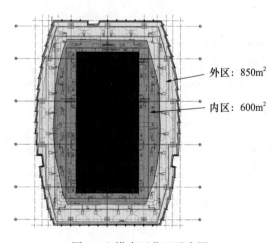

图4　A塔内区分区示意图

变风量系统需内外分区分别计算每个房间的逐时负荷，分别计算内外区负荷。冬季根据新风量，计算送风与回风的焓差，计算出BOX箱最大送风量、BOX箱最小送风量等，计算结果见表2。

表 2　各房间内区分区风量计算结果

房间	夏季最大负荷值/W	冬季内区冷负荷/W	冬季外区热负荷/W	夏季送风量/(m³/h)	夏季送风量附加20%的系数	BOX箱个数	外区每个BOX最大风量/(m³/h)	外区每个BOX最小风量/(m³/h)	冬季内区最大送风量/(m³/h)	内区每个BOX最大风量/(m³/h)	内区每个BOX最小风量/(m³/h)
办公室 1 外	16217.7	—	5885	4521.7	5426.0	6	904.3	282.2	—	—	—
办公室 1 内	2421.4	2421	—	675.1	810.1	3	—	—	2583.6	861.2	268.7
办公室 2 内	10595.2	—	3083	2954.1	3544.9	3	1181.6	368.7	—	—	—
办公室 2 内	2988.2	2988	—	833.1	999.8	2	—	—	3180.2	1590.1	496.1
办公室 3 内	10050.9	—	2867	2802.3	3362.8	3	1120.9	349.7	—	—	—
办公室 3 内	3606.4	3606	—	1005.5	1206.6	2	—	—	3848.2	1924.1	600.3
办公室 4 外	10696.0	—	3169	2982.2	3578.6	3	1192.9	372.2	—	—	—
办公室 4 内	2833.6	2834	—	790.0	948.0	2	—	—	3030.8	1515.4	472.8
办公室 5 外	18065.3	—	5320	5036.8	6044.2	6	1007.4	314.3	—	—	—
办公室 5 内	2524.5	2524	—	703.9	844.6	2	—	—	2693.5	1346.8	420.2
办公室 6 外	14834.7	—	4876	4136.1	4963.3	6	827.2	258.1	—	—	—
办公室 6 内	2473.0	2473	—	689.5	827.4	2	—	—	2639.1	1319.6	411.7
办公室 7 外	11359.7	—	2626	3167.2	3800.6	3	1266.9	395.3	—	—	—
办公室 7 内	2833.6	2834	—	790.0	948.0	2	—	—	3024.4	1512.2	471.8
办公室 8 外	10669.2	—	2376	2974.7	3569.6	3	1189.9	371.2	—	—	—
办公室 8 内	3606.4	3606	—	1005.5	1206.6	2	—	—	3848.2	1924.1	600.3
办公室 9 外	11249.9	—	2554	3136.6	3763.0	3	1254.6	391.4	—	—	—
办公室 9 内	2988.2	2988	—	833.1	999.8	2	—	—	3188.7	1594.4	497.4
办公室 10 外	20370.7	—	5579	5679.6	6815.5	6	1135.9	354.4	—	—	—
办公室 10 内	2421.4	2421	—	675.1	810.1	3	—	—	2583.6	861.2	268.7

变风量 BOX 箱根据上述计算数据，在出厂时标记风量范围，以减少现场调试工作量。

3　空调新风系统

塔楼在核心筒内设置新风竖井，在避难区外墙集中设置新风百叶。所有新风系统均采用带旁通的转轮式热回收机组（见图 5），全热交换效率大于 65%，以便节能。过渡季节时，转轮式热回收机组开启旁通通道，与排风不进行热交换。由于 A 塔冬季需要较低的新风温度来降低内区负荷，所以 A 塔转轮式热回收机组在冬季运行时也需开启旁通通道。

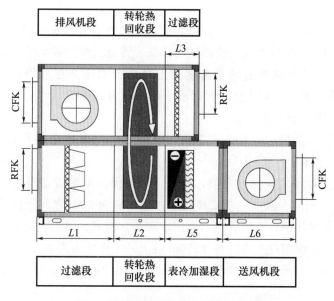

图 5　转轮式热回收机组结构示意图

通过热回收系统，夏季可以大大减小新风冷负荷，节约一次能源。

4　空调水系统竖向划分

空调水系统竖向分区是超高层建筑空调设计中一个非常关键和重要的环节，保证设备在实际运行时的工作压力不超过其额定工作压力，是系统安全运行的必须要求[2]。

随着建筑高度不断增加，空调水系统的工作压力也逐渐增大，为解决设备和管道系统的高承压问题，可以采用设置板式换热器竖向分区（系统工作压力均小于 1.6MPa）或选择高承压（大于 1.6MPa，小于 2.5MPa）的设备和管道系统方案。

当采用设置板式换热器竖向分区方案时，虽然系统工作压力较低，但是由于中间换热设备和分区循环泵增多，从冷源供出的冷水经换热设备梯级换热后温度升高，能源利用效率降低，末端设备换热面积增大，投资和能耗也随之增加。

当采用高承压设备和管道系统方案，虽然系统工作压力较高，设备和管道系统投资有所增加，但是由于节省了中间换热设备和分区循环泵，冷水温度和末端设备换热面积不变。与竖向分区相比，投资和能耗降低，能源利用效率提高。

对于高层、超高层建筑来说，一般为两种系统混合使用，根据末端设备最大承压，合理划分空调竖向水系统，减少中间换热环节。

末端根据设备类型承压均有不同，风机盘管、组合式空调机组承压一般为 1.6MPa，板式换热器、水泵承压为 2.5MPa，冷水机组承压可达 2.0MPa，经过特殊定制可达 3.0MPa，而阀门与管道均有多种承压规格[3]。

该项目以 A 塔建筑高度 250m 来划分，可以设置两种方案：

1）100m 以下为低区，100～200m（即第 2 个和第 4 个避难层中间）为中区，200m 以上为高区。

低区由地下室换热站直供，保证末端设备承压不超过 1.6MPa；中区和高区的换热站设置在第 2 个避难层，即大约 100m 的高度，中区所有管道和阀门、末端设备工作压力均不超过 1.6MPa；高区系统在换热站内设备、管道、阀门等承压均需达到 2.0MPa，在 100～150m 之间的竖向管道随着高度的上升系统承压会在某处由 2.0MPa 降低为 1.6MPa，为了安全起见，对于此段管道承压要求均为 2.0MPa，用户末端设备（200～250m）工作压力均小于 1.6MPa。

2）100mm 以下为低区，100～150m（即第 2 个和第 4 个避难层中间）为中区，150m 以上为高区。

低区和中区由地下室换热站直供，中区、低区保证末端设备承压不超过 1.6MPa，中区系统的管道、阀门、水泵和板式换热器在地下室至 50m 之间承压需达到 2.0MPa；高区在 150m 设置换热站，高区管道、阀门、水泵和板式换热器在地下室至 50m 之间承压需达到 2.0MPa，而用户末端设备（150m 以上）工作压力均小于 1.6MPa。

该项目采用第一种形式，减少换热、高承压范围的设备、管道、阀门等，同时减少立管数量，提高有效利用率。

A 座塔楼办公空调水系统共分为 3 个区（如图 6）：1～20 层为低区，21～43 层为中区，43～屋顶层为高区；低区和中区系统的设备、管道、阀门和附件承压均要求 1.6MPa；高区 30 层以上设备、管道、阀门和附件承压为 1.6MPa，高区 30 层以下（至

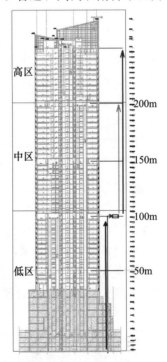

图 6　A 塔水系统竖向分区示意

21 层换热站）的设备、管道、阀门和附件承压要求 2.0MPa；低区空调冷热水系统由冷热源站直供，中区、高区空调冷热水采用二次水系统，二次空调冷热水由冷热源站提供的一次冷热源通过板式换热器换热提供，换热站设置在 21 层避难层；低区办公的空调冷水供回水温度为 6℃/11℃，中区和高区的空调供回水温度为 7℃/12℃；低区空调热水的供回水温度均为 63℃/53℃，中区和高区空调热水的供回水温度均为 60℃/50℃。

5 结语

变风量空调系统设计时，首先应合理地选择内外分区，同时对分区房间进行详细的负荷计算，对 BOX 进行风量标记。同时核心筒需设置足够大的新风井，以满足冬季利用新风降低内区空调负荷的节能设计。超高层空调水系统在满足设备承压、减少换热的基础上，同时应考虑设备管道造价、换热温差等因素，最大化减少能源浪费及节约投资。

参考文献

[1] 曹斌. 建筑外区特性对变风量空调系统设计的影响分析 [J]. 暖通空调，2022，52（4）：42-46.
[2] 中国建筑科学研究院. 民用建筑供暖通风与空气调节设计规范：GB 50736—2012 [S]. 北京：中国建筑工业出版社，2012.
[3] 张铁辉，赵伟. 超高层建筑空调水系统竖向分区研究 [J]. 暖通空调，2014，44（5）.

某工业厂房磁悬浮变频冷水机组经济性分析研究

严雪峰

(中国联合工程公司)

摘　要　磁悬浮变频冷水机组因其特殊结构，有着很高的性能系数及较低的污染性。本文针对某工业厂房项目，对磁悬浮变频冷水机组进行简单的经济性及 CO_2 减排量分析研究。

关键词　工业建筑　磁悬浮变频冷水机组　节能　部分负荷性能系数

0　引言

磁悬浮离心式冷水机组采用了先进的磁悬浮技术，磁悬浮是利用磁力使物体处于无接触悬浮状态。在传统的离心式压缩机中，机械轴承是必需的部件，并且需要有润滑油及润滑油循环系统来保证机械轴承的工作。磁悬浮冷水机组中一个关键的部件是磁悬浮轴承，其是利用磁力作用将转子悬浮于空中，使转子与定子之间没有机械接触。与传统的轴承相比，磁悬浮轴承不存在机械接触，转子可以运行到很高的转速，具有机械磨损小、噪声小、寿命长、无须润滑、无油污染、高效节能等优点。

相较于传统冷水机组，磁悬浮变频离心式冷水机组的节能性主要体现在相对较高的 $IPLV$ 值。$IPLV=0.012A+0.328B+0.397C+0.263D$（其中 A 为 100% 负荷工况点时的 COP；B 为 75% 负荷工况点时的 COP；C 为 50% 负荷工况点时的 COP；D 为 25% 负荷工况点时的 COP）[1]。根据厂商提供的数据，磁悬浮变频离心式冷水机组的 $IPLV$ 可达 11.98，而在文献［3］中实测 $IPLV$ 为 8.35，实测时空调湿球温度偏高，对 $IPLV$ 的最终结果有所影响；在文献［4］中实测 $IPLV$ 为 9.79（测试条件与 GB 18430.1—2007《蒸气压缩循环冷水（热泵）机组第 1 部分：工业或商业用及类似用途的冷水（热泵）机组》中的部分负荷工况基本接近）。

1　工程概况

该工程位于江苏省无锡市，建筑耐火极限二级。建筑面积 48203.03m²。共 5 层，建筑高度 22.85m（室外地坪到坡屋面檐口和屋脊的平均高度）。1 层为 GMP 净化车间、2~5 层为普通普包车间及办公区。整个项目包括办公区、辅助区、普通生产区、净化区，其中净化区采用 D 级洁净空调，其他均采用舒适性空调。工程基本参数见表 1。

表 1　工程基本参数

功能区	环境要求	层高/m	层数	单层面积/m²	合计面积/m²	使用时段	使用率/（天/a）
办公区	制冷、制热，舒适空调	4.3	5	1000	5000	08：00—18：00	250
辅助区	制冷，舒适空调	4.3	1	3000	3000	08：00—18：01	300
普通生产区	制冷，舒适空调	4.3	5	4600	23000	00：00—24：00	300
普通生产区	制冷，舒适空调	4.5	1	4800	4800	00：00—24：00	300
净化区	D级净化空调	4.5	1	2000	2000	00：00—24：00	300
总计					37800		

2　冷源方案分析

2.1　方案简述

该项目空调面积约 37800m²，总冷量约 8000kW。冷源配置方案采取下列 5 种方案。

方案 1：2 台 3340kW 的普通离心式冷水机组＋1 台 1336kW 的变频螺杆式冷水机组（特灵为例）

方案 2：3 台 2813kW 的变频离心式冷水机组（约克为例）

方案 3：2 台 2813kW 普通离心冷水机组（约克为例）＋1 台 2814kW 的磁悬浮冷水机组（海尔为例）

方案 4：2 台 2813kW 变频离心冷水机组（约克为例）＋1 台 2814kW 的磁悬浮冷水机组（海尔为例）

方案 5：3 台 2814kW 的磁悬浮冷水机组（海尔为例）

2.2　性能特性

对冷水机组而言，其影响经济性最重要的两个指标是 COP 和 IPLV。目前由于设备性能曲线未知，暂时以一般性数据作说明，磁悬浮、变频、普通离心冷水机组的 COP 随负荷百分比的曲线关系大概如图 1 所示。

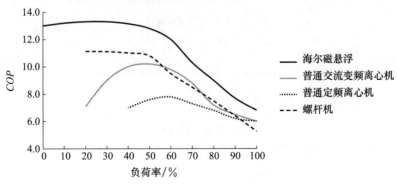

图 1　冷水机组负荷率与 COP 关系曲线

对建筑而言，室外的温度、太阳辐射热量均随着时间而变化，每天的冷负荷有一个峰值和谷值，每年的冷负荷也会随季节的变迁而有峰值和谷值，目前由于设备运行全年的负荷率时间比例未知，暂时以通常负荷特性时间考虑，总负荷率在 100％、75％、50％、25％的运行时间比例大致为 2％、42％、46％、10％。

2.3　经济性分析

冷水机组的经济性主要由三个部分组成：①初投资，冷水机组的购买价格；②运行成本，每年的运行电费成本；③维护保养成本，主要是磁悬浮机组无换油费。

（1）方案 1 性能参数（见表 2）

普通定频冷水机组一般仅能 25％、50％、75％负荷运行，普通离心机组一般在 30％左右会出现喘振现象，因此避免离心机组在 30％负荷以下运行。

表 2　方案 1 性能参数

负荷率/%	负荷时间比率/%	机组运行组合形式	普通离心机 COP	螺杆机 COP	机组总功率/kW
100	2	3 台机组 100％负荷运行	6.3	6.0	1283
75	42	3 台机组 75％负荷运行	7.1	8.0	831
50	46	3 台机组 50％负荷运行	7.5	10.8	507
25	10	1 台离心机 50% 1 台螺杆机 25%运行	—	11.2	252
平均小时耗功率			633kW		

注：各负荷下的机组 COP 以图 1 曲线值为准估算。

（2）方案 2 性能参数（见表 3）

变频冷水机组可以实现无级调节，运行范围更广，约克变频机可以在 15％～100％负荷内避免喘振的发生。

表 3　方案 2 性能参数

负荷率/%	负荷时间比率/%	机组运行组合形式	变频离心机 COP	机组总功率/kW
100	2	3 台机组 100％负荷运行	5.4	1563
75	42	3 台机组 75％负荷运行	8.0	791
50	46	3 台机组 50％负荷运行	10.2	414
25	10	2 台机组 37.5％负荷运行	8.1	215
平均小时耗功率			575kW	

（3）方案 3 性能参数（见表 4）

表 4　方案 3 性能参数

负荷率/%	负荷时间比率/%	机组运行组合形式	普通离心机 COP	磁悬浮 COP	机组总功率/kW
100	2	3 台机组 100％负荷运行	6.0	6.8	1351
75	42	3 台机组 75％负荷运行	7.1	9.6	814

负荷率/%	负荷时间比率/%	机组运行组合形式	普通离心机 COP	磁悬浮 COP	机组总功率/kW
50	46	2 台普通机组 60% 负荷运行 1 台磁悬浮 30% 负荷运行	7.5	12.8	497
25	10	1 台磁悬浮 75% 负荷运行	—	13.2	220
平均小时耗功率			615kW		

（4）方案 4 性能参数（见表 5）

表 5　方案 4 性能参数

负荷率/%	负荷时间比率/%	机组运行组合形式	变频离心机 COP	磁悬浮 COP	机组总功率/kW
100	2	3 台机组 100% 负荷运行	5.4	6.8	1456
75	42	3 台机组 75% 负荷运行	8.0	9.6	747
50	46	3 台机组 50% 负荷运行	10.2	12.8	386
25	10	1 台变频机组 50% 负荷运行 1 台磁悬浮 25% 负荷运行	8.1	13.2	191
平均小时耗功率			541kW		

（5）方案 5 性能参数（见表 6）

表 6　方案 5 性能参数

负荷率/%	负荷时间比率/%	机组运行组合形式	磁悬浮 COP	机组总功率/kW
100	2	3 台机组 100% 负荷运行	6.8	1241
75	42	3 台机组 75% 负荷运行	9.6	660
50	46	3 台机组 50% 负荷运行	12.8	330
25	10	3 台机组 25% 负荷运行	13.2	160
平均小时耗功率			470kW	

一年内 5 种方案的运行能效对比，每年的电费＝电价×运行天数×24h×平均每 h 耗电量，5 种方案的年运行保养费用见表 7。

表 7　5 种方案年运行保养费

相关参数指标	方案 1	方案 2	方案 3	方案 4	方案 5
总冷量/kW	8016	8439	8439	8439	8439
电费单价/［元/(kW·h)］			0.65		
平均小时耗电量/(kW·h)	633	575	615	541	470

相关参数指标	方案 1	方案 2	方案 3	方案 4	方案 5
运行天数/d	180				
每天运行时间/h	12				
全年运行总时间/h	2160				
年度用电费用/万元	89	81	86	76	66
油路保养费用/万元	3	3	2	2	0
年度运行保养费/万元	92	84	88	78	66

注：1）由于实际运行时间未知，以通常制冷运行时间为例进行估算，运行时间按照一年制冷运行时间为 6～10 月，5 月和 11 月为半月制，共计 6 个月，每月按 30d，共 180d 估算。

2）每天运行时间暂以 12h 估算。

3）电价按工业用电 1 元/(kW·h) 估算。当上面数据不同时，年度运行费用按比例调整。

经济性对比主要是由初投资和运行成本构成，并考虑投资回报期，投资回报年限＝初投资差值/年运行保养费用差值。主要计算结果见表 8。

表 8　经济性对比

	方案 1	方案 2	方案 3	方案 4	方案 5
总冷量/kW	8016	8439	8439	8439	8439
初投资/万元	600	534	467	521	495
年度运行保养费/万元	92	84	88	78	66
投资回报期/a	—	16.7	计算基准	5.4	1.3

注：报价为业主提供厂家数据，其中 450rt 磁悬浮海尔单台报价约为 165 万元。从表 8 可见，方案 1 的初投资和运行保养费均为最高，因此先排除，然后在方案 2～5 中，选择初投资最便宜的方案 3 为准，计算投资回报期。

2.4　CO_2 减排分析

《企业温室气体排放核算方法与报告指南 发电设施（2021 年修订版）》征求意见，此次修订将全国电网平均排放因子 0.6101t CO_2/(MW·h) 调整为 0.5839t CO_2/(MW·h)，该值表示单位用电量隐含的二氧化碳排放。根据磁悬浮冷水机组每年少消耗的电量与电网评价碳排放因子的乘积，可以得出采用磁悬浮变频冷水机组后减排的量[5]。表 9 是各方案的年碳排放量化值。

表 9　各方案的年碳排放量化值

	方案 1	方案 2	方案 3	方案 4	方案 5
平均小时耗电量/(kW·h)	633	575	615	541	470
全年运行总时间/h	2160				
全年运行总耗电量/(MW·h)	1367	1242	1328	1168	1015
全年 CO_2 减排量/t	计算基准	73	23	116	206

3 分析与小结

在销售和购买冷水机组的过程中，绝大部分开发商和用户往往较为注重初投资，对后续的运行费用关注较少。而往往磁悬浮机组由于其较高的初投资（一般磁悬浮价格比普通冷水机组高50%左右，比变频冷水机组高30%左右）而被用户排除在选择之外，但实际采用磁悬浮冷源方案可在较短年限内完成初投资的回收，冷水机组的平均寿命基本都在20年以上，实际可为用户节省较多的运行保养费用。目前由于磁浮悬变频技术属于一个新兴技术，生产的厂家较少，选择性较小，机组价格较昂贵，而且单机容量偏小，这些都是现状，期待厂家技术的发展。

在"双碳"目标下，一系列新的绿建节能规范的实行，包括2019年实施的GB/T 51366—2019《建筑碳排放计算标准》、2022年实施的GB 55015—2021《建筑节能与可再生能源利用通用规范》、浙江省2022年实施的DB33-1036—2021《公共建筑节能设计标准》等，低碳节能是未来发展的大趋势。而参照此工程，3台800RT的磁悬浮机组相较于常规冷水机组每年可减少约200t的碳排放，笔者认为具有高性能、低能耗、节能性良好、经济性好的磁悬浮冷水机组应用前景良好，值得推荐应用。

参考文献

[1] 中国建筑科学研究院. 公共建筑节能设计标准：GB 50189—2015 [S]. 北京：中国建筑工业出版社，2015.

[2] 屈玲蕾. 磁悬浮变频驱动离心式冷水机组经济性分析 [J]. 铜陵学院学报，2011（3）：103-104.

[3] 殷平. 磁悬浮冷水机组和国家标准 [J]. 暖通空调，2013，43（9）：53-61.

[4] 沈珂，刘红绍，等. 高效磁悬浮变频离心式冷水机组的研制 [J]. 制冷与空调，2014，14（6）：108-111.

锂电池某正极材料厂房的除湿空调系统设计

谢赛男☆   傅梦贤

（中机国际工程设计研究院有限责任公司）

摘　要　介绍了正极材料车间生产工艺的环境要求，论述了除湿方式如何选择和确定，以某锂电池正极材料厂房——5 万 t 磷酸铁锂厂房的包装间为例，对除湿设计过程进行了详细介绍，并对除湿设计节能措施进行了探讨，希望能为正极材料厂房的除湿设计提供参考。

关键词　低露点温度　洁净度　转轮除湿　节能减耗　成本控制　锂电池厂房

0　引言

在全球能源紧张和环境持续恶化的大背景下，节能减排成为各国经济发展的主旋律，大力发展新能源汽车成为世界工业竞争的焦点。锂电池是新能源时代最有产业价值的一种储能材料，锂电池原材料中水分含量对锂电池性能有极大影响，空气中的水分扩散进原材料中，会影响锂电池的安全；锂离子电池性能的改善，很大程度上取决于电极材料性能的改善。因此，做好锂电池材料厂房的环境控制对锂电池的蓄能和安全性都有着至关重要的作用。

1　正极材料（磷酸铁锂）生产车间的生产工艺及环境要求分析

磷酸铁锂生产车间为典型的正极材料厂房，其磷酸铁锂生产流程为：原料库→投配料→干燥→烧结→破碎→包装→成品。

1）投料工段

磷酸铁锂正极材料生产主要原料为磷酸铁、碳酸锂，先对各种原辅材料进行检验，各自投入磷酸铁料仓及碳酸锂料仓，然后按配比自动称量后通过管道落入混合合成系统，混合合成过程中需加入一定的水及葡萄糖，使磷酸铁锂颗粒的表面均匀包裹一层糖衣。

2）干燥工段

对磷酸铁、碳酸锂混合料（水系）干燥采用喷雾干燥方式，利用天然气（或电）对喷雾干燥器进行加热，将磷酸铁、碳酸锂混合浆料呈喷雾状态进入干燥器，利用干燥器

☆　谢赛男，1983 年 9 月生，硕士研究生，高级工程师
　　410018　湖南省长沙市韶山路 18 号
　　E-mail：xiesainan@cmie.cn

中的高温瞬间干燥物料，干燥后的部分物料通过重力沉降在干燥器底部，通过出料口进入料仓。

3）烧结工段

干燥后的物料先装钵，装钵后的物料通过传送带送入气氛辊道炉进行烧结。气氛辊道炉采用天然气（或电）加热，控制反应温度在 600～900℃，气氛辊道炉中充入氮气进行保护。在烧结炉中充分反应生产磷酸铁锂。

4）破碎工段

烧结后的产品磷酸铁锂投入半成品料仓中，然后通过管道输送至破碎机进行破碎，破碎后的产品进行筛分，对于筛分中目数太高或太低的作为不合格产品。剩余的符合要求的产品进入产品料仓。

5）包装工段

合格的磷酸铁锂产品通过出料口与产品袋密闭连接，封闭出料，装满后自动密闭袋。

锂电池里原材料中一旦有空气中的水分进入，就会影响锂电池的安全，严重的一般会引起锂电池鼓包甚至爆炸；而大气环境中的浮土、尘埃则会引起锂电池的短路。在这几个工序中，包装工段要求除湿设计，并且有一定的洁净要求。笔者在设计的不同项目中，包装间的环境要求工艺提出的需求不同。对于 5 万 t 磷酸铁锂的设计，从表 1 所列几个项目可以看出同样的产量，不同企业对除湿房间的体积及湿度要求均不同，同时包装间中工作人数也不同，但是多数企业对于包装间露点温度的选择都是−40～−30℃。

表 1　不同项目对包装间的环境要求

房间名称	体积/ m³	人员数量/人	环境要求				排风量/ (m³/h)
			温度/℃	湿度		洁净度	
				相对湿度/%	露点温度/℃		
项目 1 包装间	1200	6	23±5	10	—	百万级	2000
项目 2 包装间	6000	12	23±5	—	−35±5	百万级	12000
项目 3 包装间	1500	6	23±5	—	−40±5	十万级	2400
项目 4 包装间	6200	8	23±5	—	−20±5	百万级	2400

2　除湿方式的选择

锂电洁净厂房对湿度控制要求较高，除湿机组是保障环境露点温度的核心设备。车间围护结构的密闭性、风管的密闭性、人员数量、车间的管控是影响湿度控制的重要因素，选择除湿机组时需综合考虑。

根据工艺需求特点，锂电池材料生产厂房对于空调系统的湿度需求大致分为以下三类：

1）普通湿度需求空调房间，其相对湿度控制需求为不大于 60%，该需求可通过冷却除湿实现。

2）低湿需求空调房间，其相对湿度控制需求为 5%～40%，设置一级转轮除湿段对房间空气进行处理，以满足使用需求。

3）低露点湿度需求空调房间，其湿度控制需求为露点温度不大于－10℃，设置两级转轮除湿段对房间空气进行处理，以满足使用需求。

常用的除湿方式有冷却除湿、液体吸收剂除湿、固体吸附剂除湿、膜法除湿及转轮除湿等。一般采用露点温度－50～－30℃的空气对电池正极材料厂房包装间进行连续吹扫，保证湿度、温度和洁净度都能符合生产要求。而转轮除湿的优点是除湿量大运行稳定，工作效率高，经过转轮除湿机处理后的空气低温露点达到－60～－10℃，综合考虑设备体积、效率、运行时长和经济性等因素，国内的锂电池生产企业几乎都选择转轮方式除湿。

3 某锂电池正极材料厂房典型除湿空调系统设计

3.1 设计参数

下面以某 5 万 t 磷酸铁锂厂房为例，对除湿系统设计进行介绍。此磷酸铁锂车间要求除湿的场所为包装工段。表 2 为环境需求，表 3 为设计参数。

表 2 环境需求

房间名称	体积/m³	人员数量/人	环境要求			排风量/(m³/h)
			温度/℃	露点温度/℃	洁净度	
包装间	3000	6	25±3	<－40	ISO8 级 (10 万级)	6000

表 3 设计参数

计算参数点	温度/℃	湿球温度/℃	露点温度/℃	相对湿度/%	含湿量/(g/kg)	比焓/(kJ/kg)	空气密度/(kg/m³)
室外夏季状态点（宜宾）	35	31.8	31.0	80.0	30.4	113.4	1.071
室外冬季状态点（宜宾）	2.8	1.8	0.6	85.0	4.1	13.1	1.215
室内状态点	25	7.9	－40	0.4	0.1	25.5	1.127
回风状态点	25	8.0	－32.2	1.0	0.2	25.7	1.127
送风状态点	19	5.0	－46.7	0.3	0.04	19.3	1.150

注：回风状态点的测量点在空调机组的回风管上。

3.2 湿负荷计算

该项目的湿负荷主要包括人体散湿量，工艺过程的散湿量，各种潮湿表面、液面或液流的散湿量，设备散湿量，食品或其他物料的散湿量，渗透空气带入的湿量。本案例中只有人体散湿量和渗透空气带入的湿量；散湿量为二者之和。

1）人员散湿量，每人每小时散湿量按 180g/h 计算，散湿量为 1080g/h。

2）渗透空气带入湿量，房间为正压，不考虑渗透风量。

室内总湿负荷为 1080g/h。

3.3 风量设计计算

除湿空调系统的空调送风量应按以下计算结果中的最大值选取：为满足生产车间洁净需求计算得出的送风量；满足消除室内余热余湿送风量；按 GB 50073—2013《洁净厂房设计规范》的要求向洁净室内供给的新鲜空气量。

1）满足洁净要求：ISO8 级（10 万级）洁净厂房为 $10 \sim 15h^{-1}$。包装间体积为 $3000m^3$，取换气次数 $12h^{-1}$，送风量为 $36000m^3/h$。

2）满足消除室内余热余湿送风量。室内余热 67.4kW，室内余湿 1.08kg/h，根据送回风状态参数计算得消除余热，送风量需大于 $24942m^3/h$；消除余湿量，送风量需大于 $15480m^3/h$。

3）新风量计算。一是补偿室内排风量和保持正压值所需新鲜空气量之和：为保持车间正压 $5 \sim 10Pa$，新风量为 $1 \sim 2h^{-1}$ 换气次数风量，按 $1.5h^{-1}$ 换气次数计算，新风量为 $4500m^3/h$，工艺排风量为 $6000m^3/h$，再生新风为 $3600m^3/h$，总新风量为补偿室内排风和保持正压值所需的新风空气量，为 $14100m^3/h$；二是满足人员新风量要求：保证室内每人每小时的新鲜空气量不小于 $40m^3$，为 $240m^3/h$。该项目新风量选取两者最大值为 $14100m^3/h$。

根据上述计算，送风总量为 $36000m^3/h$，新风量为 $14100m^3/h$，室内余热 67.4kW，经计算送风温度为 19℃。

3.4 根据新风、回风、送风及室内要求计算出各段的冷量

经计算，总冷量为 522kW，7℃/12℃冷水流量为 89.2t/h。

3.5 根据设计工艺流程图，计算每段空气状态，得出各段热量

一级转轮再生热量 94.3kW，二级转轮再生热量 103.4kW。图 1 为除湿方案流程图。

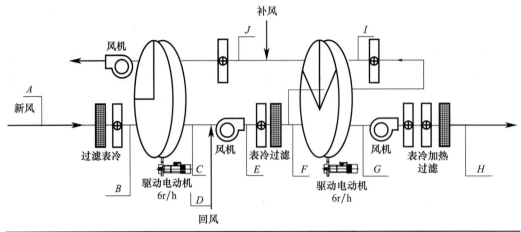

	A	B	C	D	E	F	G	H	I	J
风量/(m³/h)	14100	14100	14100	25500	39600	36000	36000	36000	3600	4700
温度/℃	35	13	38.3	25	29.7	15	17	19	130	125
相对湿度/%	80	95	4.1	1	3	7.3	0.2	0.3		
露点温度/℃	31	12.1	−9.3	−32.2	−18.0	−18.1	−50	−46.7		
含湿量/(g/kg)	30.4	9.3	1.8	0.2	0.8	0.8	0.04	0.04	7.96	

图 1　除湿方案流程图

3.6　设备选型（见表 4）

表 4　设备选型

	包装间
体积/m³	3000
人数/人	6
温度要求/℃	25±3
露点温度要求/℃	−40
含湿量/(g/kg)	0.193
总风量/(m³/h)	36000
新风量/(m³/h)	14100
排风风量/(m³/h)	6000
再生风量/(m³/h)	3600
回风量/(m³/h)	25500
一级转轮除湿风量/(m³/h)	39600
二级转轮除湿风量/(m³/h)	36000
总冷量（7℃/12℃）/kW	522
冷水流量/(t/h)	89.2
再生加热功率/kW	197.7
除湿风机功率/kW	37
再生风机功率/kW	4
装机功率/kW	285.5
运行功率/kW	249.5

4 除湿空调节能分析

除湿系统的节能，首先是精细化设计，根据实际情况对除湿量及新风量的精确计算，尽量减少室内和室外的空气交换（即尽量减小新风量），也减少其他水分影响室内环境干燥度，保持房间露点温度。再控制除湿空调的大小，采用合理的加热和冷却系统，保证系统的稳定性。

第一，利用再生余热预加热再生空气。转轮除湿机的主要能耗就是再生部分。作为再生部分排出的高温高湿气体，如果不利用直接排掉，浪费极大。而且，再生加热还会带来送风温度的升高，这样额外又需要增加制冷主机的制冷量。利用再生排风余热预加热再生风。例如：1 台转轮除湿机再生风量为 3600m³/h，硅胶除湿转轮的再生温度为 135℃，再生进风温度按 30℃计算，此转轮除湿机每小时的耗能量为 127260W，每小时耗电量 141400W。当再生加热温度为 135℃时，再生风排出废气温度为 80℃。因为再生风排出废气中含有大量水分，所以只针对其中的显热部分进行回收。采用显热换热器进行回收，板式或者是热管式换热器显热回收效率按 60% 进行计算，则 30℃的新风与废气经过热回收换热器后，新风温度升高至 60℃，则每小时耗电量为 101000W。每小时节电量 40400W。按每年运行 300 天、每天运行 24h 计算，工业用电按 0.80 元/(kW·h) 计算，则每年节约的运行费用为 232704 元。而目前 1 台 3600m³/h 的板式显热交换器的市场价不到 2 万元，而热管式换热器的价格只需要 1 万元左右。从而可见采用带热回收装置的转轮除湿机是经济节能的。

第二，低温再生技术。转轮除湿机厂家需要不断研发新型节能产品和高能效转轮除湿机，某著名品牌转轮，综合领先的中温再生技术，将再生温度从传统的 120～140℃ 降为 70～90℃。再生温度的降低，在节能的同时，还丰富了再生加热的方式，可以通过热水等方式加热，使系统更趋于简单，运行成本也更低。更节能的方式是利用再生余热，采用中高温热泵制取 70～90℃ 的热水，然后利用热水进行再生。

第三，尽量采用蒸汽再生，如厂区无蒸汽则采用电加热再生，若采用蒸汽再生，做好冷凝水回收。

第四，采用智能控制系统。转轮是转轮除湿机的心脏，而智能控制系统就是大脑中枢，控制着所有配件的运转、停止与配合，控制逻辑有问题，选用的配件再好也不可能节能。变频做好控制，根据温湿度对冷热源及风机进行变频与启停控制，减少运行成本。

第五，降低系统漏风率。因为锂电池除湿场所对湿度要求极高，室外的相对湿度较高，所以如果机组箱体保温密封性差，对能耗的浪费是巨大的。因此需加强转轮除湿机箱体密封性能；建议除湿机回风管采用不锈钢满焊，减少漏风率。

5 结语

在锂电池的制造过程中，水分严重影响到电池的质量及安全，因此除湿系统设计对于锂电池行业尤为重要，锂电池行业对空调系统的除湿技术越来越重视。对于正极材料车间包装工段的除湿设计，最大的设计问题是行业及各企业没有一个统一的参数及标准，相同产量的车间，需做除湿设计房间的体积、湿度要求、排风量等都不同，除湿机选型差别很大。需要对已投产的厂房进行实测，确定合适的温湿度要求，避免湿度要求过低影响产品质量，也避免湿度要求过高出现选型过大、运行不节能的过度设计情况。

在进行锂电池正极材料生产厂房除湿空调设计过程中，设计人员要根据生产工艺要求，明确除湿参数，优化除湿系统设计，既保证生产质量，又降低生产消耗，节约成本，为业主创造更多的经济效益。

参考文献

[1] 赵磊. 某锂电池生产厂房低湿空调系统设计 [J]. 洁净与空调技术，2020 (1)：59-63.

[2] 何伟. 锂电池厂房空调除湿系统设计 [J]. 基层建设，2018 (20).

[3] 施健. 浅谈锂电池厂房的环境控制 [J]. 基层建设，2018 (15).

[4] 中国电力工程设计院. 洁净厂房设计规范：GB 50073—2013 [S]. 北京：中国计划出版社，2013.

[5] 中华人民共和国住房和城乡建筑部. 工业建筑供暖通风与空气调节设计规范：GB 50019—2015 [S]. 北京：中国计划出版社，2015.

[6] 工业和信息化部电子工业标准化研究院. 锂电池工厂设计标准：GB 51377—2019 [S]. 北京：中国计划出版社，2019.

动态冰浆冰蓄冷系统运行策略优化分析

吴 杰☆

（福建省建筑设计研究院有限公司）

摘 要 以海南省某冷链物流园区的动态冰浆冰蓄冷系统为研究对象，通过模拟分析得出了蓄冰槽优先供冷与机组优先供冷两种不同运行模式在100%、75%、50%与25% 4种不同负荷率工况下的具体运行策略，并从经济、电耗与移峰填谷能力三个方面对其进行了评价。结果表明：蓄冰优先运行模式下，年耗电量增加11.75%，节约了16%的电费，因此动态冰蓄冷系统并无节能效益，节约电费效益显著；全年内平均移峰电量率为50.31%，谷电利用率为49.52%，高峰释冷率在85%左右，即绝大部分的冷量均能在用电高峰时段加以应用。该结论对后续该片区的建设中系统的运行策略具有指导意义。

关键词 动态冰浆冰蓄冷系统 蓄冰优先 机组优先 运行策略

0 引言

伴随着我国经济与技术的飞速发展，建筑各方面的用能量持续攀升，导致日益增长的能源需求与能源供给之间的矛盾越发严峻。现阶段我国存在的缺电现象，并不是指电量的不足，而是缺少电力，每日电网的用电高峰与低谷之间的差距逐渐增大，调峰问题日益严重。据统计，建筑能耗约占世界总能耗的1/3，而空调是各国住宅、行政、商业和工业建筑中最常见的能源消耗设备。目前，以化石燃料计算，约有75%的一次能源供应于建筑供暖和制冷，尤其是热带地区，约60%的电力消耗都与空调系统有关[1-2]。因而作为电力消耗大户的空调系统，对于其设计与优化就变得格外重要。本文以海南某产业园能源站的动态冰蓄冷供冷系统作为研究对象，研究了在供冷季不同运行策略之下系统的经济、电耗与运行效益，为日后动态冰蓄冷系统的应用以及优化提供指导。

1 工程概况

1.1 建筑概况

该项目为海南某食品集团有限公司产业园区新建项目，如图1，该项目占地约21.7万 m²，整个园区设置一个区域能源站，能源站主要为1♯建筑、2♯建筑、5♯建筑中常温及

☆ 吴杰，男，1995年11月生，工程师
　E-mail：6917012467@qq.com

恒温库部分、研发技术中心及物流交易中心提供冷源供应。能源站位于 2♯ 建筑内，采用动态冰浆冰蓄冷系统，为各栋建筑物提供冷水，通过二级水泵输送至终端用户末端。

图 1　某物流园服务区示意图

1.2　机组概况

由于该工程项目位于海南省，该区域气候特征为四季温度均较高且物流园区的特殊需求，空调系统全年运行，利用 Energy Plus 软件得出供冷季最大冷负荷为 17522kW。该能源站采用部分负荷蓄冰系统，蓄冰技术采用新一代动态冰浆冰蓄冷技术。能源站内设置选用 3 台 1200rt 的离心式冷水机组，其中冷水供回水温度为 7℃/12℃，冷却水供回水温度为 32℃/37℃；同时选用 4 台空调工况 600rt 的单流程螺杆式冷水机组，变工况运行。该动态冰蓄冷系统由蓄冰系统与制冷系统组成，其中蓄冰设备主要为动态制冰机组与蓄冰槽。动态制冰机组选用 4 台 KDI-600 系列动态制冰机组，单台机组额定蓄冷能力 450RT，制冰机组安装在蓄冰机房内。制冰机组与双工况主机之间通过乙二醇循环连接，并采用一一对应的连接方式。

1.3　系统参数

评价系统经济与节能程度的指标主要有电耗、运行费、单位电耗费用以及移峰填谷能力等。其中移峰电量率与谷电利用率为衡量系统移峰填谷能力的两项指标，可由下式计算：

$$\delta_1 = 1 - \frac{P_{ih}}{P_{ch}} \tag{1}$$

式中　δ_1 为移峰电量率；P_{ih} 为蓄冷优先运行下高峰时段耗电量，kW·h；P_{ch} 为机组优先运行下高峰时段耗电量，kW·h。

$$\delta_2 = \frac{P_{id}}{P} \tag{2}$$

式中　δ_2 为谷电利用率；P_{id} 为系统用电低谷时耗电量，kW·h；P 为总耗电量，kW·h。

2　不同开发规模下运行策略分析

对海南某产业园项目动态冰蓄冷系统进行了按照冰槽优先供冷、机组优先供冷（非蓄冰）两种不同运行模式下的模拟与数据对比。首先确定各运行模式下系统在负荷率分别为 100％、75％、50％和 25％时的运行策略，从而得到各典型负荷率、各运行模式下的经济、能耗因素对比，以进一步得到相对较优的运行策略。

2.1 蓄冰优先运行模式

该系统蓄冰优先模式下系统运行原则为：1）夜间处于用电低谷时段满负荷开启双工况主机制冰；2）确保在冰槽中 24h 内可以将蓄冰、融冰的循环过程完成，并确保主机处于高效负荷率下运行；3）当处于电价峰值时段优先开启冰槽释冷，仍旧不足的部分开启机组加以补充；4）机组运行顺序为优先开启基载主机，其次开启双工况主机制冷；5）当处于用电平段时冰槽中仍有余量则优先供冷，不足部分由机组补充，若无余量则全部由制冷机组提供。4 种负荷率下运行策略如图 2～5 所示。

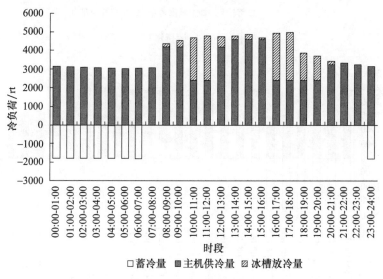

图 2　100％运行策略

由图 2 可知，在 100％负荷率的工况之下，当夜间 23：00 至次日 07：00 时间内，电价处于谷值，此时，4 台双工况机组处于全蓄冰状态，该时段冷负荷完全由制冷主机承担；当电价处于峰值时（上午 10：00—12：00 与下午 16：00—20：00），率先由冷槽放冷，不够的部分开启 2 台制冷主机进行供冷，双工况机组不运行；剩余电价处于平段时间内，由于上午 08：00—10：00 与下午 12：00—16：00 冷负荷较大，因而冰槽剩余冷量先用于这些时段，不够的部分开启主机补充。

在处于 75％负荷率的工况之下，当夜间 23：00—07：00 时间内，电价处于谷值，此时，4 台双工况机组处于全蓄冰状态，开启 2 台主机完全承担该时段冷负荷；当电价处于峰值时（上午 10：00—12：00 与下午 16：00—20：00），率先由冷槽放冷，不足的部分只需开启 1 台制冷主机进行供冷；剩余电价处于平段时间内，除了 12：00—16：00 这段时间开启了 3 台冷水机组外，其余平价时段均只开启 2 台主机制冷，不够的部分由冰槽剩余冷量进行补充。

在处于 50％负荷率的工况之下，当夜间 23：00—07：00 时间内，电价处于谷值，

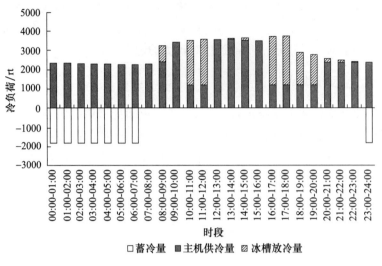

图 3　75％运行策略

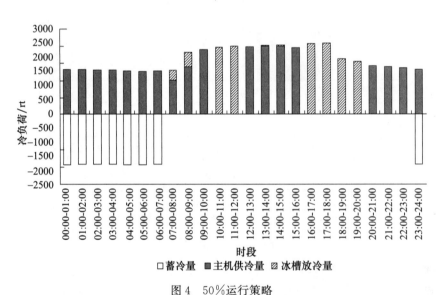

图 4　50％运行策略

此时，4 台双工况机组处于全蓄冰状态，开启 2 台主机完全承担该时段冷负荷；当电价处于峰值时（上午 10：00—12：00 与下午 16：00—20：00），该时段内全部冷负荷由冷槽承担，冷水主机与双工况机组均未开启；剩余电价处于平段时间内，由于冰槽内冷量基本用于峰值时段，因而除了 07：00—09：00 时段，其余电价平价的时间段内，冰槽基本不提供冷量，冷量基本由主机承担。

在处于 25％的负荷率工况下，当夜间 23：00—07：00 时间内，电价处于谷值，此时，4 台双工况机组处于全蓄冰状态，开启 1 台主机完全承担该时段冷负荷；当电价处于峰值时（上午 10：00—12：00 与下午 16：00—20：00），该时段内全部冷负荷完全由冷槽承担，冷水主机与双工况机组均未开启；剩余电价处于平段时间内，除了 13：00—16：00 须开启 1 台主机外，其余时段冷负荷均由冷槽剩余的冷量承担。

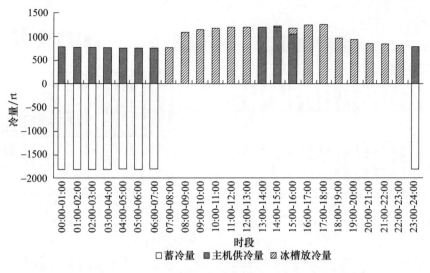

图 5   25％运行模式

2.2   机组优先运行模式

机组优先模式下系统运行原则为：1）若主机和双工况机组所能提供负荷仍不满足要求，在夜间用电低谷时段适当开启双工况主机制冰；2）保证冰槽 24h 之内完成蓄冰与融冰的循环过程，并保证主机在较高效负荷率下运行；3）各用电时段均优先开启主机供冷，不足部分由冰槽提供；4）机组运行顺序为优先开启基载主机，其次开启双工况主机制冷。

各负荷率工况下的运行策略如图 6 所示。从图 6 中可以看出，当负荷率为 100％时，除了基载主机与双工况机组外，需在峰值时开启冰槽进行供冷；75％时，机组所能提供最大冷量不满足建筑所需冷量，因而双工况机组短时间内开启；而负荷率为 50％与 25％时，只需开启冷水机组即可满足要求，双工况机组关闭。

3   不同运行模式下系统参数对比

根据上述不同开发规模下的运行策略得到各不同工况下的系统运行参数，并计算出了各工况下蓄冰优先运行模式与机组优先运行模式下经济指标与各指标节省率。

3.1   经济性指标

蓄冰与机组优先模式下电耗与电费变化图如图 7，8 所示。经过计算，该工程项目中，蓄冰优先模式下，一年中总电耗达到 23268795kW·h，总电费用达到 12697159元，因此单位指标为 0.55 元/(kW·h)、5.52 元/m²。如图 8 所示，机组优先运行策略下，电耗与电价的变化趋势基本保持一致，并且 4 个工况基本一致。最大的电耗出现时间与电价峰值时段基本一致，电耗的极值处也为电费极值处。夜间电价谷值时，基本只

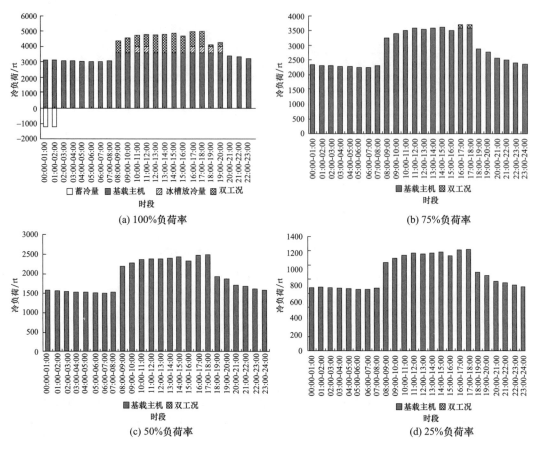

图 6　机组优先运行模式

开冷水机组进行制冷（100％负荷率较少），因而耗电量较低；峰值期间 100％与 75％工况下开启冷水机组后还需开启双工况机组，因而电耗增幅较大。机组优先模式下，电费差值不仅受电耗影响，也受峰谷电价影响，因而出现谷值电费特别低，峰值电费特别高的现象。该项目在机组优先运行策略下，一年中总电耗达到 20821895kW·h，总电费达到 15135668 元，因此单位指标为 0.73 元/(kW·h)、6.58 元/m²。

通过计算，采用蓄冷优先运行策略下，年电耗增加 244.69 万 kW·h（11.75％），年节约电费 243.86 万元（16％）。因而动态冰蓄冷系统有节约电费能力，并无节能效益。

3.2　移峰填谷指标

该项目中系统的峰谷用电量如表 1 所示。由表 1 可知，随着负荷率的降低，移峰电量率与谷电利用率逐步增大，这是由于低负荷工况下，峰值负荷基本全由冰槽提供。综合上述数据，计算得出全年内平均移峰电量率为 50.31％，谷电利用率为 49.52％。由此看出动态冰蓄冷系统具有较好的移峰填谷能力，可缓解电网供电压力。

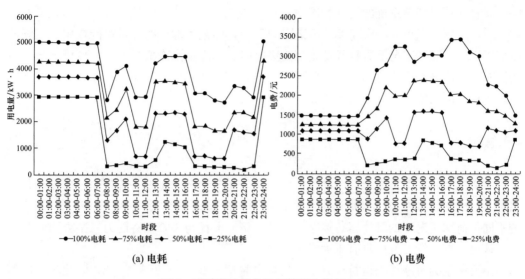

(a) 电耗

(b) 电费

图7 夏季蓄冰优先运行策略电耗与电费

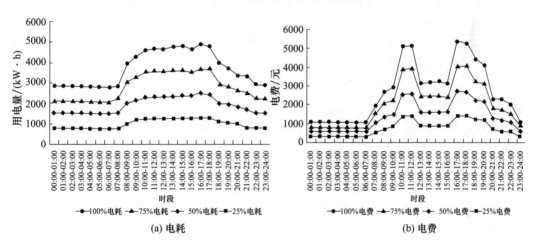

(a) 电耗

(b) 电费

图8 夏季机组优先运行策略电耗与电费

表1 4种工况下峰谷用电量

		总用电量/(kW·h)	峰用电量/(kW·h)	谷用电量/(kW·h)	移峰电量率/%	谷电利用率/%
蓄冰	100%负荷	95294.96562	17529.34867	39825.55404	33.83	41.79
	75%负荷	73073.52701	10515.53917	33937.22874	47.67	46.44
	50%负荷	52536.5087	3994.834391	29369.61916	70.15	55.90
	25%负荷	31029.70365	1841.347559	23334.00958	74.25	75.20
机组	100%负荷	88441.28089	26493.30628	22527.15404	—	—
	75%负荷	66793.48033	20096.21258	16580.82874	—	—
	50%负荷	45293.53258	13383.40314	11923.21916	—	—
	25%负荷	23666.30056	7150.593708	6035.609579	—	—

同时计算得到该系统的高峰释冷率在 85％左右（100％工况下 87.8％，75％工况下 90.8％，50％工况下 93.9％，25％工况下 47％），即绝大部分的冷量均能在用电高峰时段加以应用，25％工况下数据较低是因为高峰时全部冷量由冷槽提供后，冷槽剩余冷量还能充分供应电价平段时间段。由此可以看出，动态冰蓄冷系统比传统冰蓄冷系统高峰释冷率高，因而使得能源利用率更高。

4　总结

本文主要研究了海南产业园项目能源站所采用的动态冰蓄冷系统，通过模拟分析得出了蓄冰槽优先供冷与机组优先供冷两种不同运行模式在 100％、75％、50％、25％ 4 种不同负荷率工况下的具体运行策略，并从经济、电耗与移峰填谷能力三个方面对其进行了评价，在后续开发中具有重大意义。

主要结论为蓄冰优先运行模式下，年耗电量增加 244.69 万 kW·h，因此动态冰蓄冷系统并无节能效益，然而节约电费 243.86 万元，节约电费效益显著；运行状况方面，动态冰蓄冷系统在蓄冰优先运行策略下，全年内平均移峰电量率为 50.31％，谷电利用率为 49.52％，高峰释冷率在 85％左右，即绝大部分的冷量均能在用电高峰时段加以应用，有效缓解了供配电压力。

参考文献

[1] 清华大学建筑节能研究中心.中国建筑节能年度发展研究报告 2017 [M].北京：中国建筑工业出版社，2017.
[2] 郝斌，刘幼农，刘珊，等.可再生能源建筑应用发展现状与展望 [J].建设科技，2012 (21)：17-23.
[3] 青春耀，肖睿，宋文吉，等.冰浆在蓄冰槽内的蓄冰特性及其均匀度研究 [J].低温与超导，2009，37 (5)：41-46.

蒸发冷却辅助通风的直膨式空调系统的能耗及控制研究

严华夏[1]☆　陈　奕[1]　陶求华[1]　杨　强[2]

（1. 集美大学；2. 东净（厦门）环境技术有限公司）

摘　要　为了改善直膨式空调系统室内空气品质问题，本文提出将间接蒸发冷却器作为通风机，为室内提供冷却的新风。通过分别建立间接蒸发冷却器、直膨式空调和房间热湿平衡的数值模型并串联耦合成为闭环模型；研究蒸发冷却辅助通风的直膨式空调系统的特性。蒸发冷却器的运行在很大程度上取决于环境条件。因此，本文建立合适的控制方案，在不同的室内热负荷和环境条件下，对蒸发冷却辅助通风的直膨式空调系统进行了仿真，分析了组合系统的室内热舒适性和能耗。以西安市为例进行了模拟研究，结果表明，室内热舒适可以得到控制。在一个典型的过渡日内，每日节能可达 63.4%，表明与独立的直膨式空调系统相比，带有蒸发冷却辅助通风的直膨式空调系统可提供类似的热舒适性、更好的室内空气质量和节能效果。

关键词　直膨式空调系统　蒸发冷却　新风　能耗

0　引言

新风机将室外空气引入室内空间。一方面，与传统空调方案相比，专用新风机可以提供健康和更好的室内空气质量[1]。另一方面，专用室外空气系统中送风的除湿和冷却过程是能源密集型的，并且高度依赖于环境条件。

新风处理可以采用不同的除湿和冷却方法，包括独立分体式空调、液体干燥剂除湿装置[2]、能量回收通风机[3]和利用多联机的一个制冷剂分支处理室外空气[4]。然而，能量回收通风机是不可控的。由于环境空气温度高于室内温度。而采用多联机中的一个单元处理室外空气系统会降低多联机的能效。

为了克服直膨式空调系统缺乏通风的缺点，引入间接蒸发冷却器作为专用的室外空气系统，并与直膨式空调系统配合使用。近年来，蒸发冷却器作为一种可持续的冷却装置因其节能、低能耗和环保的特点受到广泛关注[5]。基于水蒸发冷却空气，传统机械蒸气压缩制冷系统中不需要能源密集型压缩机和对环境有害的 CFC。蒸发冷却器的原理如图 1 所示。为了获得更好的热舒适性，提出了一种基于比例积分（PI）定律的变速技术，用于蒸发冷却器中的精确温度控制[6]。模拟结果表明，在 81.9% 的时间内，室内

☆　严华夏，女，1989 年 2 月生，博士，教师

361021　厦门集美区石鼓路 9 号集美大学海洋装备与机械工程学院

E-mail：Yanhuaxia@jmu.edu.cn

温度可控制在设定点±0.5℃范围内。因此，独立的蒸发冷却器不能满足全年的热舒适性要求，因为送风温度高度依赖于环境条件。本文提出了一种蒸发冷却器辅助的直膨式系统，以综合两者的优点。开发并验证了控制策略。通过仿真试验，研究了该系统在不同工况下的控制性能。

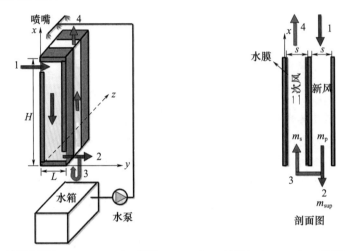

1——一次风/新风入口$t_{p,in}$，$\omega_{p,in}$；；2—送风t_{sup}，$\omega_{p,in}$；3—二次风入口$t_{s,in}$，$\omega_{p,in}$4—二次风出口$t_{s,out}$，$\omega_{s,out}$

图 1　蒸发冷却器原理图

通过分别建立间接蒸发冷却器、直膨式空调和房间热湿平衡的数值模型并串联耦合成为闭环模型，研究蒸发冷却辅助通风的直膨式空调系统的特性。关于蒸发冷却器及直膨式空调系统详细的假设、说明和传热传质系数可分别参考文献[7-8]。

1　控制器的建立

蒸发冷却器配备 2 个恒速风扇：一次风机和二次风机。蒸发冷却器在额定流量下运行，或根据办公室的工作计划关闭。2 台风扇同时运行或关闭。

直膨式空调系统配备了变速压缩机和送风机，并制订了适当的控制方案，以确保室内空气温度稳定，并为室内人员提供热舒适性。当室内空气温度高于设定点的上限时，压缩机和送风机都将高速运行。否则，它们将以低速运行，而不是完全关闭以满足部分负载。为避免过渡季节清晨出现过冷，直膨式空调系统在室内空气温度升高至设定点的上限之前不会启动。此外，当室内空气温度降低时，直膨式空调系统将完全关闭，即使该系统在低速下运行。H-L 控制方案表示为：

$$
\left.
\begin{aligned}
&当\ t_N(T) \leqslant t_{set} - \Delta t, &&低速 \\
&当\ t_{set} - \Delta t \leqslant t_N(T) \leqslant t_{set} + \Delta t, &&与前一时刻相同 \\
&当\ t_N(T) > t_{set} + \Delta t, &&高速 \\
&当低速时\ \frac{dt_N(T)}{dT} < 0 &&关闭
\end{aligned}
\right\}
\tag{1}
$$

式中　T 为当前室内温度；（$T-1$）为前一时刻室内温度；t_{set}、Δt 分别设为 26.0℃

和 0.35 ℃。

2 模拟案例

对采用 H-L 控制蒸发冷却辅助通风的直膨式空调系统的性能进行了模拟，用于西安的一个小型诊所。选择典型的过渡季节 9 月 2 日，其环境空气温湿度如图 2 所示。一天中温度波动较大，15：00 时达到 30.09℃的峰值。工作时间内，室外空气含湿量相对稳定。

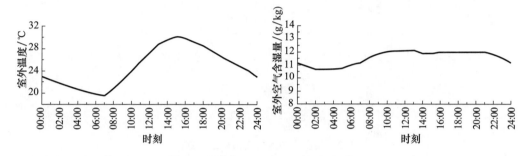

图 2　西安地区 9 月 2 日室外天气数据

模拟案例的主要参数如表 1 所示。建筑围护结构的 U 值和窗墙比参考 JGJ 143—2010《夏热冬冷地区住宅建筑节能设计标准》[9]。利用建筑能耗模拟软件 Type 56-TRNBuild 多区域建筑模块，模拟了以小时为单位的年冷负荷。9 月 2 日显冷负荷和潜冷负荷的模拟结果如图 3 所示。最大显冷负荷约为 1317 W。由于 12：00—13：00 为午休时间，负荷降至 828.4W。

表 1　参数列表

地区	西安
房间尺寸	4.0m（长）× 8.0m（宽）× 2.6m（高）
朝向	南
外墙 U 值/[W/(m² · K)]	0.5
外窗 U 值/[W/(m² · K)]	2.2
窗墙壁 U 值/[W/(m² · K)]	0.5
人员	4 人（2 位医生和 2 为患者）
灯光得热	13W/m²
电脑得热	460W（2 台计算机）
工作时间	08：00—18：00（午休时间 12：00—13：00）
供冷季	5 月 15 日至 9 月 30 日

蒸发冷却器用于向房间供应冷却的新鲜空气，其额定通风量旨在消除人员排放的 CO_2。当蒸发冷却器运行时，额定一次送风量为 0.15kg/s。在蒸发冷却器中，部分一次空气将作为二次空气，因此在这种情况下，一次空气进口需要 30％的额外流量。表 2 列出了蒸发冷却器的结构和操作参数。

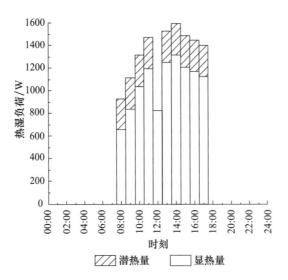

图 3　位于西安地区的诊所热湿负荷（9 月 2 日）

表 2　蒸发冷却器的结构和运行参数

参数	控制策略	符号	数值
通道数量	—	n	24
通道尺寸	—	高×宽	0.7m×0.7m
通道间距	—	d_e	5mm
二次风比例	—	r	0.3
一次风入口风速	开/关	m_p	0.15kg/s（开），0kg/s（关）

3　案例分析及结论

　　基于 0.1s 步长，即控制器的时间步长，分析了具有蒸发冷却辅助直膨式空调系统的性能。选择室内温度和相对湿度变化作为评价室内人员热舒适性的指标。为了进一步阐述控制效果，分析了典型过渡日室内温度、相对湿度、蒸发冷却器送风温度、输出冷负荷和系统能耗的变化。

　　在过渡季的几个月里，清晨室外温度一般偏低。因此，第一个小时内仅蒸发冷却器运行，如图 4 所示。当室内空气温度接近设定值上限（即 26.35℃），直膨式空调系统在约 4000s 时启动。之后，在蒸发冷却器和直膨式空调空调系统的运行下，室内空气温度在 25.65～26.35℃波动。同时，空气相对湿度逐步下降，并逐渐稳定在 55％左右。

　　图 5 描述了典型过渡季蒸发冷却器输出的送风温度和制冷量的变化。蒸发冷却器的送风温度极度依赖于环境空气条件。当环境空气温度从 8：00 的 21℃增加到 15：00 的 30.09℃时，送风温度随之增加至 22.4℃，然后下降。在工作时间内，环境含水量稳定，因此可以观察到其对蒸发冷却器送风温度的影响微小。

　　由于室内空气温度和相对湿度的波动，蒸发冷却器输出容量在每小时内波动。随着室外新风的引入，蒸发冷却器送风温度的升高，其输出的显热制冷量逐渐降低。冷量为

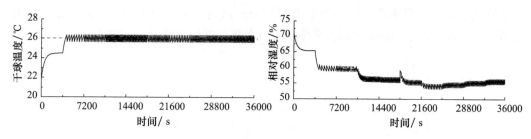

图 4　室内温湿度波动

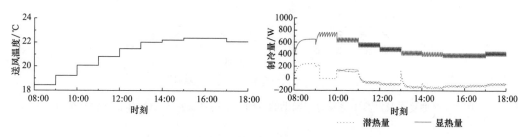

图 5　过渡季蒸发冷却器送风温度、制冷量的变化

正意味着蒸发冷却器可消除热负荷，而负值意味着更多的负荷被引入室内空间。蒸发冷却器提供了约 450W 的冷却能力，同时向空间引入了约 180W 的湿负荷。

本文还对同一控制方案下有无蒸发冷却器的直膨式空调系统的小时能耗进行了对比分析，以评价新风机的节能潜力。如图 6 所示，采用蒸发冷却器辅助新风的直膨式空调系统的能耗由两部分组成，蒸发冷却器的能耗包括一次风机、二次风机和循环泵，直膨式空调系统的能耗包括压缩机、室内送风机和冷凝器中的风机。蒸发冷却器中配备了恒定的风扇和循环水泵，因此可以观察到固定的能耗。直膨式空调系统在第一个小时内未开启，耗能为零。如图 6 所示，能耗随着室内热负荷的增加而增加。午餐休息时降到 200W。

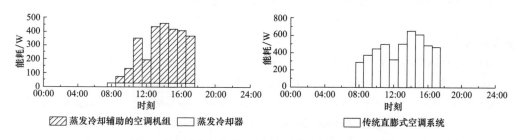

图 6　蒸发冷却辅助新风的直膨式空调系统逐时能耗

与蒸发冷却辅助的直膨式空调系统相比，单独运行的直膨式空调系统会消耗更多的能量。日节能率高达 63.4%，表明在过渡日，与直膨式空调系统相比，采用蒸发冷却辅助的直膨式空调系统，可以提供类似的热舒适性及更大的节能效果。

蒸发冷却辅助通风的直膨式空调系统与传统分体式空调的优势在于新风的集中处理环节。假设空调启动时，室内 CO_2 体积分数均为 400×10^{-6}。由于新风的引入，能稀释室内的污染物，使得 CO_2 体积分数能达到平衡且保持在 1500×10^{-6} 以内。在无新风引入的情况下，传统直膨式空调系统室内在 25min 内超过 1500×10^{-6}。因此，采用蒸发冷却辅助的直膨式空调系统可以改善室内空气品质，如图 7 所示。

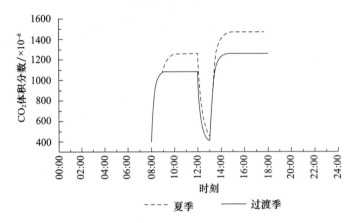

图 7　典型夏季及过渡季蒸发冷却辅助的直膨式空调系统室内 CO_2 体积分数分布图

4　结论

本文结合两种系统的优点，开发了一种以蒸发冷却辅助新风的直膨式空调系统。根据传热传质规律，建立了直膨式空调系统和蒸发冷却器的动力学模型，并进行了验证。制定了合适的控制方案，以保持稳定的室内热舒适性。本文针对典型过渡季的供冷及舒适性展开模拟研究，讨论了蒸发冷却新风对直膨式空调系统控制下舒适度及能耗情况。在过渡期，与独立直膨式空调系统相比，蒸发冷却辅助新风的直膨式空调系统可以提供同等的热舒适性、更好的室内空气品质以及 63.4% 的节能。

可以预测，随着夏季环境气温的升高，采用蒸发冷却辅助新风的直膨式空调系统的优势将会逐渐减弱，在牺牲能耗的情况下，实现更好的室内空气质量。

参考文献

[1] NIU J，ZHANG L，ZUO H. Energy savings potential of chilled-ceiling combined with desiccant cooling in hot and humid climates [J]. Energy and Buildings，2002，34：487-495.

[2] XIAO F，GE G，NIU X. Control performance of a dedicated outdoor air system adopting liquid desiccant dehumidification [J]. Applied Energy，2011，88：143-149.

[3] LI Y，WU J. Energy simulation and analysis of the heat recovery variable refrigerant flow system in winter [J]. Energy and Buildings，2010，42：1093-1099.

[4] KARUNAKARAN R，INIYAN S，RANKO G. Energy efficient fuzzy based combined variable refrigerant volume and variable air volume air conditioning system for buildings [J]. Applied Energy，2020，87：1158-1175.

[5] DUAN Z，ZHAN C，ZHANG X，et al. Indirect evaporative cooling：Past，present and future potentials [J]. Renewable and Sustainable Energy Reviews，2012，16（9）：6823-6850.

[6] CHEN Y，YAN H，LUO Y，et al. A proportional-integral (PI) law based variable speed technolo-

gy for temperature control in indirect evaporative cooling system [J]. Applied Energy，2019，251：113390.

[7] CHEN Y，YANG H，LUO Y. Investigation on solar assisted liquid desiccant dehumidifier and evaporative cooling system for fresh air treatment [J]. Energy，143：114-127.

[8] YAN H，DENG S，CHAN M Y. Developing and validating a dynamic mathematical model of a three-evaporator air conditioning (TEAC) system [J]. Applied Thermal Engineering，2016，100：880-892.

[9] 中国建筑科学研究院. 夏热冬冷地区居住建筑节能设计标准：JGJ 134-2010 [S]. 北京：中国建筑工业出版社，2010.

香港中文大学（深圳）一期暖通空调设计

姜 军☆ 何延治 孟 玮 杨 雪

（中国建筑东北设计研究院有限公司深圳分公司）

摘 要 对香港中文大学（深圳）一期暖通空调设计进行了较为全面的阐述，从冷热源、水系统、空调风系统、通风系统、自控系统、环保措施、节能措施等多方面对香港中文大学（深圳）一期的所有建筑物的暖通空调设计进行了介绍、分析。

关键词 暖通空调 大学 冷热源 水系统 节能

0 引言

大学校园是大学生及老师生活、学习、科研、交流的主要场所，进入 21 世纪后，我国的新校区井喷式发展，在改革开放前沿的深圳地区由于大学数量和规模的不足，更是呈现跨越式发展。大学建筑中暖通设计是面广、分散和繁杂的，由于单体建筑多、系统性问题也较多，设计工作量较大。本文以香港中文大学（深圳）一期项目为例，介绍其暖通空调设计的内容，同时探讨大学校园暖通空调设计的特点。

1 工程概况

如图 1 所示，香港中文大学（深圳）一期总建筑面积 336345m²，分下园和上园两个地块。其中，下园位于现深圳市龙岗区大运山公园内，龙翔大道（信息学院）以北，龙兴大道（大运中心）以西，北通道与龙翔大道交叉口东西两侧，下园范围内的建筑物基本概况如表 1 所示；上园地块位于深圳市龙岗区大运自然公园内，北通道西侧山地下园范围内的建筑物基本概况如表 2 所示。

图 1 香港中文大学（深圳）一期实景

☆ 姜军，男，1978 年 7 月生，硕士，正高级工程师
　518000　中国建筑东北设计研究院有限公司深圳分公司
　E-mail：47810822@qq.com

表 1　下园建筑物的基本概况

楼栋编号	楼栋功能	建筑面积/m²
A 楼	教学楼	26664
B 楼	教学楼	53879
C 楼	实验楼	37471
C4	实验用品中转站	294
D 楼	室内体育场	6447
E 楼	书院	19679
F 楼	书院	18034
G 楼	学生活动中心	17622
G1 楼	学生活动中心中庭	
H 楼	图书馆	21646
J 楼	行政楼	12293
K 楼	会堂	7701

表 2　上园建筑物的基本概况

楼栋编号	楼栋功能	建筑面积/m²
L 楼	书院	22710
M 楼	书院	22064
N 楼	书院	22880
P 楼	师生服务用房	3286
Q 楼	职工宿舍楼	20146
S 楼	校长府邸	597
T 楼	设备用房	1398

2　冷热源概况

该项目楼栋众多，在设计之初，即考虑在相对楼栋密集的教学、办公、科研、图书馆的区域采用集中空调系统，而在整个上园、下园宿舍区由于需要采用集中空调的区域较少，采用了分体空调、多联机的形式。对于体育馆由于其距离其他集中空调的楼栋均较远，考虑采用独立的屋顶式空调机组形式。具体设置如下。

2.1　水冷集中空调系统冷源

该项目的水冷集中空调系统冷源位于 B4、B5 区下首层的集中冷站（见图 2），现阶段为 A、B、C、G、G1、H、J、K 提供冷源，总装机容量 26012kW。制冷机组采用大小搭配的方式设计，分别选用 3 台高压 10kV 供电的离心式冷水机组，每台机组制冷量 7734kW，及 1 台 380V 供电的离心式冷水机组，制冷量为 2810kW，冷水供回水温度为 6℃/13℃。为后期发展需要，预留 1 台冷水机组的位置。集中空调冷水系统各楼栋冷负荷见表 3。

图 2　香港中文大学（深圳）集中冷站

表 3　集中空调冷水系统各楼栋冷负荷

区域名称	空调面积/m²	冷负荷/kW	冷负荷指标/(W/m²)	热负荷/kW
A 楼	7501	1995	266	—
B 楼	22474	6184	275	—
C 楼	16143	9266	574	2280
G 楼	4636	1227	265	—
G1 楼	2130	393	185	—
H 楼	15134	2277	150	150（夏季再热用）
J 楼	8195	1907	233	—
K 楼	4105	1054	257	—
总计	—	24303	—	—

2.2　集中空调热源

　　C 楼实验楼由于实验室工艺需求，排风量较大，冬季需要大量新风补充，因此冬季需要热源以满足室内舒适度要求，其冬季热源由位于 B5 屋面的空气源热泵提供，该空气源热泵同时兼夏季的 H 楼再热用热源。选用 3 台制热优先型空气源热泵，该空气源热泵具有在满足热源需求的同时免费供冷的功能。每台热泵制热量 745.1kW。空调热水供回水温度为 45℃/40℃。该热泵免费供冷环路并入集中空调制冷系统。作为集中空调辅助冷源。

2.3　其他半集中式空调、分体式空调

　　除集中空调水系统外的其他楼栋，空调冷源均采用多联式空调、分体空调形式。需要 24h 运行的区域，如监控室、网络机房、核心机房等，根据具体需求，设置分体空调、基站空调、恒温恒湿精密空调系统。

3　空调水系统

3.1　水系统二级泵分区

由于该项目集中空调冷水系统负担楼栋较多，最远楼栋与最近楼栋距离较远，因此采用二级泵系统。二级泵按照与集中冷站的距离和位置分为三组二级泵系统，其中 A、J、K楼及远期预留为第一组二级泵系统；B 楼为第二组二级泵系统；C、H、G、G1 楼为第三组二级泵系统。连接各栋楼的总空调管均位于 A、B、C 楼内的设备管廊内，其中一级泵系统采用定流量系统，二级泵系统采用变流量系统。图 3 为二级泵负担区域的示意图。

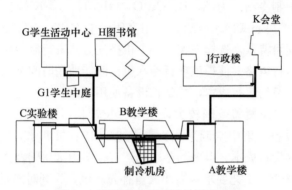

图 3　二级泵负担区域的总图示意图

3.2　空调机组及新风机组设计

空调机组、新风机组环路为异程式，每个风机盘管环路设置动态压差平衡阀。每台风机盘管均设置电动两通阀。每台空调机组、新风机组均设置动态平衡型电动两通调节阀。采用膨胀罐定压补水方式为空调冷热水系统定压补水。回水干管设置真空脱气机、循环水自动水处理器以利于系统正常运行。

大堂、展览厅、阶梯教室、图书阅览厅、阶梯会议厅、大门厅、礼堂观众厅、游泳馆、室内运动场等高大空间设置全空气空调系统。根据空调情况，采用顶送风、侧送风等送风形式。回风采用侧回风。设备用房、餐厅、卫生间、厨房等区域设置机械排风系统。所有内区房间设置排风系统。

设置集中空调水系统的办公室、教室、电梯厅等采用风机盘管加新风的形式。设置多联机分体空调系统的办公室、研讨室等采用多联式室内机、分体空调加全热新风换热机。

4　自动控制及其他系统设计

为了节约能源、提高效率、保证系统的正常运行，空调通风系统实行计算机管理控制。空调自控系统要求集中管理，分散控制，对各设备及参数进行实时监控，远程启停控制与监视，参数与设备非常状态的报警。

合理选择空调、新风、通风系统风速，各机组安装时采用消声减振措施，同时在必要的位置设置消声器。满足室内噪声控制标准要求。

为确保人员活动区的空气质量，对进入人员活动区的新风均进行过滤处理；组合式空调机组和新风机组均采用两级过滤，一级为计重效率＞70％（粒径≥5.0μm）的粗效过滤器，二级为计重效率＞90％（粒径≥1.0μm）的中效过滤器。卫生间的污浊空气由机械排风系统采用下排风方式，使污染气体直接排出，避免二次污染。

5 节能设计

该项目设置集中制冷站，为 A、B、C、G、G1、H、J、K 楼提供空调冷源，设置 3 台高压 10kV 供电的离心式冷水机组，采用高压供电方式，节省变电设备及相关电力管线成本。又根据项目特点，选择三大一小主机搭配方式进行制冷主机的选择，在不同工况下，利用不同运行策略，使得该项目冷水机组既能使用时间基本相同，又能够始终保持在高效区运行，节约运行成本，并延长设备使用寿命。

由于该项目集中空调覆盖范围较大，水管总长较长，干管管径较大，根据项目特点，为节省管材、设备，集中空调采用大温差 6℃/13℃供回水，既能满足使用要求，又大幅节约了管材和设备成本。考虑到冬季仍然有很多内区房间及人员密集场所需要冷源，且同时 C 实验楼由于工艺要求，需要大量补充新风，为同时满足新风加热以及内区房间供冷要求，设置风冷四管制热泵机组，冬季可满足 C 栋实验楼的新风加热要求，同时满足内区房间供冷要求，实现了冬季免费用冷。且在夏季兼做为控制图书馆室内相对湿度而设置的空调再热使用，在夏季供热的同时也可以供冷。该四管制热泵机组的冷水端并入集中空调冷水系统中，可以根据负荷侧实际工况，灵活并入总冷源系统，实现免费供冷供热的目的。

下园大部分公共建筑均采用集中冷站的集中空调水系统。根据与集中冷站的距离确定二级泵系统。一级泵系统的控制策略为：根据一级泵供、回水量及供、回水温度，采用能量控制法，计算确定冷水机组及相应的一级泵投入运行台数。二级泵系统的控制策略为：二级泵采用变频调速控制，根据负荷侧供回水管最不利环路的压差，控制水泵转速，调节水泵流量。通过二级泵系统，满足各区域水管路总阻力的不同需求，且实现变频控制，提高水泵传输效率，减少水泵电耗。

设置多联机空调、分体空调的研讨室、办公室、餐厅等场所采用全热回收新风换气机组提供新风，利用室内空气预冷室外新风，大幅节约新风冷量。全空气空调系统在过渡季可实现变新风比运行，最大新风比为 50％，减少开启制冷机的时间和运行容量。

集中冷站采用冷量、热量计量方式，根据冷量、热量需求，自动实现冷水机组及热泵的加减机操作，使制冷机组能高效运行。

6 结论

1）在设计中结合项目方案特点和具体建筑的实际功能，运用了集中式、半集中式、分体式等多种空调形式。大学校园各类建筑物的空调形式应结合空间布局、气候情况、方案效果、节能环保要求等多方面因素，进行方案选择，从而选择出适宜的空调形式。

2）该项目结合不同工况，采用了多种节能设计方式，在满足项目使用功能的同时，最大限度降低能耗，减少运营成本，同时保证舒适度。为大学校园各类建筑物的节能设计提供了可以借鉴的节能设计形式。

3）该项目自 2017 年运行以来，已稳定运行 6 年。整体空调通风系统运行效果良好，满足使用要求。

基于实测的某动态冰蓄冷系统性能分析

周俊杰☆　刘雄伟　吴大农　罗春燕

（深圳市建筑科学研究院股份有限公司）

摘　要　"双碳"目标下，加大可再生能源电力接入城市能源系统，加剧了城市能源系统供需不平衡，对建筑的柔性用能提出了更大的要求和挑战。蓄能空调系统除了提供建筑空调系统运行的经济性，同时可以大幅提高建筑用能的柔性，通过"移峰填谷"提高电力系统发电和输配效率，提高城市能源系统运行效率，实现对城市能源系统的宏观节能降碳效益。动态冰蓄冷系统具有蓄冷工况系统运行能效高、释冷速率快等优点，是一种节能、低碳的蓄能空调系统方案。本文结合实际工程案例，介绍了基于实测分析的动态冰蓄冷系统运行节能、降碳效果。

关键词　动态冰蓄冷　运行能效　蓄冷效率　碳排放

0　引言

蓄能空调系统除了提高建筑空调系统运行的经济性，还可以大幅提升建筑用能的柔性，通过"移峰填谷"提高城市电力系统发电和输配效率、优化能源结构，提高城市能源系统运行效率，实现对城市能源系统的宏观节能降碳效益。

与常规空调系统相比，冰蓄冷系统经常被认为节费，但不节能、不低碳，主要工程应用优势被认为是基于其经济性，在利用峰、谷、平不同时段电价差别，利用夜间谷值时段的低价电进行蓄冷，在白天峰值时段利用夜间蓄冷进行供冷，减少峰值时段的用电量，进而达到减少空调系统运行费用，节约电费的目的。而动态冰蓄冷系统相对于静态冰蓄冷系统，除了经济性进一步提升外，其蓄冷温度较高，系统运行能效高，释冷速率较快，具有良好的运行节能、降碳效果。本文结合实际工程案例，介绍了基于实测分析的动态冰蓄冷系统运行节能、降碳效果。

1　项目概况

该项目位于深圳市，总建筑面积81675.22m²。建筑主楼34层，裙楼3层，地下室4层。建筑高度149.8m。项目采用动态冰蓄冷系统，蓄冷系统设置在地下2层制冷机房，冷源采用基载主机＋蓄冰系统并联供冷模式。

☆　周俊杰，男，1980年6月生，大学，高级工程师
　　518031　深圳市建筑科学研究院股份有限公司
　　E-mail：41882356@qq.com

2 冰蓄冷系统

蓄冷系统的蓄冰槽设置于地下 3、4 层内，地下 3 层楼板贯通，地下 2 层地板为冰槽开口，蓄冰槽采用混凝土内保温内防水形式，防水采用聚脲内防水工艺，设计蓄冰液位 8.7m，蓄冰槽内容积为 1220m³，有效蓄水量 1174m³，冰浆蓄冷槽总体蓄冷量为 27433kW·h。

冰蓄冷系统设置 1 台基载主机，机组额定制冷量为 550rt，额定功率为 342.5kW，配置 2 台基载冷水泵、2 台基载冷却水泵，单台水泵额定功率均为 55kW，其中，冷水泵额定流量为 360m³/h，扬程为 36m；冷却水泵额定流量为 440m³/h，扬程为 31m。设置基载冷却塔 1 台，额定功率为 16.5kW，额定流量为 450m³/h。

蓄冷系统设置 2 台双工况主机，机组额定功率为 408.5kW，空调工况（7℃/12℃）额定制冷量为 600rt，蓄冰工况（−3℃/0℃）额定制冷量为 450rt；采用浓度为 20％的乙二醇溶液作为载冷剂，配置乙二醇泵 3 台，单台泵的额定功率为 75kW，额定流量为 585m³/h，扬程为 28m；同时配置 2 台冰浆机和 2 台制融冰水泵，其中，单台冰浆机额定功率为 15kW，单台制融冰水泵额定功率为 75kW，额定流量为 670m³/h，扬程为 24m。

蓄冷站分别独立设置两台融冰板式换热器和一对一制冷主机的直供板式换热器，其中，融冰板式换热器换热量为 2500kW（热侧：7℃/12℃，冷侧 2℃/10℃），直供板式换热器额定换热量为 2100kW（热侧 7℃/12℃，冷侧 5℃/10℃）。图 1 为制冷系统原理图。

3 系统测试

3.1 测试依据

1）GB/T 26194—2010《蓄冷系统性能测试方法》；
2）GB 50189—2015《公共建筑节能设计标准》；
3）JGJ 158—2018《蓄能空调工程技术标准》。

3.2 测试方案

1）测试时间
4 月 23—24 日。
2）夜间蓄冷工况
夜间蓄冷工况开启 1 台双工况冷水机组，对应开启 1 台制融冰泵、1 台乙二醇泵、1 台冷却水泵和 1 台冷却塔。蓄冷系统夜间开启时段：22：40—06：40。
3）白天释冷工况
白天释冷工况开启 1 台制融冰泵、1 台冷水泵。蓄冷系统白天释冷时段：08：38—18：18。

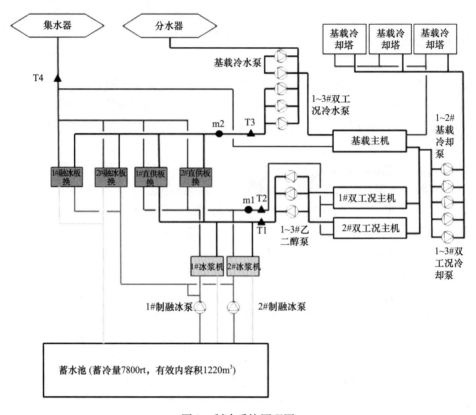

图 1　制冷系统原理图

4　实测结果分析

冰蓄冷系统夜间（22：55—06：40）蓄冷量为 11131kW·h。表 1 为动态冰浆蓄冷系统夜间蓄冷量。

表 1　动态冰浆蓄冷系统夜间蓄冷量　　　　　　　　　　　（kW·h）

时段	蓄冷量
22：55—23：54	1764
23：55—00：54	1832
00：55—01：54	1686
01：55—02：54	1603
02：55—03：54	1179
03：55—04：54	1076
04：55—05：54	1107
05：55—06：40	884
合计	11131

注：乙二醇溶液比热容依据不同蓄冷时段溶液平均温度取值。

4.1 夜间蓄冷工况

夜间蓄冷工况下，开启 1 台双工况冷水机组的夜间总蓄冷量为 11131kW·h，平均每小时蓄冷量为 408.4RT/h，双工况冷水机组运行平均负荷率为 91%。图 2 为系统夜间单位时间蓄冷量。

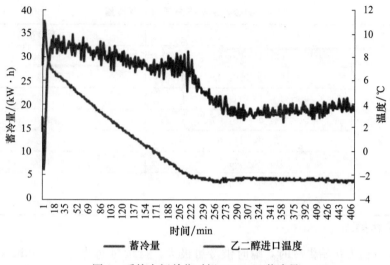

图 2　系统夜间单位时间（1min）蓄冷量

在开启 1 台双工况冷水机组时，蓄冷系统蓄冷量随乙二醇溶液进入蓄冷槽温度下降逐步下降，在乙二醇温度下降至 −2.6℃、出水温度接近 0℃时，逐时蓄冷量与乙二醇供回水温度基本趋于稳定。

蓄冷系统夜间蓄冷状况下，乙二醇平均流量为 6.91m³/min，且波动较小，基本趋于稳定，夜间蓄冷工况下未出现管道因制冰产生的堵塞现象。图 3 为系统夜间蓄冷工况下瞬时流量。

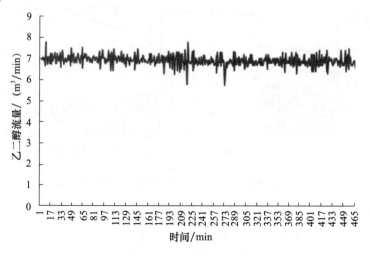

图 3　系统夜间蓄冷工况下瞬时乙二醇流量（m³/min）

4.2　日间放冷工况

按测试数据对动态冰浆蓄冷系统白天释冷量进行统计，得到蓄冷系统白天逐时释冷量与总释冷量，见表 2。经测试数据统计，冰蓄冷系统白天（08：43—11：08，14：04—18：02）释冷量为 9843kW·h。

表 2　动态冰浆蓄冷系统白天释冷量　　　　　　　　　　　　（kW·h）

时段		释冷量
上午	08：43—09：42	2218
	09：43—10：42	1789
	10：43—11：08	756
下午	14：04—15：03	1470
	15：04—16：03	1332
	16：04—17：03	1198
	17：04—18：02	1080
合计		9843

注：冷水比热容取值为 4.2kJ/(kg·℃)。

蓄冷系统白天初始供冷时，瞬时供冷量极大，持续时间约为 5～10min，且冷水回水温度快速下降至 5～6℃，说明动态冰蓄冷系统释冷速率快。

随后随着不断放冷，冷水供水温度逐步提升。在 08：43—11：08 和 14：04—15：00 释冷时段，冷水供水温度≤10℃，持续时间为 3h 21min。15：01—18：02 释冷时段，冷水供水温度＞10℃，持续时间为 3h 3min。图 4 为系统白天单位时间释冷量。

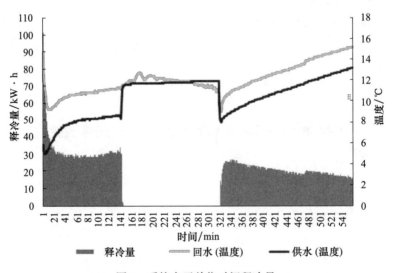

图 4　系统白天单位时间释冷量

全天冷水供回水温差为 2.3℃，供回水温差较小，表明冷水流量偏大，实际运行可关停 1 台冷水泵。建议优化冷水泵运行策略，根据冷水供回水温差控制冷水泵开启台数与运行频率，可减少冷水泵运行能耗，以提高空调系统运行能效。

5 运行效率分析

5.1 蓄冷效率分析

蓄冷系统夜间蓄冷量采用下式计算：

$$\varepsilon = \frac{Q_2}{Q_1} \times 100\% \tag{1}$$

式中 ε 为蓄冷效率，%；Q_2 为释冷量，kW·h；Q_1 为蓄冷量，kW·h。

计算得到动态冰蓄冷系统蓄冷效率，见表3，蓄冷系统释冷效率为88%，蓄冷系统蓄冷量尚未完全释放。

表3 动态冰浆蓄冷系统蓄冷效率

蓄冷量/(kW·h)	释冷量/(kW·h)	蓄冷效率/%
11131	9843	88

5.2 蓄冷工况系统能效分析

蓄冷工况蓄冷系统能效采用下式计算：

$$\theta = \frac{Q_1}{E_1} \tag{2}$$

式中 θ 为蓄冷工况下蓄冷系统能效；E_1 为蓄冷工况下蓄冷系统蓄冷工况下设备总能耗，包括制冷主机、制融冰泵、乙二醇泵、冷却泵和冷却塔，kW·h。

计算得到夜间蓄冷工况下蓄冷系统运行能效，见表4。

表4 测试期间蓄冷工况系统夜间运行能效

时段	蓄冷量/(kW·h)	蓄冷系统能耗/(kW·h)	COP
22：55—23：54	1764	408	4.3
23：55—00：54	1832	423	4.3
00：55—01：54	1686	424	4.0
01：55—02：54	1603	407	3.9
02：55—03：54	1179	339	3.5
03：55—04：54	1076	328	3.3
04：55—05：54	1107	329	3.4
05：55—06：40	884	262	3.4
合计	11131	2921	3.8

蓄冷工况下蓄冷系统夜间运行能效为3.8，逐时运行能效范围为3.3～4.3之间，系统运行能效较高。

5.3 蓄能—释能周期系统运行能效分析

依据 GB 50189—2015《公共建筑节能设计标准》的冷源综合制冷性能系数[1]（$SCOP$）计算要求，计入设备包括冷水机组、冷却水泵和冷却塔，不包括供冷侧冷水泵。

$$SCOP = \frac{Q_2}{\sum_{i=1}^{n} E_{Di}} \tag{3}$$

式中　E_{Di} 为蓄冷系统（包括冷水机组、冷却泵与冷却塔）夜间蓄冷工况下第 i 个设备的运行能耗，kW·h。

计算得到蓄冷系统冷源综合制冷性能系数 $SCOP$，见表 5，蓄冷系统运行能效 $SCOP$ 为 3.02。

表 5　测试期间蓄冷系统运行能效

运行时段	设备	用量	小计
夜间蓄冷用电量/(kW·h)	冷水机组	1686	3255
	乙二醇泵	274	
	制融冰泵	437	
	冷却泵	433	
	冷却塔	89	
白天供冷耗电量/(kW·h)	制融冰泵	336	
供冷量/(kW·h)		9843	
蓄冷系统运行能效		3.02	

6　经济性分析

蓄冷系统单位供冷费用、常规空调冷源系统单位供冷费用分别按下式计算。

蓄冷系统（不包括冷水泵）单位供冷费用：

$$C_u = \frac{C_c + C_d}{Q_2} \tag{4}$$

式中　C_u 为单位供冷费用，元/(kW·h)；C_c 为蓄冷电费，元；C_d 为释冷电费，元。

常规空调冷源系统（不包括冷水泵）单位供冷费用：

$$C_u = \frac{\dfrac{Q_2}{SCOP} \times C}{Q_2} \tag{5}$$

式中　$SCOP$ 为常规空调冷源系统性能系数；C 为电费单价，元/(kW·h)。

依据深圳市工商业电费收费标准，结合测试数据，计算得到该项目动态冰浆蓄冷系统与常规空调系统对比，见表 6。在相同供冷量情况下，蓄冷系统（不包括冷水泵）的单位供冷量费用为 0.10 元/(kW·h)，相对于常规空调制冷系统，测试期间蓄冷系统放冷的节费率为 50.2%，经济效果十分显著。

表 6 测试时段蓄冷系统与常规空调冷源系统经济性对比

供冷量/(kW·h)					9843
制冷效率		蓄冷系统（不含冷水泵）			3.02
		常规空调冷源制冷系数			4.5
		时段	单价/[元/(kW·h)]	用电量/(kW·h)	电费/元
蓄冷系统	电费/元	7：00—9：00	0.6863	13	1024
		9：00—11：30	1.0388	52	
		11：30—14：00	0.6863	0	
		14：00—16：30	1.0388	159	
		16：30—19：00	0.6863	113	
		19：00—21：00	1.0388	0	
		21：00—23：00	0.6863	26	
		23：00—7：00	0.2423	2893	
常规空调制冷系统	电费/元	7：00—9：00	0.6863	205	2063
		9：00—11：30	1.0388	854	
		11：30—14：00	0.6863	0	
		14：00—16：30	1.0388	740	
		16：30—19：00	0.6863	388	
		19：00—21：00	1.0388	0	
		21：00—23：00	0.6863	0	
		23：00—7：00	0.2423	0	
蓄冷系统单位供冷费用/[元/(kW·h)]					0.10
常规空调冷源系统单位制冷费用/[元/(kW·h)]					0.21
按单位供冷费用折算的蓄冷系统等效冷源综合制冷性能系数 SCOPe					9.07
相对于常规空调制冷系统的蓄冷系统节费率/%					50.2

注：1）依据 GB 50189—2015《公共建筑节能设计标准》，常规空调冷源系统综合制冷性能系数取 4.5；

2）常规空调冷源系统白天供冷工况下不同时段的用电量根据该时段冷量需求进行拆分。

7 减少运行碳排放分析

测试期间蓄冷系统利用低谷能源减少碳排放量按下式计算[2]：

$$E_d = K \times AC_i \times EF_i \tag{6}$$

式中　E_d 为运行期 CO_2 排放量，t；AC_i 为削峰转移至用电低谷的累计电量，kW·h；EF_i 为电力消费的 CO_2 排放因子，kg/kW·h；K 为动态碳排放因子折算系数，为低谷能源费用与日平均能源费用的比值。

依据深圳市工商业电费收费标准，普通工商业的 K 值计算为 0.3283，EF_i 参照广东省《建筑碳排放计算导则（试行）》电力碳排放因子为 0.3748kg/kW·h，测试运行期间蓄冷系统削峰转移至用电低谷的累计电量为 1824kW·h。考虑测试工况接近设计日负荷 50％工况，参考深圳市同类蓄冷系统项目设计日负荷 50％工况运行天数约为 110d，设计日负荷 50％工况累计系统削峰电量约占全年系统削峰电量 40％进行估算，该项目蓄冷系统运行期每年可降低碳排放约为 61720kg。

8　结语

基于实际运行的测试分析，动态冰蓄冷系统具有较高的蓄冷系统运行能效，经济性及节能减碳效果十分显著，未来可以在建筑柔性用能要求中扮演着越来越重要的角色。

参考文献

[1] 中华人民共和国住房和城乡建设部. 公共建筑节能设计标准：GB 50189—2015 [S]. 北京：中国建筑工业出版社，2015.

[2] 深圳市住房和建设局. 深圳市《公共建筑节能设计标准》（征求意见稿）[R]. 深圳，2022.

"双碳"及新能源背景下冰蓄冷技术应用前景分析

魏大俊☆

（深圳市建筑科学研究院股份有限公司）

摘　要　在"双碳"及新能源背景下，冰蓄冷空调作为一种传统的电力移峰填谷技术，今后一段时间的应用是否值得大力推广值得商榷。本文通过多方面分析其与现阶段直接蓄电技术的比较，以及在对蓄电技术发展前景展望的基础上，得出结论，供读者参考。

关键词　蓄能效率　冰蓄冷综合蓄能效率　蓄能成本　冰蓄冷蓄能成本

0　引言

从储能原理范畴来讲，冰蓄冷并不属于直接储能技术，而是一种间接储能方式。储能技术主要分为物理储能（如抽水储能、压缩空气储能、飞轮储能等）、化学储能（如铅酸电池、氧化还原液硫电池、钠硫电池、锂离子电池）和电磁储能（如超导电磁储能、超级电容器储能等）三大类。这些储能技术都是以电能作为初始能源形式，转换为其他形式能源储存起来，最后都再还原为电能。

储能效率是指储能元件储存的电量与输入能量之比。冰蓄冷最终能源形式无法再转化成电，因此，无法用这一公式计算其储能效率，衡量冰蓄冷储能效率，需要提出一个新概念——冰蓄冷综合蓄能效率，即蓄冰系统日间所能释放最大冷量对应的常规主机空调工况所需电量与蓄冰系统实际运行所耗电量的比值，包括日间释冷板式换热器一次侧循环泵所耗电量。

本文主要从以下几个方面对冰蓄冷与蓄电池蓄能进行比较，并对"双碳"及新能源背景下国家能源供需环境的变化、蓄能技术的改进与创新趋势等方面进行分析。

1　冰蓄冷空调技术与蓄电池技术比较

主要从三个方面进行比较：1）目前技术水平情况下，冰蓄冷综合蓄能效率与蓄电池蓄能效率进行分析比较；2）冰蓄冷对应的单位蓄能造价与蓄电池单位蓄能造价的比较；3）冰蓄冷使用寿命与蓄电池使用寿命的比较。

以之前设计的一个位于深圳的办公楼项目为例进行分析。该项目空调总冷负荷约为

☆　魏大俊，男，1969 年 12 月生，大学，高级工程师
　　518049　深圳市建筑科学研究院股份有限公司
　　E-mail：wdj1969@126.com

7500kW，约 2130RT，集中空调冷源采用部分冰蓄冷的形式，设计日负荷为 20420RTh，冰槽蓄冰 6551RTh，冰槽供冷约 6380RTh，蓄冷率约为 31.2%。

按普通单工况制冷机组综合制冷性能系数 $SCOP=4.5$ 取值，6380RTh 的冰槽供冷冷量约对应常规主机国标工况耗电 4986kW·h，而通过实测，该系统冰槽蓄冷 6551RTh 实际运行耗电 8245kW·h，不考虑日间冰槽供冷乙二醇循环泵耗电，按照前述冰蓄冷综合蓄能效率计算方法，其蓄能效率为 60.47%，如果再考虑二醇循环泵耗电，则略低于此数值。

目前电动汽车蓄电池蓄能效率，不同车型存在较大差异，如乘用车仍然大部分在 0.6～0.7 之间，而客车则主要集中在 0.8 以上，比亚迪处于领先地位，无论是三元还是磷酸铁锂，在成组效率上都可以达到 80% 以上；宁德时代汽车电池系统产能利用率达 81.25%；另有文献报道，使用锂电池、动力电容电池的储能电站储能效率可达 90%。

所以，从储能效率来看，冰蓄冷综合蓄能效率与蓄电池蓄能效率有 10%～20% 的差距。

蓄能成本方面，还是以上面冰蓄冷项目为例，不考虑冰蓄冷机房扩大带来的土建成本增加，该项目机房内冷源设备总投资为 1250 万元，比常规制冷机房冷源设备总投资预算 900 万元多 350 万元，其每昼夜蓄冷所对应的蓄电 4986kW·h，换算单位 kW·h 蓄电设备投资成本约为 701.97 元。

据文献报道，目前，按每昼夜充放电一次计算，锂电池蓄电单位电量设备采购成本为 800～1000 元。

使用寿命方面，目前锂电池正常使用寿命为 6～8a，冰蓄冷双工况主机正常使用寿命约 15～20a。但冰蓄冷仅在空调季节使用，华南地区一般也不超过半年使用期，而锂电池是全年使用，从这个意义上讲，2 种蓄能技术总使用时间上相差不大。

每昼夜蓄放冷一次与蓄放电一次，冰蓄冷因保温引起的冷量损耗与电池跑电电量损耗都在 1%～2%，另外，蓄电池剩余容量保护与蓄冰池残余蓄冷量也类似，不作考虑。2 种蓄能技术的比较见表 1。

表 1　冰蓄冷空调技术与蓄电池蓄电技术比较

	蓄能效率	成本/［元/(kW·h)］	使用年限/a
冰蓄冷	0.605	701.97	15～20
锂电池	0.7～0.8	800—1000	6～8

2　"双碳"背景下国家能源供需环境的变化

"双碳"目标倡导绿色、环保、低碳的生活方式。推动碳中和已成为全球的共识，包括中国、美国、欧盟、英国、日本、加拿大在内的超过 120 个国家和地区提出了碳中和目标。

光伏发电是太阳能发电的重要分支，也是可再生能源今后主要发展方向，晶硅光伏电池起步早、效率高、成本低，是目前光伏市场的主流，随着其核心原材料工业硅产业进入快速发展期，其构成成本的下降带动了光伏发电成本大幅下降、光伏装机容量快速发展。根据 IRENA 报告，2010 年至 2021 年，新投产的公用事业规模太阳能光伏项目的全球加权平均 LCOE（Levelized Cost of Energy），即平准化度电成本，用于比较和评估可再生能源发电的综合经济效益，下降了 88%，这一下降趋势仍将延续。

与此同时，由于政策及国际形势等方面因素，化石能源价格大幅上涨，太阳能光伏发电相对其他能源的成本优势凸显。有文献报道，全球能源危机正在推动可再生能源的快速发展，世界能源格局正在发生变化，未来可再生能源比重增加，5 年后太阳能光伏发电将拥有最大的装机容量占比。

另外，随着科学技术的不断创新，我国智能电网建设发展水平得到了显著提升。智能电网属于融合了电力电子技术、储能技术、传感测量技术等多个先进技术的复合系统，尤其是新的储能技术的应用，有助于进一步提高电网系统的稳定性和灵活性。

可以预见，光伏发电占比将不断提升，而电动汽车的充电大多发生在夜间，在不久的将来，国家电网白天电力紧张、夜间电力过剩的状况将发生彻底的改变。

3 新能源政策背景下储能新技术的发展

近些年，新型电池的不断出现，蓄电池储能效率不断提升。国家对于蓄电池储能效率过去几年也大幅提高标准要求，随着技术进步，储能效率还将不断提升。

氢储能技术是一种前景较好的储能形式，目前基本上是利用氢储能在电力供过于求时采用电解水的方式获得氢，然后低温液态存储起来，在需要的时候作为氢燃料电池的燃料发电。氢能的生产成本是汽油的 4~6 倍，其运输、存储、转化过程的成本也都较化石能源高。以氢燃料低位热值为基准，有文献报道电解水制氢技术转化效率达 68%，氢燃料电池系统的转化效率达 65.1%，因此，电解水制氢储能之电—氢—电的转化效率为 44.3%，目前大幅低于锂电池蓄能效率。因此，现阶段应用电解水制氢储能及氢燃料电池发电并不是一个理想的技术路线，还需要大幅提升其效率。目前电解水制氢储能仅在一些可再生能源发电场得到利用，将电网无法消纳的富余电能通过电解水制氢储存起来。

用空气制造的终极蓄电池有望在不久的将来出现。这种电池不需要传统的电极，质量是现有锂电池的 1/5。这种电池目前主要用于风能等可再生能源储电，随着研发技术不断取得进展，其应用范围也将进一步扩大。联合国秘书长古特雷斯曾表示，为了能在 21 世纪中叶实现碳中和，大约到 2030 年太阳能和风能的存量需要增加 1 倍。因此，非常需要一种能更长期、更大量存储清洁能源的技术，空气电池被寄予厚望。

另外，传统储能技术（包括抽水储能、冰蓄冷等技术）的发展基本成熟，其能效提升空间非常有限，新型储能技术的发展空间广阔，必将带来更高效率。

4 结论

1）从目前技术条件上看，冰蓄冷空调技术在造价和设备使用年限上优于锂电池，加上有电价优惠政策，冰蓄冷有一定的经济可行性。

2）冰蓄冷在蓄能效率上不如锂电池，从技术的发展前景上看，其效率差距将进一步扩大。所以，从能源合理利用上讲，冰蓄冷技术的适用空间将会越来越小。

3）在"双碳"及新能源利用战略的背景下，国家电网的波峰波谷将与以往发生较大变化，移峰填谷的电价优惠政策将会随之调整，冰蓄冷费能、省钱模式有可能会逐步改变为费能、不省钱模式。

4）随着新的储能技术的出现和发展，储能效率将越来越高，储能成本将越来越低，除一些特殊应用场合（如区域供冷，需要较大供回温差），冰蓄冷空调技术在常规舒适性空调上的应用将越来越少。

西安奥体中心体育馆暖通空调设计

周伟杰☆　何延治　姜军
（中国建筑东北设计研究院有限公司）

摘　要　介绍了西安奥体中心体育馆供暖、通风、空调系统设计，分析了设计中空气处理、气流组织、人工冰场等问题。

关键词　体育馆　空气调节　气流组织　人工冰场

0　引言

体育设施作为城市体育事业发展和人们体育活动的重要载体，其建设是城市发展的必然要求。近年来，各奥运场馆的建设工作如火如荼，社会各界对于体育建筑的设计和建设工作的关注也持续升温。随着体育馆功能和定位的演变以及技术的发展，体育馆从早期的单一式、粗放式管理，逐步过渡到平台化、生态化阶段。

本文以西安奥体中心体育馆为例，分析其在暖通空调设计中的特点，探讨大型体育馆暖通空调设计的方法。

1　工程概况

西安奥体中心体育馆是第十四届全国运动会的主赛场，是集体操、篮球、排球及室内短跑道速度滑冰比赛、文化和休闲活动于一体的多功能体育场馆。可满足各类国际综合赛事和专项锦标赛的功能要求，也能满足大型演出、会议和小型展览等的要求。

体育馆总建筑面积 10.8 万 m^2，看台可容纳观众 1.8 万人。分为比赛大厅（观众厅）、前厅、热身馆及附属设备用房等。建筑檐口高度最高点 41.0m。建筑外景见图 1。

2　暖通空调系统设计

2.1　室内设计参数（见表 1）

────────────────
☆　周伟杰，男，1992 年 2 月生，工学学士
　　518040　中国建筑东北设计研究院有限公司深圳分公司
　　E-mail：375148939@qq.com

图 1 西安奥体中心体育馆外景

表 1 室内设计参数表

房间名称	夏季			冬季			最小新风量/[m³/(h·人)]
	温度/℃	相对湿度/%	气流速度/(m/s)	温度/℃	相对湿度/%	气流速度/(m/s)	
比赛大厅场区	26～28	55～65	≤0.5 ≤0.2①	16～18	≥30	≤0.5 ≤0.2①	60②
比赛大厅看台	26～28	55～65	≤0.3	16～18	≥30	≤0.2	15～19
冰场	24～28	≥65	≤0.2	10～16	—	≤0.2	60②

注：①指乒乓球、羽毛球比赛时的风速，为建议值，乒乓球的高度范围取距地 3m 以下，羽毛球的高度范围取距地 9m 以下；②考虑卫生防疫加大新风量。

2.2 空调冷热源

该工程夏季总冷负为 9766kW，冬季总热负荷为 11972kW。

空调冷源采用两大一小的冷源配置方式，设置 900rt 离心式制冷机组 3 台，400rt 螺杆式制冷机组 1 台，冷水进出口水温度为 13℃/6℃。

空调热源利用燃气锅炉房提供的热水（115℃/70℃），通过板式换热器进行热交换提供空调热水。设置 3450kW 板式换热器 3 台，二次侧热水供回水温度为 60℃/45℃。供暖热源利用燃气锅炉房提供的热水（115℃/70℃），通过板式换热器进行热交换来提供空调热水。散热器系统设置 500kW 板式换热器两台，二次侧热水供回水温度为 80℃/60℃。

2.3 空调水系统

空调水系统采用两管制一级泵、负荷侧变流量系统。制冷机组和水泵采用分组连接方式，空调水管冬夏共用，供冷、供热在分、集水器处切换。采用闭式隔膜膨胀罐和补水泵，对水系统进行定压、补水、脱气。空调补水、加湿采用软化水。空调加湿采用高压微雾加湿，通过高压微雾主机同时供多台空调机组加湿。

2.4 供暖系统

1层商业、2层全民健身中心、值班用房及部分机房设置散热器供暖。散热器供暖系统热媒为80℃/60℃热水,散热器采用铜铝复合柱翼型散热器,靠外墙布置的采用双管上供上回方式,靠窗布置的采用双管下供下回方式。

2.5 空调风系统

(1) 比赛大厅

比赛大厅采用单风道低速全空气系统,空调机组(共16台)设在0.00m层的4个空调机房内,室外新风由地下风沟集中引入(见图2)。固定座椅观众区采用座椅送风,在每个座位后设阶梯式旋流送风口。活动座椅后观众区设百叶送风口,对比赛场地送风。空调送风吸收人体、灯光的热量后上升,一部分经看台后部的回风口回到空调机房,一部分由设在屋顶的排风机排至室外。空气处理方式采用二次回风。另外,为满足场地举办演唱会等大型演出活动的需要,对比赛场地设高位喷口送风,喷口设置在观众看台的后部,在同侧活动座椅后侧设百叶回风口,空调机组共4台,空调处理方式为一次回风。空调机组风机均设变频控制。

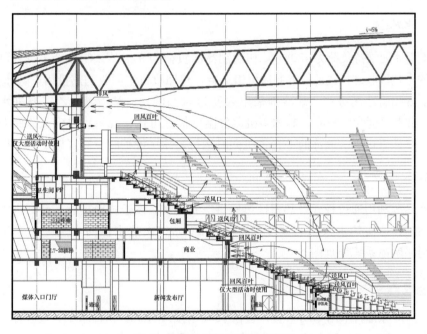

图2 比赛大厅气流组织示意图

(2) 前厅

前厅采用单风道低速全空气系统,空调机组(共4台)设在0.00m层的4个空调机房内,室外新风由地下风沟集中引入。设置鼓形喷口侧送风和散流器顶送风,喷口设电动调节装置,可根据季节要求调节送风角度,以满足冬夏季空调的需求。空气处理方式采用一次回风。空调机组风机均设变频控制。

（3）热身馆

热身馆采用单风道低速全空气系统，空调机组（共 2 台）设在 7.80m 层的一个空调机房内，室外新风由新风管集中引入。设置旋流风口顶送风，风口设电动调节装置，可根据季节和热身要求调节送风角度，以满足冬夏季空调的需求和各种热身运动的风速的要求。空气处理方式采用一次回风。空调机组风机均设变频控制。

（4）媒体区、裁判区、运动员区等

采用组合式轮转热回收新风机组加风机盘管系统，热回收新风机回收排放的冷量和余热，预冷或预热新风。场馆大部分区域为内区，存在冬季消除冷负荷的情况，故新风机组风机设变频控制，在冬夏季间变频切换，夏季满足最小新风量需求，冬季满足内区供冷需求。利用室外新风为内区提供免费冷源。避免了制冷机在冬季时开启运行增加能耗和运行费用，同时内区风机盘管冬季供热起到不同区域根据不同需求的调节作用。

3 冰场制冰系统设计

体育馆设一处冰上项目比赛场地，比赛区场地尺寸为 60m×30m，是西北地区首座采用冰篮转化场地的场馆，可进行冰球、花样滑冰、短道速滑、冰壶运动。

3.1 制冰冷源

该工程冰面维持负荷为 430kW，初次制冰冷负荷为 944kW。制冰冷源设置制冷量为 488kW 的全热回收螺杆式乙二醇制冰机组 2 台，热回收机组回收的热量用于融冰池化冰、热水箱预热和防冰场冻胀。载冷剂采用浓度为 40% 的乙二醇溶液，乙二醇进水温度为 −11℃，出水温度为 −14℃。制冰主机蒸发温度最低可达 −18℃，以确保冰面温度可在 −7～−3℃ 任意可调。制冰时 2 台主机同时运行，冰场维护时只需开启 1 台主机。

3.2 融冰热源

融冰热源利用通过板式换热器换热提供空调热水。设板式换热器 1 台，进水来自生活热水系统，一次热水供回水温度为 55℃/45℃，二次热水供回水温度为 35℃/40℃。图 3 为制冰融冰系统原理图。

3.3 冰场工艺管道

冰场内冷冻排管采用 HDPE 管，管径 ϕ25，间距 80mm，供回水干管设在冰场短边侧的地沟内，采用同程供回水的方式。冰场内防冻排管采用 HDPE 管，间距 200mm，防冻干管设在冰场短边侧的地沟内，采用异程供回水的方式。根据冰场预埋的温度传感器所测到的地温，开启防冻泵和防冻管道上的电动阀。利用制冰主机的冷凝热防止场地冻胀。

3.4 冰场除雾

为防止冰场起雾，主馆设升温型管道除湿机，降低空气的含湿量。选用 4 台除湿量为 40kg/h 的升温型管道除湿机，设在 0.00m 层的 4 个空调机房内，与空调机组并

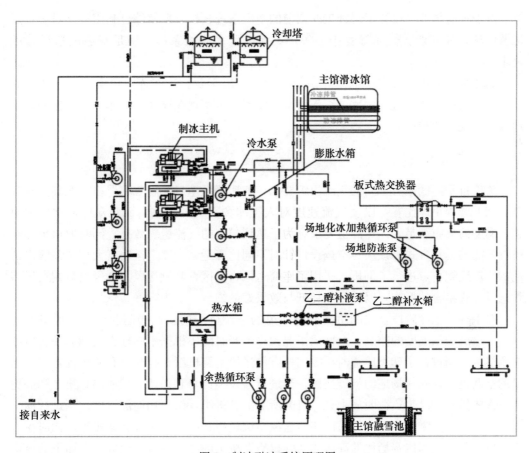

图 3 制冰融冰系统原理图

联，除湿运行时，关闭空调机组和风阀，打开除湿机及进出风管道上的风阀，利用空调机组的送回风管道形成驱雾气流，降低室内空气的露点温度，从而达到除雾的目的。

3.5 冰场控制

冰场控制系统采用专业级冰场智能控制系统，该系统通过冰下温度传感器、乙二醇供回流温度传感器将冰面保持在不同条件下运行。该专业级冰场智能控制系统可实现冰面在冰球、花样、短道、冰壶赛事等不同工况下迅速转换，在 $-7 \sim -3$℃之间实现任意调节，充分考虑运营方的冰场运营节能性和成本支出，增加冰场收益。

4 设计难点

4.1 平赛转换设计

作为大型多功能体育场馆，可满足各类国际综合赛事和专项锦标赛的功能要求，也能满足大型演出、会议和小型展览等的要求，如何最大程度兼顾赛事的功能转化是设计的重难点。

对于赛时场地，设置了多种工况切换的空调系统，提升场馆综合利用率。对于赛后运营区域，如商业、全面健身中心等，灵活配置多联机系统，满足赛后改造运营的需求。

制冰系统采用国际先进的专业系统，配备扫冰车及扫冰车库，可实现 12h 快速制冰，同时引进国际先进的"冰被"作为常备物资，可实现在冰面铺设冰被后直接铺设木地板，实现快速转换。

4.2 气流组织

该项目不同区域有不同的气流组织要求，如比赛场地对速度要求严格，尤其是乒乓球、羽毛球等小球比赛，以及气流速度对人工冰场雾气的影响，而观众区通常要求风速、温度的分布满足人体热舒适要求。为了达到最佳的气流组织效果，同时取得更加经济、节能的运行方式，该项目空调设计针对不同比赛运动、冰上运动、大型文艺演出活动的气流组织特点进行了剖析，采用了座椅送风、低区百叶侧送风、高区喷口侧送风多种送风方式结合的形式，以达到能耗低与效果好的统一。

对于赛前预冷阶段，关闭负担座椅送风的空调机组的新风阀门和二次回风电动风阀，解除对送风温度的控制，全回风工况预冷。赛时阶段根据不同球类运动切换相应的空调机组，当进行小球类比赛时，关闭所有侧送风空调机组，打开所有负担固定座椅送风的空调机组，确保场地的气流速度；当进行大球类比赛和举行大型演出、集会和展览时，人体显热和潜热负荷明显上升，打开所有空调机组，保证场地舒适性；当进行冰上运动比赛时，关闭负担场地低区的座椅送风空调机组和所有侧送风空调机组，同时打开除湿机，利用负担比赛场地的高区侧送喷口空调机组的送回风管道形成自上而下的驱雾气流。

4.3 机电管线排布

体育馆不同曲率半径的弧形管段共约 14 万 m，且集中分布在走廊、机房等受限空间内，管线密集区域上下共 9 层管线，各专业复杂节点多。因此项目利用 BIM 技术，对复杂区域进行预先定位，消除碰撞。

5 结语

该项目已于 2020 年 7 月投入使用。成功举办了第十四届全国运动会及闭幕式、第十一届残运会暨第八届特奥会等经典赛事。比赛期间，西安奥体中心体育馆室内始终保持设计温湿度，满足国际顶级赛事标准。得到了国家体育总局及所有运动员及观众的一致好评。

参考文献

[1] 体育建筑设计规范：JGJ31—2003 [S]. 北京：中国建筑工业出版社，2003.

西安某综合体项目毛细管网辐射空调系统重难点问题浅析

蒋能飞[1☆]　尹畅昱[2]　严载竟[1]

（1. 深圳市建筑设计研究总院有限公司；2. 杭州中联筑境建筑设计有限公司）

摘　要　结合西安某综合体毛细管网辐射空调系统设计实例，对毛细管网辐射空调系统的室内设计参数、送风状态、送风方式、水管管材等问题进行了分析与归纳，为辐射空调系统在综合体项目中的应用提供参考借鉴。

关键词　毛细管网辐射空调系统　送风　水管管材

0　引言

随着人民生活水平的提高，对室内舒适度提出了更高的要求，尤其是后疫情时代，毛细管网辐射空调系统无冷凝水、无吹风感、无循环风交叉污染、无风机噪声等优点，越来越受到当今社会的青睐，常见的辐射空调末端形式[1]主要有毛细管网式（见图 1）（地面、墙面、顶面敷设）、埋管式（混凝土结构楼板埋管式、地面填充层埋管式）和预制冷吊顶模块式（见图 2）（整体式、装配式）。毛细管网辐射布置比较密，单位面积热辐射较大，在满足夏季制冷的情况下，一般都能满足冬季制热的需求，因此本文仅讨论夏季工况，针对西安某综合体项目毛细管网辐射空调系统重难点问题进行分析，为毛细管网辐射空调系统在类似项目中的应用提供参考。

图 1　毛细管网式

图 2　预制冷吊顶模块式

☆　蒋能飞，男，1985 年生，硕士研究生，高级工程师
　　518031　深圳市设计研究总院有限公司
　　E-mail：jiangnengfei@yeah.net

1 工程概况

该综合体项目位于西安西咸新区，总占地面积 128 公顷，总建筑面积约 188 万 m²，地下建筑面积约 75 万 m²，该项目集产业、办公、研发、居住为一体，建筑高度均小于 100m。项目分为多个单元，分批、分单元开发，打造具有国际影响力的科技创新中心。该项目采用中深层地热源热泵系统供暖，夏季采用常规冷水空调机组的方式，分区域设能源站，具体由能源公司设计及施工。能源站夏季冷水的供回水温度为 5℃/13℃，冬季供暖的供回水温度为 45℃/35℃。新风机组的低温水盘管由能源站直供（5℃/13℃ 及 45℃/35℃），毛细管网辐射空调系统和风机盘管、地暖系统的冷、热水由设于地下 1 层的热交换机组与能源站换热后提供，夏季供回水温度为 16℃/19℃，冬季供回水温度为 35℃/30℃。

2 室内设计参数

关于室内设计温度及新风量，JGJ142—2012《辐射供暖供冷技术规程》[2]第 3.3.2 条规定：全面辐射供暖室内设计温度可降低 2℃。全面辐射供冷室内设计温度可提高 0.5～1.5℃。GB 50736—2012《民用建筑供暖通风与空气调节设计规范》[3]第 7.3.19 条规定：空调区、空调系统的新风量计算，应按不小于人员所需新风量，补偿排风和保持空调区空气压力所需新风量之和以及新风除湿所需新风量中的最大值确定。室内主要房间的设计参数见表 1。

表 1 室内主要房间的设计参数

房间功能	设计温度 夏季/冬季/℃	相对湿度 夏季/冬季/%	人员密度/ （人/m²）	新风量	允许 A 声级 噪声值/dB
办公室	25/20	55/30	≤0.167	30m³/（人·h）	45
创客中心	25/20	55/30	≤0.125	0.7h⁻¹	45
住宅	25/20	55/30	≤0.167	0.9（夏）/0.6（冬）h⁻¹	45

3 设计难点及解决措施

3.1 室内送风状态点

对于办公区域，新风量为 30m³/（人·h），人员密度为 6m²/人，单位面积的新风量为 5m³/h；室内设计参数为 25℃/55%，含湿量为 11.6g/kg，人员散湿量为 102g/h，单位面积的散湿量为 17g/h，根据相关公式，并考虑一些不可预知的因素，最终的新风送风状态点的含湿量取 8g/kg，此时的露点温度约为 14.3℃。为防止送风口结露问题，送风状态点的温度大于室内露点温度，本次设计送风温度取 16℃。JGJ 142—2012《辐射供暖供冷技术规程》[2]第 3.1.4 条规定：辐射供冷系统供水温度应保证供冷表面温度高于室内空气露点温度 1~2℃，供回水温差不宜大于 5℃且不应小于 2℃。夏季供回水温度为 16℃/19℃。

3.2 新风处理及室内送风方式

该项目采用双冷源新风机组，机组由热回收段、过滤段、冷却（5℃/13℃）/加热段、直膨段、再热段、加湿段、风机段组成。夏季工况，高温潮湿的新风经过粗、中效过滤后，通过双板式换热器，在双板式换热器中新风和回风进行全热交换，新风被初步降温除湿后进入表冷段，直膨段中进一步降温、除湿，最后经过再热段达到送风状态点16℃。直膨段自带压缩机，冷凝热一部分用于再热段，一部分由热回收排风带走，一部分由冷水（16℃/19℃）带走[4-5]。

过渡季节，新风旁通风阀与回风旁通风阀开启，机组可全新风运行，风机通过变频调节风量，给室内送新风，排掉一部分回风，保持室内空气品质。

对于办公建筑，在送风方式的选择上，原则上辐射供冷可以和任意一种送风方式相结合，但考虑到建筑净高、人体舒适性等因素，应尽可能选择顶送风的方式。天花板顶送风方式的主要优点在于：一方面顶送风设计、施工和维修的技术较成熟；另一方面，顶送风可以加强辐射供冷板表面附近空气的扰动，强化了换热，可以提高辐射供冷板的供冷量[6]。送风温度不同，可以采用不同的送风方式，具体对比见表2。该项目采用新风机组回收部分冷凝热对低温低湿的新风再热后直接送入室内的方式。

表2 新风不同的送风方式对比

	低温新风直接送入室内	新风与FCU送风混合后送入室内	一次回风方式	新风再热后直接送入室内
优点	送风温度较低，除了承担室内湿负荷外，可以承担室内部分显热负荷	可采用普通散流器风口，减少了室内送风口，便于装修；承担室内部分显热负荷较大	可采用普通散流器风口；送风可以直接送入室内，承担室内部分显热负荷较小；采用CO_2调节新风量时控制点较少；过渡季节可加大新风量运行	送风温度较高，可采用普通送风口，过渡季节可加大新风量
缺点	采用低温送风口，增加了造价；送风温度低、舒适性较差；过渡季节存在过冷现象；采用CO_2调节新风量时控制点较多	为了防止送风口结露，FCU与新风系统需要连锁开关或在新风支管设置电动开关阀与FCU连锁启闭，控制复杂；采用CO_2调节新风量时控制点较多	增加了回风管路	送风需要再热，造成能源的浪费

3.3 住宅客厅的散湿量及气流组织

对于住宅，夏季新风换气次数按 $0.9h^{-1}$ 计算，则起居室的新风量为 $150m^3/h$，起居室可承担室内除湿量为 540g/h，当客厅为 4 人时，人员总散湿量为 408g/h，剩余可承担的散湿量为 132g/h，则可根据相关公式计算出当客厅无人的情况下，新风可承担

的蒸发表面积为 $3.9m^2$。可见，对于住宅起居室，阳台设有洗手池、洗衣机时，如果阳台晾晒衣服的话，其散湿量远大于新风所承担的散湿量而增加了房间结露的风险。阳台洗手池、洗衣机、晾晒衣服带来的湿负荷不可控，采用加大新风来承担此部分湿负荷将会导致平时新风量的过大，从而导致新风负荷增大，能耗增加，不经济。针对以上问题可采用如下方法解决：①设置专门的除湿机，承担此部分湿负荷；②设单独的家政间，里面设置烘干机用于衣服烘干。阳台功能主要用于采光、休息区域，无洗衣机、洗手池等湿负荷设备。

住宅独立新风系统利用管井将新风输送到每户的分风箱内，分风箱利用地板下的送风管道将新风送至室内的各房间，送风温度不低于 16℃。风管敷设于地面垫层内，地面送风管采用双臂波纹管风管，外径 80mm，内径 75mm。为了不影响室内人员的舒适性，新风以较低的送风风速送入室内，消除室内的余湿及室内空气污染物，保证人体所在空间区域舒适健康。

每户设 1 处集中回风，房间与公共区域之间的墙壁上设门头回风口，为保证回风及避免户内各室的隔声要求，精装在设计门口回风时采用消声措施，门头消声回风口水平位置为门洞正上方，门头消声回风口在保证透风面积的基础上，一般由精装统一设计、施工，也可根据现场调整上下位置，外面板可据精装要求调整为盖板、条缝、石膏板镂空雕花等其他形式，详见图 3。

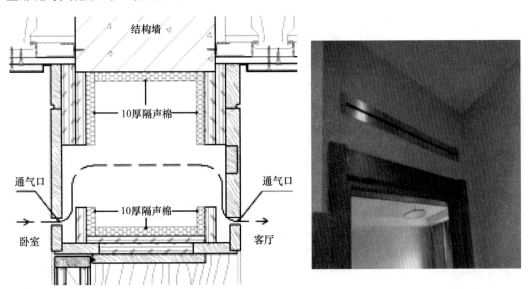

图 3 门头消声回风口

3.4 毛细管网管材问题

毛细 PP-R 管外径通常为 4.3mm，壁厚为 0.8mm，对水质要求极高，因此毛细管网的管材需采用耐腐蚀性较好的管材，避免产生过多的杂质堵塞或划伤毛细管。工程上常用的耐腐蚀性较好的管材有不锈钢、钢衬塑复合管和铝合金衬塑复合管等材料，考虑到不锈钢对初投资影响较大，在项目中使用较少。本次主要针对钢衬塑复合管和铝合金衬塑复合管进行了详细的对比，具体详见表3。

表3　钢衬塑复合管与铝合金衬塑复合管对比

	钢衬塑复合管	铝合金衬塑复合管
	在钢管内壁粘衬塑料管，形成防腐层的钢塑复合管[7]	外管为铝合金管、内管为热塑性塑料（PP-R、PB、PE-RT、PE）管，经预应力复合而成两层结构管材[8]
基本结构（由内到外）	塑料管＋热熔胶＋钢管	塑料管＋无缝铝合金管＋防腐涂层（铝合金管和塑料管为预应力结合）
塑料管厚度	较薄（1.5～3mm）	较厚（S4系列）
连接方式	螺纹、卡箍、沟槽	热熔或电熔
主要应用场景	给水管	给水管、空调冷热水管、燃气管
施工风险点	连接处塑料管未完全封闭，需采用密封圈生料带等，管内空调水仍会与钢管接触，造成腐蚀并产生较多杂质	塑料管接口处完全封闭，管内空调水无法接触铝合金管，可保持长时间的耐腐蚀。热熔操作对施工人员技术要求较高，大口径（DN110以上）安装较为困难；电熔操作采用自动焊接设备完成，可降低安装难度，提升施工质量，缩短施工时间
使用风险点	塑料管和钢管之间为热熔胶连接，对于给水管问题不大；对于温度较高的空调水管，长时间使用后，胶水老化，内外层脱离，水接触钢管产生杂质，钢管与塑料分离后造成管道堵塞	管材与管件采用同材质焊接工艺，接口处强度高，安全性较高，管材与管件耐腐蚀性强，严控施工工艺使用寿命可达50a
管材成本	适中	稍高
施工成本	较高	较低

通过对比分析，该项目选用S4的铝合金衬塑复合管（外层为无缝铝合金管，表面采用防腐喷涂处理，内层为PPR或PE-RT S4系列），管径小于DN160时，采用铝合金衬塑（PPR）复合管，热熔连接；管径大于等于DN160，采用铝合金衬塑（PE-RT）复合管，电熔连接。铝合金衬塑（PE-RT）复合管的线膨胀系数为0.025mm/(m·℃)是钢管（0.012mm/(m·℃)）的两倍，管道的自然补偿长度为钢管的1/2，其他设计要求可以参考文献［9］。

4　结语

毛细管网辐射空调系统与传统空调系统在设计过程中存在明显的不同，设计人员如果未考虑全面易造成室内温度失调、管道堵塞、辐射表面结露等问题，文中针对毛细管网辐射空调系统中几个重难点问题进行了分析与归纳，可供设计人员在综合体项目中的应用参考。

参考文献

[1] 中国建筑标准设计研究院 . 12SK407 辐射供冷末端施工安装 [S]. 北京：中国计划出版社，2014.

[2] 辐射供暖供冷技术规程：JGJ142—2012 [S]. 北京：中国建筑工业出版社，2012.

[3] 中华人民共和国住房和城乡建设部 . 民用建筑供暖通风与空气调节设计规范：GB 50736—2012 [S]. 北京：中国建筑工业出版社，2012.

[4] 同济大学 . 毛细管网辐射供暖供冷施工技术规程：CECS 433—2016 [S]. 北京：中国计划出版社，2016.

[5] 李娜，王永红，张钦，等 . 不同除湿方式户式辐射空调系统能耗研究 [J]. 暖通空调，2021，51 (7)：100-103.

[6] 曹磊，钱志博，张星 . 金属吊顶板辐射空调系统浅析 [J]. 洁净与空调技术，2021 (2)：94-96.

[7] 国家市场监督管理总局 . 流体输送用钢塑复合管及管件：GB/T 28897—2021 [S]. 北京：中国标准出版社，2021.

[8] 国家市场监督管理总局 . 铝合金衬塑复合管材与管件：GB/T 41494—2022 [S]. 北京：中国标准出版社，2022.

[9] 中国建筑科学研究院有限公司 . 空调用铝合金材耐热聚乙烯复合管道工程技术规程：T/CECS 533—2018 [S]. 北京：中国计划出版社，2019.

主动式冷梁系统在办公建筑中的设计与应用

方　金[1]☆　文雪新[1]　周敏钊[1]　蒋　毅[2]　李永攀[2]　李　彬[3]

（1. 香港华艺设计顾问（深圳）有限公司；2. 中海企业集团发展有限公司；
3. 奥雅纳工程咨询（上海）有限公司深圳分公司）

摘　要　介绍了主动式冷梁的工作原理及特点，从空调冷源、空气处理过程、设备选型及系统的调节与控制几个方面介绍了主动式冷梁系统在某办公建筑中的设计及应用；通过对实际应用案例的分析，归纳总结了主动式冷梁系统设计过程中应重点关注的问题。

关键词　主动式冷梁　系统设计　温湿度独立控制　办公建筑

0　引言

随着暖通空调技术的不断发展，空调末端的形式也逐渐增多，主动式冷梁由于具有节能、吹风感弱、温度分布均匀、设备噪声低以及送风温度适宜等优点，在欧美地区得到广泛应用，并被 LEED 认证的评分系统认定为可计分的节能空调设备[1]，但在国内目前还没有得到广泛的应用。近年来国家对零碳、绿色健康建筑的重视程度不断提高，用户对空调系统的健康、舒适、节能要求不断提高，鉴于上述所提的优点，主动式冷梁是一项很有潜力的空调技术，有助于零碳建筑、低能耗建筑以及健康建筑的发展，拥有应用前景。

本文针对位于深圳的某总部办公项目主动式冷梁空调系统的设计应用进行介绍，为主动式冷梁系统设计提供参考。

1　项目概况

该项目位于深圳市，总建筑面积约 6.1 万 m²，为 1 栋高度为不超百米的高层办公楼，包含办公、商业、食堂和物业服务用房等功能。

由于该项目为企业自用总部办公项目，项目定位较高，参评 LEED 金级、WELL 金级、绿色建筑三星、健康建筑三星、零碳建筑以及近零能耗建筑，在系统方案上，采取了一些能够满足以上认证需求的技术措施，如自然通风、高效机房及能量回收系统等。该项目 1 层大堂、3 层多功能厅、5 层餐厅及 20 层办公等公共区域大空间采用全空

☆　方金，男，1990 年 6 月生，研究生，工程师
　　518052　香港华艺设计顾问（深圳）有限公司
　　E-mail：fangjin @huayidesign.com

气空调系统，4 层共享办公采用 VAV 变风量系统，21 层办公采用风机盘管加新风空调系统，办公标准层 7～19 层采用了主动式冷梁系统。本文主要针对 7～19 层采用的主动式冷梁空调系统的设计进行介绍。

2 空调系统设计

2.1 主动式冷梁系统

（1）主动式冷梁工作原理

主动式冷梁主要由喷嘴、箱体、一次风接口、可调导流叶片、诱导格栅、换热器（盘管）及面框架组成。其主要工作原理为：经新风机组或空调机组处理后的一次风，通过与一次风接口连接的风管进入箱体内，通过高速喷嘴喷出，在喷嘴附近产生负压，诱导吸入室内空气，诱导吸入的室内空气通过水盘管冷却或加热后，与一次风混合，最终由风口将混合风送从两侧送风口贴附送入室内。其空气处理过程为温湿度独立控制过程，一次风经低温冷源处理后，负担室内全部潜热负荷，冷梁内的水盘管采用中温水，仅承担室内的显热负荷，故常规情况下无冷凝水产生，一般不设置冷凝水集水盘。图 1 为主动式冷梁的结构示意图，图 2 为主动式冷梁的工作原理图。

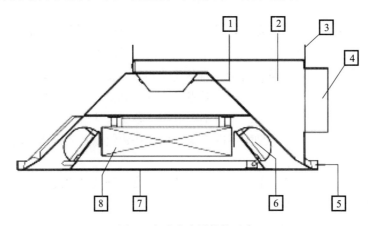

图 1　主动式冷梁结构示意

1—喷嘴；2—箱体；3—悬挂支架；4——一次风接口；5—面框架；6—可调导流叶片；7—诱导格栅；8—换热器

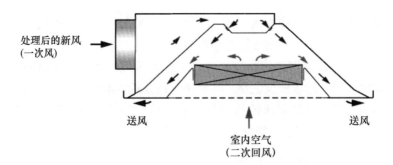

图 2　主动式冷梁工作原理

（2）主动式冷梁特点

与常规的空调末端相比，主动式冷梁具有以下特点：

1）由于冷梁流出的空气会形成两股方向相反的气流沿着吊顶流向冷梁两侧，形成了非常好的贴附射流，冷空气紧贴着吊顶流动，不会产生对人员直吹的气流，避免产生强烈的吹风感，沿着吊顶流动的气流由于康达效应缓缓地流到工作区[2]，可以使用户感到非常舒适。图3为主动式冷梁气流组织示意图。

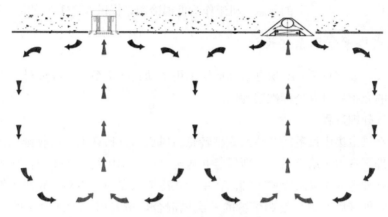

图3　主动式冷梁气流组织示意

2）由于主动式冷梁无内置风机，靠诱导回风，所以与传统的风机盘管相比，运行噪声更低，且由于主动式冷梁的冷却盘管只处理显热负荷，干工况运行，无冷凝水产生，消除了由于冷凝水而滋生细菌的问题，更加卫生。

3）前已述及，主动式冷梁无内置风机故其无须更换检修机械部件，后期维护工作量小，且其风管尺寸较小，有利于减小机电管综压力，提升房间净高。

4）由于主动式冷梁仅处理室内显热负荷，故其冷媒温度较高，一般为 14～17℃[3]，有利于提高冷水机组的 COP，研究表明[4]机组蒸发温度提高 1℃，机组的能耗降低约 3%～5%，与供水温度为 7℃ 的冷水机组相比，该项目提供 16℃ 高温冷水的机组可以减少 30%～40% 的制冷能耗。

2.2　空调冷源

由于主动式冷梁空调系统为一种温湿度独立控制系统，主动式冷梁末端的盘管主要处理室内显热负荷，而室内潜热负荷全部由风系统承担，所以需要中、低温冷源搭配使用，中温冷源提供中温冷水用于主动式冷梁末端盘管，处理室内显热负荷；低温冷源提供低温冷水用于风系统，处理室内潜热负荷及新风负荷。

该项目夏季空调总冷负荷为 5373kW，其中 7～19 层室内显热冷负荷为 1459kW，中温冷源选择满足 7～19 层室内显热冷负荷的容量即可，但由于该项目有高效机房、零碳建筑及近零能耗建筑的参评要求，故在方案阶段除了主动式冷梁采用中温冷源外，该项目中的新风机组也增设了中温盘管，加大了中温冷源所占比例，提高了冷源的整体能效。选用了 2 台 300RT 的磁悬浮机组作为中温冷源，由于主动式冷梁内的盘管只处理室内显热负荷，无冷凝水产生，故其供水温度应高于室内露点温度。为了安全起见，冷梁的供水温度一般比室内露点温度高 1~2℃ 为宜[5]。根据室内设计参数（室内温度24℃，相对湿度55%，露点温度14.4℃）确定中温冷水供水温度为16℃，又因主动式冷梁的盘管经换热后，其供回水温差一般在 2.7~3.3℃[1]，故确定中温冷水的回水温度为 19℃。

除上述中温冷源外，该项目中其余的常规末端设备均采用低温冷源，选用了 1 台 600RT变频离心机组及 1 台 400RT 的磁悬浮机组作为低温冷源，提供 6℃/13℃的低温冷水。

2.3 主动式冷梁空调系统设计

前已述及，该项目 7~19 层办公标准层采用主动式冷梁系统，故针对主动式冷梁空调系统设计的介绍将以办公标准层为例。

（1）空气处理过程

该项目新风由集中设置的全热回收型转轮新风机组（PAUR）回收排风的能量，将室外新风处理至室内等焓点后，由新风竖井送至每层空调机组（AHU），新风经与回风混合后二次处理送入主动式冷梁末端。在主动式冷梁末端内室内的诱导回风先经过冷梁内的冷水盘管处理后，再与空调机组的一次风混合，最终由主动式冷梁的喷嘴送入室内。该项目的空调风系统原理示意图如图 4 所示。

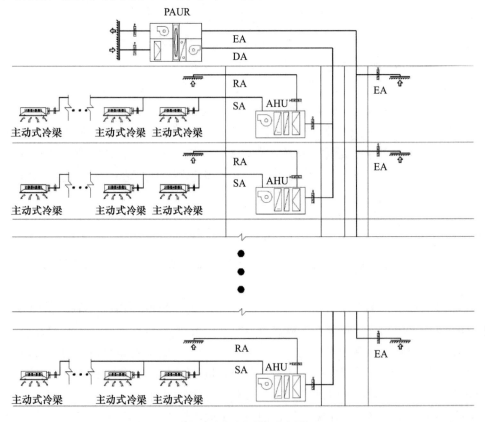

图 4　空调风系统示意图

该项目室内状态点 N 参数为温度 24℃，相对湿度 55%，室外状态点 W_1 取深圳地区的空调室外计算干球温度 33.7℃，湿球温度 27.5℃，相对湿度 63%，室外新风先经过集中设置的转轮全热回收新风机的中、低温盘管处理后达到室内等熵状态点 W_2（干球温度 18.9℃，相对湿度 90%）后，送至各标准层空调机房内的空调机组处，经与室内回风混合后达到混风状态点 C（20.9℃，74%）后再经空调机组内冷水盘管二次处理至处理室内湿负荷所需的空气状态点 L（13.5℃，90%），冷梁末端的诱导回风经冷梁中温水盘管处理后达到空气状态点 M（18.4℃，78%），与一次风混合达到送风状态点 S（17℃，81%）送至室内。空气处理过程的 h-d 图示意如图 5 所示。

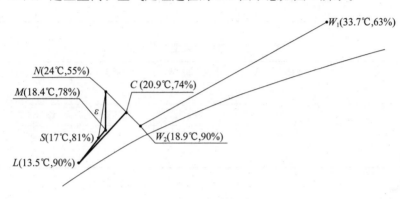

图 5　h-d 图示意图

上述空气处理过程中，一次风送风状态点 L、主动式冷梁送风状态点 S 以及室内诱导回风经冷梁中温水盘管处理后的 M 点的确定较为关键。

L 点主要依据式（1）确定：

$$Q=\frac{W}{d_n-d_o} \tag{1}$$

式中　Q 为一次风风量，kg/s；W 为室内湿负荷，g/s；d_n 为室内空气含湿量，g/kg；d_o 为一次风空气含湿量，g/kg。

根据式（1），一次风量 Q、室内湿负荷 W、室内空气含湿量 d_n 为已知，故可求得 d_o 值。一次风的送风考虑露点送风，相对湿度为 90%，故通过求得的 d_o 及相对湿度 90%，即可在焓湿图中确定 L 点的状态参数。

L 点的状态参数应主要考虑两方面因素：①需满足室内的除湿要求；②在满足新风量的前提下，尽可能减小一次风的风量，减少设备运行能耗。

S 点为主动式冷梁送风状态点，需根据热湿比线及送风温度进行确定，该项目冷梁的送风温度考虑高于室内露点温度 1～2℃，又由于项目定位较高，用户担心冷梁送风温度太低面板有结露问题，故冷梁送风温度取 17℃，高于室内露点温度 2.6℃，作了一定的冗余处理，确定冷梁送风温度后，热湿比线与 17℃ 等温线相交后即可确定送风状态点 S，连接 L 及 S 点作延长线，与室内状态点 N 的等含湿量线交点即为 M 点。

（2）主动式冷梁的选型

由于办公标准层以外区小房间＋大开间办公区为主，故主动式冷梁的设备选型以办公标准层一间人员密度较大、余热余湿均较大的外区独立会议室及大开间办公为例。经专业负荷计算软件计算，该会议室及大开间办公区的负荷计算结果如表 1 所示。根据精装天花布置方案，该项目冷梁主要选用的型号及尺寸见表 2。

表 1　负荷计算结果

房间名称	面积/m²	室内冷负荷/kW	室内显热负荷/kW	室内湿负荷/(g/s)	除湿所需一次风量/(m³/h)	一次风承担显热负荷/kW	冷梁盘管承担室内显热负荷/kW
会议室	35	6.35	4.9	0.61	1140	4.00	0.9
大开间办公区	688	39.7	33.6	2.24	4160	14.7	25

表 2　主要选用冷梁型号及参数

冷梁编号	一次风量/(m³/h)	风侧冷量/W	水侧冷量/W	合计冷量/W	设备尺寸/mm
1	82	288	742	1030	1800×600×170（H）
2	150	527	862	1389	1800×600×170（H）
3	131	460	737	1197	1500×600×170（H）
4	130	457	481	938	1800×300×170（H）

1）会议室

根据负荷计算结果及冷梁参数表可以看出，由于会议室处于外区，有一面西北向玻璃幕墙且房间人员密度较大，故其室内的显热负荷及湿负荷均较大，冷梁的一次风量及供冷量较小，如果全部靠冷梁来满足除湿风量，按最大型号 2 号冷梁来选型需要 8 台，考虑精装的天花整体布置要求且房间面积有限，无法布置如此多数量的设备，故会议室考虑在幕墙边设置送风口补充除湿所需一次风量，与冷梁共同服务于房间。会议室冷梁布置形式如图 6 所示。

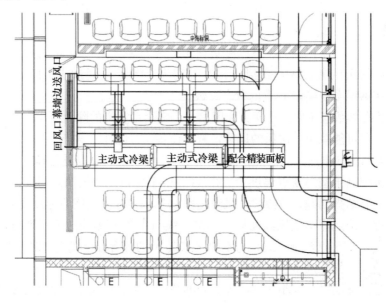

图 6　会议室冷梁布置形式

由负荷计算可知，冷梁盘管所需承担显热负荷为 0.9kW，根据精装的天花方案，选用 2 台 4 号冷梁搭配一个冷梁面板，面板仅为装饰用，不通一次风及中温冷水，2 台 4 号冷梁可提供一次风风量共 260m³/h，根据负荷计算除湿所需总风量为 1140 m³/h，则送风口所需风量为除湿所需总风量减掉冷梁提供一次风风量，为 880m³/h，故幕墙边百叶风口送风量确定为 880 m³/h，为了便于幕墙处风口的风量调节与控制，在接驳送风口的风管处设置了电动调节风阀。

2）大开间办公区

根据大开间办公区的负荷计算结果，4 号冷梁的水盘管能承担的显热负荷较小，按满足除湿风量的要求确定设备数量时满足不了室内的显热负荷，如按满足室内显热负荷来确定设备数量，一次风总风量近 6800m³/h，风量冗余过大，故设计中未考虑设置 4 号冷梁。

由于 1 号冷梁一次风量较小，如按满足除湿风量的要求确定设备数量，冷梁承担的室内显热负荷约 38kW，与实际所需的 25kW 相比，冷量冗余过多，故对于 1 号冷梁按照满足室内的显热负荷的要求来确定冷梁数量。根据负荷计算结果共需 34 台，提供一次风量为 2788m³/h，剩余所需一次风量可考虑在幕墙边设置送风口进行补充，共需 1372m³/h，此种布置方案，幕墙边的一次风送风口可多提供近 5kW 的显冷量。对于 2、3 号冷梁，按满足除湿风量的要求确定的设备数量无法满足室内的显热负荷，但按满足显热负荷的要求来确定冷梁数量可满足除湿的风量要求，按此原则 2、3 号冷梁分别需要 30 台及 34 台，提供一次风总风量分别为 4500m³/h 及 4454m³/h。与 1 号冷梁的布置方案相比，无须设置多余的送风口，且一次风的风量与除湿所需风量相比冗余在 10% 左右，属合理范围内，故该项目大开间办公考虑布置 2、3 号冷梁，后期根据装修提供的天花模数，2 号冷梁的尺寸最为合适，故最后综合考虑使用需求及天花效果，大开间办公区采用了 30 台 2 号冷梁搭配装饰面板的布置形式，大开间办公局部冷梁布置形式如图 7 所示。

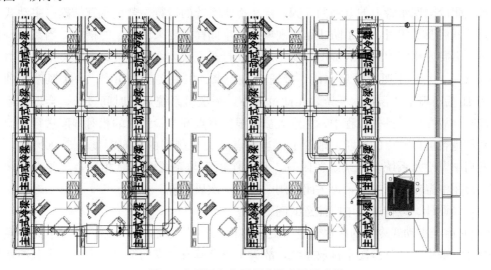

图 7　大开间办公局部冷梁布置示意图

（3）主动式冷梁系统的调节与控制

办公标准层中除了大开间办公区外，还有很多办公室及会议室等独立房间，由于各个房间的使用时间不同，有的房间存在长时间无人的情况，且该项目对于系统的节能控制要求很高，故对于主动式冷梁系统来说，不能像其他项目那样，一次风采用全区只能同时打开或同时关闭的模式运行，局部设备无法进行开关控制。

为了解决以上问题，该项目在每个独立房间的主动式冷梁的一次风支管上除了安装常规的定风量阀外，还安装了电动开关阀，当室内长时间无人使用时，用户可以通过房间内安装的温控器关闭系统，可关闭一次风支管上的电动开关阀以及冷梁回水管上的电动两通阀，每层的空调机组为变频机组，变频控制采用定静压法，压力传感器设置于空调送风管远离空调机组一端的 2/3 处，末端电动开关阀的开关，会影响静压监测点的静压变化，从而改变空调机组风机的运行频率，以调整机组送风量，来满足实际风量需求。其设置形式如图 8 所示。

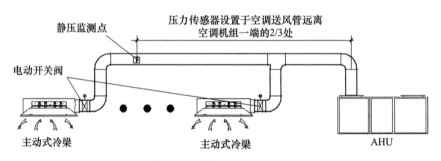

图 8　一次风电动开关阀设置示意

除系统的开关控制外，主动式冷梁本身为一种温湿度独立控制系统，其防结露控制也是需要重点关注的问题，该项目主动式冷梁配有露点探测器，其位于冷梁供水管附近，平时运行时，当露点探测器检测到供水管附近的空气相对湿度达到 90% 时，其会联动关闭冷梁回水管上的电动两通阀，停止冷水系统的运行，避免盘管结露。主动式冷梁系统开启及关闭时，为了防止结露现象的发生同样需要采取一定的措施，当系统刚开启时，需要先将室内的相对湿度降低，故需先打开一次风系统，待风系统将室内相对湿度降低到 90% 以下时再开启水阀，接通中温冷水。相关文献表明[3]，一次风系统独立运行 1h 后可开启中温冷水系统，在此过程中，一次风系统运行时间过长，会增加系统的能耗，故在实际操作过程中，运维人员可根据露点开关检测到的相对湿度进行中温冷水系统是否可以开启的判断。理论上，当露点开关检测到的相对湿度低于 90% 时，即可开启中温冷水系统。当系统关闭时，其操作顺序与系统开启时相反，需要先关闭水阀，停用中温冷水系统后，再关闭风阀，停用一次风系统。

（4）设计、运行过程中应注意的问题

1）由于主动式冷梁的冷水盘管只处理室内的显热负荷，正常运行情况下无冷凝水产生，一般也不配备冷凝水排放系统，故为了避免其有结露的情况发生，确定其冷水供水温度时需先确认室内的露点温度，冷梁的冷水供水温度宜比室内露点温度高 1~2℃，湿负荷较大的场所，建议按高于室内露点温度 2℃ 选取冷水供水温度。

2）计算除湿所需一次风量时，需要注意风量除了满足除湿要求外，还应满足人员对于新风量的要求，原则上最好以人员所需新风量作为一次风风量，该项目由于室内湿负荷较大，仅靠新风量来除湿不能满足除湿量的要求，若直接加大新风量会增加系统能耗，故采取了一部分回风作为一次风风量的补充，减少系统能耗的同时，满足除湿要求。

3）由于主动式冷梁末端无风机，其全部动力均来自于风系统的静压，末端为了能正常将处理后的空气送至房间内，需要考虑留有一定余压，末端所需的余压值与设备型号及喷嘴型号有关，需根据末端的实际要求进行选取。

4）由于主动式冷梁的一次风量及供冷量有限，小于传统的风机盘管或 VAV 变风量系统，故对于负荷较大的外区房间或区域，往往由于房间面积限制或综合天花效果的限制，冷梁的布置数量有限，无法全部靠冷梁来满足房间的负荷要求，该项目靠外区的人员密度较大的会议室存在这种现象，在此种情况下，需考虑额外设置风机盘管或送风口与主动式冷梁搭配使用来满足外区房间的负荷要求。

5）由于主动式冷梁的外观不同于传统百叶风口或其他可配合装饰要求的风口，故其对于装修的配合要求较高。该项目前期未考虑装饰问题，导致后期配合工作展开后，为了满足装饰的综合天花效果，进行了大量的调整设计工作，故建议主动式冷梁的布置提前考虑综合天花造型的要求。

6）主动式冷梁系统的一次风系统及中温冷水系统的开启及关闭顺序需重点关注，对于类似于该项目的办公类建筑，由于夜间空调系统一般不开启，室内的相对湿度会增大，早上空调系统投入使用前，为了避免过高的室内相对湿度使主动式冷梁结露，系统刚开启时，需先运行一次风系统对室内进行除湿处理，待室内的相对湿度维持在正常的情况下，再开启中温冷水系统。夜间系统停止运行时，其关闭顺序与开启顺序相反。除以上的运行策略要求外，采用主动式冷梁系统的房间，当系统运行时还应避免人为开窗或开启外门的行为，避免高湿度室外空气的侵入。

7）主动式冷梁的中温冷源建议直接采用中温冷水机组，中温冷水机组的能效更高，有利于提高系统的能源利用效率，在系统源头处实现节能的目标，该项目冷源采用了高效机房的设计方案，选用的中温机组对于高效机房的整体能效的提升也有积极的作用。

3 结语

主动式冷梁的主要应用难点在于其运行时存在结露风险，这就对其系统的控制、调节要求较高，在应用过程中需要注意防结露措施，系统的启停需要严格遵循设计的运行策略来执行，除了以上技术难点外，对于有精装需求的项目，由于主动式冷梁的构造不同于传统末端，前期就需要装修专业介入配合，才能达到预计的装修效果。主动式冷梁本身是一种绿色、健康的空调末端系统，可以降低吹风感，并减少室内霉菌滋生，由于其可利用中温冷源，故其也具有一定的节能意义。

参考文献

[1] 柳仲宝，李嵘. 主动式冷梁在绿色建筑中的设计与应用 [J]. 暖通空调，2015，45（1）：19-23.

[2] 宋应乾，龙惟定，吴玉涛. 冷梁技术在办公建筑中的应用与设计 [J]. 暖通空调，2010，40（11）：52-56.

[3] 徐理民. 主动式冷梁空调系统在某工程中的应用 [J]. 制冷与空调，2012，12（6）：93-96.

[4] 刘晓华，江亿，张涛. 温湿度独立控制空调系统 [M]. 2 版. 北京：中国建筑工业出版社，2013.

[5] 刘志强. 冷梁系统在某办公建筑中的实际应用及方案设计探讨 [J]. 建设科技，2017（5）：63-65.

某既有建筑空调冷热源典型方案论证

原军伟☆　张伟东　张积太

（烟台市建筑设计研究股份有限公司）

摘　要　基于价值工程理论，通过某实际工程，详细阐述了冷热联供系统、空气源热泵系统、冷水机组＋集中供热系统的成本、功能指标，量化了各方案技术经济综合特性的优劣，供冷热源方案选择时参考。

关键词　空调系统　价值工程　冷热源　方案论证

0　引言

空调冷热源方案的选择过程是一个典型的多属性决策问题，当能源政策和能源价格发生变化时，冷热源方案的适用性也会发生变化。烟台某政府办公楼 2011 年 11 月投入使用，总建筑面积 6.9 万 m²，空调面积约 4.7 万 m²。项目所在地在当地热电厂区域冷热联供范围内，最初设计时，采用了区域冷热联供系统。近年来，热力公司集中供冷价格上调，供冷时间由仅白天供冷变为 24h 供冷，一个供冷季增加了近 61 万元的运行费用，虽然供冷时间也增加了，但是对本办公建筑来说并没有实际意义。加之办公楼空调系统末端效果变差，业主便有了更改冷热源的想法。

本文以该既有办公建筑空调冷热源为研究对象，采用价值工程的方法，进一步量化分析各种因素对冷热源方案的影响，通过 3 个方案的比较，进一步说明原方案的优越性及供冷价格变化后系统的适用性。

1　概况

该工程空调面积约 47157m²，夏季空调设计冷负荷 3778kW，空调面积冷指标 80.1W/m²；冬季设计热负荷 3598kW，空调面积热指标 76.3W/m²。主楼地上部分主要功能办公。辅楼地上部分主要功能有办公用房、办事大厅、餐厅、厨房、大会议室报告厅等。地下部分主要功能有车库、审讯室、射击场及设备用房。

价值工程是以最低的寿命周期成本，可靠地实现所研究对象的必要功能，从而提高对象价值的一套科学的技术经济分析方法[1]。其既不片面强调功能的完善，也不过分突出成本的降低，而是立足于功能和成本的关系，把功能和成本有机地统一起来，视为不可分割的整体加以研究，追求功能和成本的双佳和匹配[2]。对空调冷热源方案而言，即

☆　原军伟，男，1985 年生，高级工程师
264003　烟台市莱山区百伟国际大厦
E-mail：249662575@qq.com

对各方案进行功能价值（F）、成本价值（C）分析，求得不同方案的价值指数 $V=F/C$，最大者则为最优方案。采用这一方法，能够对空调冷热源方案进行客观、全面、直观的综合评价，以辅助设计人员及业主的决策。

2 冷热源方案

拟进行比较分析的冷热源方案见表 1。

表 1 冷热源方案

方案	方案 1	方案 2	方案 3
夏季	市政集中供冷	空气源热泵供冷	冷水机组供冷
冬季	市政集中供热	空气源热泵供热	市政集中供热

3 种方案动力站内主要设备参数见表 2～4。

表 2 方案 1 主要设备参数和价格

	主要技术参数	数量/台	单价/(万元/台)	总价/万元	备注
板式换热器	换热量 1400kW，一次水供回水温度 5℃/11℃，二次水供回水温度 7℃/12℃	4	3	12	夏季用
冷水循环泵	$L=252m^3/h$，$H=31.5m$，$P=37kW$	3	2.5	7.5	两用一备
板式换热器	换热量 1320kW，一次水供回水温度 130℃/70℃，二次水供回水温度 60℃/50℃	3	0.8	2.4	冬季用
热水循环泵	$L=160m^3/h$，$H=32m$，$P=22kW$	3	1.8	5.4	两用一备

表 3 方案 2 主要设备参数和价格

	主要技术参数	数量/台	单价/(万元/台)	总价/万元	备注
模块式超低温热泵机组	$Q_冷=130kW$，$Q_热=142kW$，$P_冷=38.4kW$，$P_热=40.2kW$	30	12	360	
冷热水循环泵	$L=390m^3/h$，$H=35m$，$P=45kW$	3	3.5	10.5	两用一备

表 4 方案 3 主要设备参数和价格

	主要技术参数	数量/台	单价/(万元/台)	总价/万元	备注
离心式冷水机组	$Q_冷=1934kW$，$P_冷=350kW$（变频）	2	98	196	$COP=5.2$
冷水循环泵	$L=340m^3/h$，$H=36m$，$P=45kW$（变频）	3	2.8	8.4	两用一备
冷却水循环泵	$L=429m^3/h$，$H=28.8m$，$P=45kW$	3	2.7	8.1	两用一备
横流式冷却塔	$L=525m^3/h$，$P=22.5kW$	2	18	36	
热水循环泵	$L=160m^3/h$，$H=32m$，$P=22kW$	3	1.8	5.4	两用一备
板式换热器	换热量 1320kW 一次水供回水温度 130℃/70℃，二次水供回水温度 60℃/50℃	3	0.8	2.4	冬季用

3 成本价值分析

3.1 各方案的初投资费 P_i

各方案的初投资费 P_i 按冷热源设备费、变配电设备费和管网配套安装费之和计算，如表 5 所示，变配电设备初投资计算，取单价 800 元/(kVA)[3]，方案 1 的管网配套费为业主交给热力公司的费用，方案 2、3 的安装费按设备费的 30% 计。

表 5　各方案初投资费用　　　　　　　　　　　（万元）

	主要冷热源设备费	变配电设备费	管网配套（安装）费	合计
方案 1	27.3	6	480	513.3
方案 2	370.5	100	145	615.5
方案 3	256.3	80	101	437.3

3.2 各方案的年度固定费 A_i

固定费包括设备折旧费、占有空间费、利息和税金等。将各方案的初投资 P_i 按下式折算成等额的年度固定费 A_i[4]，计算结果见表 6。

$$A_i = \sum P_i \cdot \frac{i(1+i)^n}{(1+i)^n - 1} \tag{1}$$

式中　i 为基准收益率，本文按 8% 计；n 为设备折旧年限（使用寿命）。

方案 2 的空气源热泵使用寿命按 15a 计，方案 3 的离心式冷水机组使用寿命按 25 年计，方案 1 的主要冷热源设备不需要业主负责，为便于计算，按建筑的使用年限 50a 考虑。

各冷热源方案的寿命周期成本价值指数汇总如表 6 所示。

表 6　成本价值指数

	设备寿命/a	初投资费/万元	年度初投资费/（万元/a）	年度固定费/（万元/a）	年度运行费/（万元/a）	寿命周期年度成本/（万元/a）	寿命周期年度成本之和/（万元/a）	寿命周期成本评价指数
方案 1	50	513.3	10.3	42	255.5	307.8		0.314
方案 2	15	615.5	41	71.9	275.7	388.6	979.2	0.397
方案 3	25	437.3	17.5	41	224.3	282.8		0.289

3.3 各方案的年度运行费 R_i

各方案设备的年度运行费按年电耗费（供暖费、供冷费）和年人工维修费之和计算。年人工维修费取初投资费中设备费的 2% 计。

年电耗费计算条件：夏季供冷期为 6 月 21 日至 9 月 15 日共计 87d；冬季供热期为

11 月 15 日至 3 月 31 日共计 136d；夏季、冬季均按 10h 计算（08：00—18：00）；电价高峰时段为 9：00—11：00，15：00—22：00；低谷时段为 00：00—7：00，12：00—14：00；其余时段为平段；高峰时段电价 1.04 元/(kW·h)，平时电价 0.7 元/(kW·h)，低谷电价 0.36 元/(kW·h)。各方案冷热源年运行费计算结果见表 7。

表 7　各方案冷热源年运行费　　　　　　　　　　　　　　　（万元）

	市政采暖费	市政供冷费	夏季电费	冬季电费	人工维修费	总费用
方案 1	110	135	5.2	4.8	0.5	255.5
方案 2	0	0	86.7	141.4	7.4	275.5
方案 3	110	0	64.5	4.8	5	224.3

4　功能价值分析

对冷热源方案的功能价值分析时，其功能大致可归纳为以下几点[3]：①安全性、可靠性（即安全、可靠地提供满足工程要求的冷量、热量）；②机房面积省（即设备所占面积节省）；③运行费用低；④使用寿命长；⑤便于维护管理；⑥环保效果好。但各指标的重要程度又不尽相同，可根据业主的需求及项目的特点来确定其重要性。用功能评价系数来表达各项功能在整体功能中所占的比率。

本文对功能评价系数的确定采用四分制评分法：两功能相比较时，较重要的功能因素得 3 分，另一方得 1 分；同样重要或基本同样重要时，则两个功能因素各得 2 分，自身对比不得分。计算结果如表 8 所示。

表 8　功能重要度系数

功能	安全性	机房面积省	使用寿命长	维护管理方便	环保效果好	累计得分	功能重要度系数
安全性	—	3	3	3	3	12	0.30
机房占地面积省	1	—	3	3	3	10	0.25
使用寿命长	1	1	—	3	3	8	0.20
维护管理方便	1	1	1	—	3	6	0.15
环保效果好	1	1	1	1	—	4	0.10
总计	—	—	—	—	—	40	1.00

各功能评分采用 10 分制，某方案该项功能最佳得分 10 分，另一方案对比该方案打分。计算结果如表 9 所示。

表 9　功能评分及功能评价指数

	功能评价系数	量化指标	方案 1			方案 2			方案 3		
			指标	评分	得分	指标	评分	得分	指标	评分	得分
使用安全可靠	0.30	可靠	可靠	10	3	可靠	10	3	可靠	10	3

	功能评价系数	量化指标	方案1			方案2			方案3		
			指标	评分	得分	指标	评分	得分	指标	评分	得分
机房及室外设备占地面积省	0.25	面积	200m²	10	2.5	650m²	3.08	0.77	700m²	2.86	0.715
使用寿命长	0.20	设备折旧年限	50a	10	2	15a	3	0.6	25a	5	1
便于维护管理	0.15	年人工维修费	0.5万元	10	1.5	7.4万元	0.676	0.1	5万元	1	0.15
环保效果好	0.10	碳排放量	117t/a	10	1	2678t/a	0.437	0.0437	814t/a	1.437	0.1437
累计得分			10			4.5			5		
功能评价指数			0.5128			0.2308			0.2564		

5 价值评价指数及方案评价

各方案价值指数计算结果如表10所示。

表10 价值评价指数

	成本评价指数 C_i	功能评价指数 F_i	价值评价指数 V_i
方案1	0.314	0.5128	1.63
方案2	0.397	0.2308	0.58
方案3	0.289	0.2564	0.89

综合以上各表，可得出以下结果：

1）初投资方面：方案3＜方案1＜方案2。

2）年运行费方面：方案3＜方案1＜方案2；但在供冷费调整前，方案1＜方案3＜方案2。

3）折合一次能耗及对环境影响方面：方案1＜方案3＜方案2。

4）在运维、使用寿命、机房占地等方面：方案1＜方案3＜方案2。

5）由各方案价值评价系数可以看出空调冷热源方案综合评价排名为 $V_1 > V_3 > V_2$，方案1为最优方案。方案1由于使用城市管网供冷供热，需要交纳高额的入网配套费，使得其初投资较高，从而在经济性上并没有优势（体现为成本系数较高），但方案1在其功能价值上优势明显：方案1将冷热源主要设备"交给"了热力公司，用户侧只有换热器与水泵，大大简化了系统的运维管理。虽然供冷费变化后年运行费高于方案3，但是其综合功能评价指数远高于另外2个方案。

6　结论及讨论

1）方案 1 初投资略高，但其年运行费用在系统运行初期最低，而且其他各项指标均较好，经济可靠，是最适合该办公建筑的空调冷热源方案，也是当时业主和设计人员最终的选择。

2）通过价值工程评价，量化了各方案技术经济综合特性的优劣，能够给业主更直观的建议，更加客观、实用，一定程度上避免了主观性和盲目性。尽管能源政策和能源价格发生了变化，但是对于该建筑空调冷热源来说，冷热联供的方案仍是目前最佳的选择。

3）城市热网入网费和供暖、供冷费对方案 1 的初投资和年运行费影响很大，集中供冷收费暂时并没有具体规定的政府层面的标准，而是业主与热力公司以合同方式约定按面积收费，由于本办公建筑夜间不用冷，因此建议业主与热力公司协商，可采用挂表计量，按冷量收费的方式。

4）对于业主提出的空调末端效果下降的问题，无论采用什么空调动力系统，系统运行 10 多年，如果室内末端不能做好定期清理和维护，都会影响空调的使用效果。建议每年运行前聘请专业空调公司进行系统的清理维护。

参考文献

[1] 刘晓君 . 工程经济学［M］. 2 版 . 北京：中国建筑工业出版社，2008.

[2] 郭献芳，李奇会，潘智峰，等 . 工程经济学［M］. 北京：中国电力出版社，2004：142-159.

[3] 雷红兵 . 空调冷热源方案价值分析［J］. 暖通空调，1999（5）：2-4.

[4] 涂光备，高林，涂岱昕，等 . 商业中心空调工程冷热源方案的分析［J］. 煤气与热力，2001（4）：354-358.

• 通风、防排烟、净化技术 •

民用建筑中风管阀门的应用分析

张钰巧☆ 冯　旭　夏　天　刘　钊　唐靖斌　革　非
（中国建筑西南设计研究院有限公司）

摘　要　在暖通设计过程中，根据系统需求，不同的系统要安装不同类型的阀门。本文采用系统分类的方法对阀门在民用建筑风系统中的具体应用情况及选用理由进行了总结分析。基于实际工程设计，对通风防排烟系统中的常规通风系统、防排烟系统、事故通风系统、事后排风系统和厨房排油烟系统，以及空调系统中的全空气系统和新风系统中的阀门应用进行归纳总结，得到阀门选用的规律，可供暖风管阀门选型时参考。

关键词　阀门　通风系统　防排烟系统　空调系统　民用建筑

0　引言

随着我国经济的发展，建筑行业也飞速发展，用到的阀门种类不断增多[1]，尤其在暖通空调系统中，风管阀门种类繁多。虽然工具书和规范中给出了阀门的功能及适用场景[2]，但由于不同阀门功能重叠较多，因此在设计过程中，具体选用何种阀门，暖通设计者需要慎重考虑。

相关学者对于民用建筑中风管阀门的应用开展了研究。梁挺对风阀在通风空调系统中的应用进行了探讨，介绍了通风空调系统中常用的四类风阀（包括手动调节阀、电动调节阀、防烟防火阀和排烟防火阀）的设置要求，并详细阐述了风阀在工程应用中存在的问题以及解决方法，同时总结出风阀在检测、安装、操作及维修方面应注意的问题[3]。丁欣对高层建筑中防火阀与排烟防火阀设计安装的必要性和常见问题进行分析总结，并提出解决防火阀与排烟防火阀设计安装问题的对策[4]。刘海林对建筑防火设计中机械排烟补风系统防火阀的设置进行了总结归纳，并提出机械排烟补风管道穿越防火分区和其他火灾危险性较大房间处，应设 70℃ 防火阀；补风风机出口处，应加设 70℃ 防火阀，设在机房隔墙附近[5]。丁利军介绍了地下车库通风系统、需设气体灭火装置房间的通风系统、加压送风及走廊排烟系统、空调系统中防火阀的选定[6]。茹海龙介绍了地下车库通风系统、加压送风及走廊排烟系统、空调系统中防火阀的选定[7]。

☆　张钰巧，女，1991 年 3 月生，硕士研究生，工程师
　　610041　中国建筑西南设计研究院有限公司
　　E-mail：tdxiajunbao@163.com

本文结合实际工程设计中阀门的使用情况，利用基于系统分类的方法对阀门在民用建筑各风系统中的具体应用情况及选用理由进行总结分析。

1 系统介绍

本文涉及的风系统包括通风防排烟系统和空调系统。

通风防排烟系统一般分为五个子系统，包括常规通风系统、机械防排烟系统、事故通风系统、事后排风系统和厨房排油烟系统。其中常规通风系统设置于有排风要求的功能房间，如内区房间，需要通风的设备用房等。机械防排烟系统是防烟系统和排烟系统的总称，包括机械加压送风系统、机械排烟系统、排风兼排烟系统、补风系统、补风兼送风系统。事故通风系统设置于可能突然放散大量有害气体或有爆炸危险气体的场所，民用建筑中常碰到的就是燃气锅炉房、厨房热加工以及制冷机房。事后排风系统一般用于设置在气体灭火房间，例如变配电室、计算机机房等。厨房排油烟系统则设置于厨房。

空调系统分为全空气系统和新风系统 2 个子系统。

2 通风防排烟系统

2.1 常规通风系统

常规通风系统包括送风系统和排风系统，两种系统中均会用到 70℃防火阀（FD/FVD）、止回阀和调节阀。其中 70℃防火阀（FD/FVD）平时常开，70℃熔断关闭（带风量调节功能）；止回阀用于多台设备共用管道或者竖井，防止空回气流；调节阀用于调节系统风量平衡。

2.2 防排烟系统

防排烟系统包括机械加压送风系统、机械排烟系统、排风兼排烟系统、补风系统、补风兼送风系统。由于防排烟系统的风口较为特殊，因此一并总结梳理。

1）机械加压送风系统

系统中使用的阀门包括 70℃防火阀（FDS）、开关阀（用于旁通的开关阀）、止回阀、泄压阀、常闭式多叶送风口（GPS/BGPS）、防火风口（GFS）、单层百叶风口。其中 70℃防火阀（FDS）与常规通风系统中使用的 FD 防火阀区别是需要在消防控制室显示阀门启闭状态。常闭式多叶送风口（GPS）平时常闭，消防控制室显示阀门启闭状态，具有电信号开启及阀体手动开启功能，而 BGPS 风口多了远程手动开启功能。防火风口（GFS）平时常开，消防控制室显示阀门启闭状态，70℃熔断关闭。

防火风口是针对地下楼梯只需设置一个加压送风口时，将百叶风口与防火阀合并的加压送风口，如果有空间，可以将百叶风口与防火阀分开设置。而地上部分则采用单层百叶风口。有学者认为自垂式百叶风口不是常开风口，因此楼梯间采用单层百叶风口。

具体应用场景如图 1, 2 所示。图 1 为合用前室的加压送风系统部分截图，包括了 FDS 防火阀和 BGPS 常闭式多叶送风口，图 2 为加压送风机房的剖面截图，包括了 FDS 防火阀和用于旁通掉多余风量的开关阀，还有多个系统共用竖井时需要用到的止回阀。

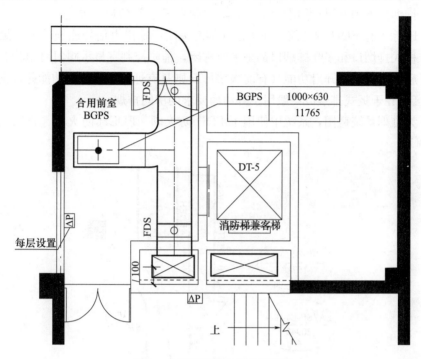

图 1　合用前室的加压送风系统

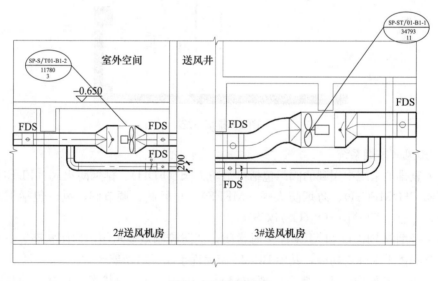

图 2　加压送风机房

2）排烟系统

排烟系统的控制原理如下：当发生火灾时开启排烟风机、补风风机，开启着火区的排烟口和补风口进行排烟和补风。当烟气温度达到 280℃时，FDEH 排烟防火阀熔断关闭，连锁关闭排烟风机及补风风机。

排烟系统需要用到的阀门包括排烟防火阀（FDH）、排烟防火阀（FDEH）、止回阀，风口包括板式排烟口（PS/BPS）、多叶排烟口（GS/BGS）。

其中排烟防火阀 FDH 平时常开，消防控制室显示阀门启闭状态，280℃时熔断关闭；FDEH 除了有 FDH 的功能，还可以在熔断关闭后输出电信号连锁关闭排烟风机和补风机。板式排烟口和多叶排烟口都是平时常闭，消防控制室显示阀门启闭状态，具有电信号开启及阀体手动开启功能（有前缀字母 B 则具有远程手动开启功能并带钢绳及控制盒）。区别在于板式排烟口一般用于有洁净要求的房间排烟。

图 3 为排烟系统截图，系统中使用了 FDH 防火阀、FDEH 防火阀、止回阀和多叶排烟口 BGS。

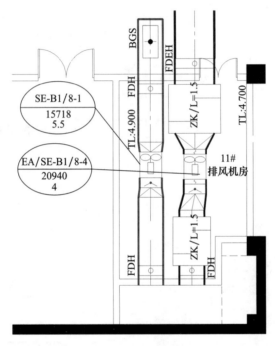

图 3　排烟系统

3）排风兼排烟系统

排风兼排烟系统中用到的阀门包括排烟防火阀（FDH）、排烟防火阀（FDEH）、排烟阀（BECH/MECH）、防烟防火阀（MEES）、止回阀、调节阀，风口包括板式排烟口（PS/BPS）、多叶排烟口（GS/BGS）。

其中排烟阀 BECH 和 MECH 平时常闭，消防控制室显示阀门启闭状态，具有电信号开启及阀体手动开启功能，其中 BECH 为远程手动开启功能。

防烟防火阀 MEES 平时常开，消防控制室显示阀门启闭状态，具有电信号关闭及阀体手动关闭功能，70℃熔断关闭。主要用于平时排风用的风口及管路。

图 4 为地下室非机动车库的排风兼排烟系统截图，其中用到了 FDH/FDEH 防火阀、MEES 防火阀，调节阀，BGS 多叶排烟口。该系统采用的是双速风机，平时低速运行排风，火灾时高速运行，同时开启着火防烟分区的 BGS 多叶排烟口，连锁关闭

MEES 防烟防火阀进行排烟。当烟气温度达到 280℃时，FDEH 防火阀熔断关闭，连锁关闭排风机。如果是 1 台排风机、1 台排烟机共用 1 套风管系统，则平时通风运行排风机，火灾时开启排烟风机并关闭排风机。

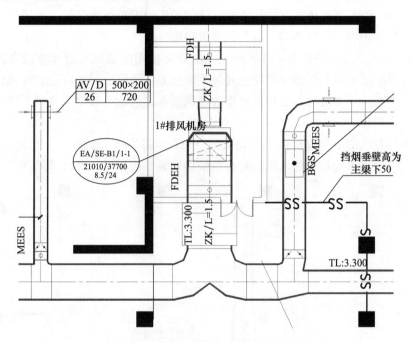

图 4   地下室非机动车库的排风兼排烟系统

4）补风系统和送风兼补风系统

补风系统和送风系统中的阀门包括 70℃防火阀（FDS）、止回阀、调节阀。

图 5 为车库的送风兼补风系统截图，系统中使用了防火阀 FDS 和止回阀，止回阀设置于风机出口处。

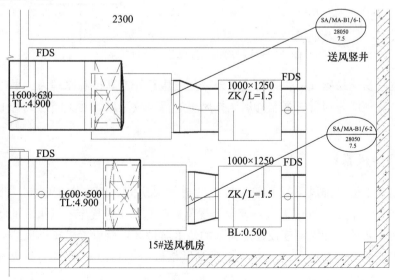

图 5   车库送风兼补风系统

2.3　事故通风系统

《民用建筑供暖通风与空气调节设计规范》（以下简称《民规》）第 6.3.9-1 条规定：可能突然放散大量有害气体或有爆炸危险气体的场所应设置事故通风。民用建筑中常碰到的就是燃气锅炉房、厨房热加工以及制冷机房等。

《民规》第 6.3.9-4 条规定：事故排风宜由经常使用的通风系统和事故通风系统共同保证，当事故通风量大于经常使用的通风系统所要求的风量时，宜设置双风机或变频调速风机；但在发生事故时，必须保证事故通风要求。因此一般事故通风系统会与普通送排风系统合用。

事故通风系统中的阀门包括 70℃防火阀（FD）、调节阀、止回阀。具体应用场景如图 6 所示，图中表示的是对热水机房进行机械排风兼事故排风。事故排风在燃气泄漏时

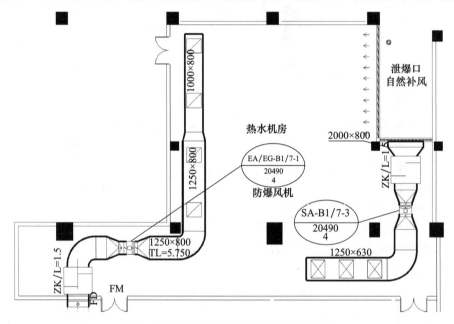

图 6　热水机房机械排风兼事故排风系统

使用，将危险易燃易爆气体快速排出室外以免发生意外。其控制原理为：平时通风，火灾时关闭。燃气泄漏报警时强制开启送排风机进行事故通风，并关闭燃气管上的自动切断阀。

2.4　事后排风系统

民用建筑中事后排风系统一般设置于气体灭火房间，例如变配电室、计算机机房等。GB 50370—2005《气体灭火系统设计规范》第 6.0.4 条规定：灭火后的防护区应通风换气，地下防护区和无窗或设固定窗扇的地上防护区，应设置机械排风装置，排风口宜设在防护区的下部并应直通室外。事后排风系统中的阀门包括 70℃防火阀（FDS）、防烟防火阀（MEES）、调节阀、止回阀。低压配电房的排风兼事后排风系统的控制原理为平时通风，火灾时关闭。气体灭火时关闭防烟防火阀（MEES），气体灭火结束后

手动开启 MEES 阀门进行事后排风。设在地下的变配电室送风气流宜从高低压配电区流向变压器区再排至室外。

2.5 厨房排油烟系统

厨房排油烟系统需要使用的阀门有 150℃防火阀、止回阀、调节阀。其中 150℃防火阀是专用于此系统的防火阀，平时常开，150℃熔断关闭，带风量调节功能。图 7 为厨房热厨区的排油烟系统，在穿越楼板时使用了 150℃防火阀（即图 7 中的 FDM 防火阀）。

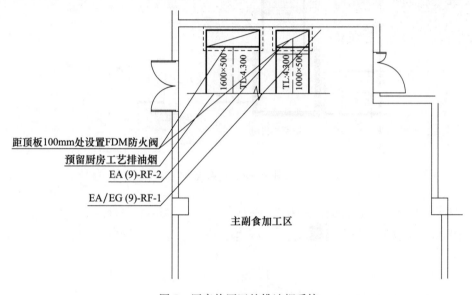

图 7　厨房热厨区的排油烟系统

3 空调系统中阀门的应用

3.1 全空气系统

全空气系统包括送风管路、回风管路、新风管路。其中送风管路中的阀门包括 70℃防火阀（FD）和调节阀，回风管路包括 70℃防火阀（FD）和电动调节阀，新风管路包括 70℃防火阀（FD）、止回阀、电动密闭阀和电动调节阀。

新回风管路的电动调节阀是用于调节新回风比例，新风管路还多了止回阀和电动密闭阀。需要说明的是，全空气系统之所以在新风管路加止回阀而不是在送风管路处加止回阀，是因为如果止回阀加在送风管路上时，当共用竖井的其他风机开启送风时，就可能出现从回风口抽取该房间的空气，因此应该将止回阀加在新风管路上。图 8 为空调系统中的全空气系统。

3.2 新风系统

新风系统使用的阀门包括 70℃防火阀、止回阀和电动密闭阀，具体应用场景如图 9 所示。

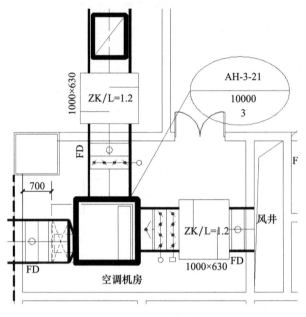

图 8　全空气系统

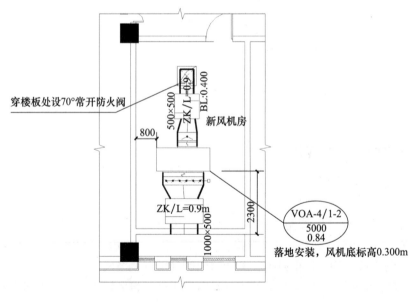

图 9　新风系统

4　风系统阀门应用总结

为了便于对比和方便查阅，本文将暖通设计中风系统用到的阀门及部分风口汇总，见表 1。

通过对各系统中阀门的梳理，得到了选用阀门的 3 个经验：①先看相关规范的强条，该加的防火阀一定不能漏；②看功能，什么类型的系统对应选择相应的阀门，比如事后排风系统就一定会有防烟防火阀，全空气系统新风管会有电动密闭阀等；③看有无共用风井，如果有就应加止回阀。

表 1 暖通设计中风系统阀门及部分风口汇总

系统	消防类阀门	根据情况选择的阀门	防排烟系统的风口	备注
常规通风系统	FD 防火阀	调节阀、止回阀		
加压送风系统	FDS 防火阀	止回阀	常闭式多叶送风口（GPS）、常闭式多叶送风口（BGPS）、防火风口（GFS）、单层百叶风口	开关阀、泄压阀为系统专用阀门
排烟系统	排烟防火阀（FDH）、排烟防火阀（FDEH）	止回阀	板式排烟口（PS/BPS）、多叶排烟口（GS/BGS）	
排风兼排烟系统	排烟防火阀（FDH）、排烟防火阀（FDEH）、排烟阀（BECH）、排烟阀（MECH）、防烟防火阀（MEES）	调节阀、止回阀	板式排烟口（PS/BPS）、多叶排烟口（GS/BGS）	
补风系统	FDS 防火阀	调节阀、止回阀	单层百叶风口	
补风兼送风系统	FDS 防火阀	调节阀、止回阀	单层百叶风口	
事故通风系统	FD 防火阀	调节阀、止回阀		风机防爆
事后排风系统	FDS 防火阀、防烟防火阀（MEES）	调节阀、止回阀		排风口设于防护区下部
厨房排油烟系统	150℃ 防火阀（FDM/FVDM）	调节阀、止回阀		
空调系统（全空气系统/新风系统）	FD 防火阀	止回阀		电动密闭阀、电动调节阀、调节阀为系统专用阀门

5 结论

1）总结归纳了通风防排烟系统和空调系统中阀门及部分风口的应用。其中通风防排烟系统包括常规通风系统、防排烟系统、事故通风系统、事后排风系统和厨房排油烟系统，空调系统包括全空气系统和新风系统。

2）得到了选用阀门的三条经验，可以作为暖通设计者的参考。①先看强条，该加的防火阀一定不能漏；②看功能，什么类型的系统对应搭载有相应的阀门，比如事后排风系统就一定会有防烟防火阀，全空气系统新风管会有电动密闭阀等；③看有无共用风井，如果有就应加止回阀。

参考文献

［1］贾子东. 民用建筑常见阀门选型与应用［J］. 建筑工程技术与设计，2015（9）.

［2］中国建筑标准设计研究院. 管道阀门选用与安装［M］. 北京：中国计划出版社，2009.

［3］梁挺. 风阀在通风空调系统中的应用探讨［J］. 山西建筑，2012（17）.

［4］丁欣. 高层建筑防火阀与排烟防火阀设计安装中常见问题解析［J］. 工程建设与设计，2016（14）：26-27.

［5］刘海林. 建筑防火设计中机械排烟补风系统防火阀的设置［J］. 山东工业技术，2015（13）：94-95.

［6］丁利军. 高层民用建筑防火阀的选定［J］. 暖通空调，2005，35（6）：77-78.

［7］茹海龙. 高层民用建筑防火阀的选用［J］. 图书情报导刊，2007，17（8）：296.

严寒寒冷地区公共建筑室内 CO_2 浓度与新风能耗分析 *

周慧鑫☆　侯鸿章

（中国建筑东北设计研究院有限公司）

摘　要　不同类型建筑由于人员密度及活动规律不同，室内所要求的 CO_2 浓度标准、新风量标准均有所不同，仅靠增加新风供给来控制室内 CO_2 浓度会造成冬季通风能耗大的问题。本文计算了不同公共建筑室内 CO_2 浓度变化规律和东北严寒寒冷地区典型城市新风能耗，提出针对不同建筑室内环境 CO_2 浓度改善的相关思考，建议在严寒、寒冷地区，新风应加强气流组织优化增加通风效率，采用置换通风、局部送风等方式提升有效供给。充分利用智能化产品及设备，实现动态监测及控制。选用高效的设备，充分发挥通风及空气处理设备性能，提高通风效率、降低通风能耗。

关键词　公共建筑　CO_2 浓度　密闭空间　空气品质　严寒地区　新风能耗

0　引言

在建筑室内环境中，人体通过呼吸将 O_2 转化为 CO_2 排到室内，是室内的主要污染源之一。CO_2 浓度对人体的影响显著，基于病理学和流行病学的研究表明，室内 CO_2 体积分数在 700×10^{-6} 时，人体感觉良好；达到 1000×10^{-6}，个别敏感者有不舒适感，人们长期居住在这样的室内就会感到难受、精神不振；1500×10^{-6} 时，人体有明显不舒适感；2000×10^{-6} 及以上时，室内卫生状况明显恶化。当室内 CO_2 体积分数达到更高（$>5000 \times 10^{-6}$）后，在密闭环境中会造成严重缺氧等更加严重的健康风险[1]。另一方面，在这些定量指标的确定上，各国及不同机构基于 CO_2 对健康影响的合理浓度限值的标准还存在较大差异，这种差异取决于 CO_2 对于人员活动、环境场所、接触时间及个体敏感性等因素的不同[2-6]，但其作为表征室内空气品质的作用是一致的。因此在目前室内空气品质评价和新风量指标选取上，CO_2 浓度是主要的参考指标之一。

针对室内 CO_2 浓度控制，GB/T 17094—1997《室内空气中二氧化碳卫生标准》规定：室内空气中二氧化碳卫生标准值 $\leqslant 0.10\%$（$2000mg/m^3$），作为统一的标准值。WHO（国际卫生组织）及 ASHRAE[9] 规定的可接受浓度为 $1800mg/m^3$（916.4×10^{-6}）。我国相关

☆　周慧鑫，男，1986 年生，工学硕士，高级工程师
　　110000　中国建筑东北设计研究院有限公司
　　E-mail：zhouhxhvac@foxmail.com
*　中建东北院科技研发课题"严寒地区高大空间室内非均匀热环境数字化流体仿真技术应用研究"（编号：DBY-2022-03）

场所规范中也规定了不同类型建筑的浓度指标限值，如：GB/T 18883—2022《室内空气质量标准》针对居住建筑及办公建筑日平均标准值为 0.10%，GB 50099—2011《中小学校设计规范》中规定中小学校建筑 CO_2 体积分数不超过 0.15%，JGJ 57—2016《剧场建筑设计规范》规定了剧场室内稳定状态下 CO_2 允许体积分数应小于 0.25%。从以上规范要求来看，在学校、剧场等高密人群密闭场所时，由于人员密度的增大，CO_2 允许体积分数限值也相应提高。多数公共建筑及居住建筑规定指标为 0.10%。

不同类型建筑由于人员密度及活动规律不同，室内所要求的 CO_2 浓度标准、新风量标准均有所不同。我国规范对不同场合的人员密度下的人均新风量或新风换气次数有相应要求[7-12]。在 GB 50736—2012《民用建筑供暖通风与空气调节设计规范》规定：办公室最小新风量 30m³/(h·人)，高密人群建筑如剧院音乐厅最小新风量为 11m³/(h·人)；GB 50099—2011《中小学设计规范》规定学校教室最小新风量为 19m³/(h·人)。在严寒、寒冷地区冬季气候条件下，新风供给量增加会造成冬季通风能耗大的问题。因此，有必要选取办公、学校、剧场几种典型建筑类型，针对新风量对 CO_2 浓度影响进行研究，提出不同类型建筑室内环境 CO_2 浓度控制策略。

1 室内新风量与 CO_2 质量浓度计算

根据通风稀释方程[13]，计算室内新风量与 CO_2 质量浓度变化关系：

$$GC_0 d\tau + Md\tau - GCd\tau = VdC \tag{1}$$

$$n = 3600G/V \tag{2}$$

式（1）、（2）中 G 为全面通风量，m³/s；C_0 为室外新风 CO_2 的质量浓度，g/m³；C 为在某一时刻室内空气中的 CO_2 质量浓度，g/m³；M 为室内 CO_2 散发量，g/s；V 为房间容积，m³；$d\tau$ 为某一段无限小的时间间隔，s；dC 为在 $d\tau$ 时间内房间内 CO_2 质量浓度的增量，g/m³；n 为换气次数，h⁻¹。

通风稀释方程体现了室内污染物与稀释通风量随时间变化的关系，当室内 CO_2 散发量处于稳定状态时，C_2 设定为室内允许控制浓度，所需的室外稀释通风量按下式计算：

$$C_2 = C_0 + \frac{M}{G} \tag{3}$$

$$G = \frac{M}{C_2 - C_0} \tag{4}$$

式（3）、（4）中 C_0 为室外新风 CO_2 的质量浓度，g/m³；C_2 为室内空气中 CO_2 控制允许质量浓度，g/m³。

按表 1 计算条件计算得到稳态条件下，不同人员新风量下室内 CO_2 浓度变化与氧浓度变化曲线，可知 CO_2 浓度随室内新风量的增加而降低。

表 1 室外 CO_2 浓度计算条件及人体气体交换量

计算条件	CO_2 浓度	呼吸空气量
室内人员	22.6L/h	480.0L/h
室外新风	400×10^{-6}	—

新风量的选取直接影响了室内 CO_2 浓度，对于一般公共建筑，根据规范 GB/T 17094—1997《室内空气中二氧化碳卫生标准》规定 1000×10^{-6} 作为规范标准线、人均新风量 $30m^3/(h\cdot人)$ 的最低标准，计算 CO_2 体积分数为 1203×10^{-6}，将其作为低标准参考线。参照欧洲标准 EN15215 及我国 GB/T 51350—2019《近零能耗建筑技术标准》规定的优等水平作为人员长期停留区域的要求，以 900×10^{-6} 作为高标准线[9]。对于高密人群建筑学校、剧场分别按照规范确定 1500×10^{-6} 和 2500×10^{-6} 作为低标准线。

2 典型建筑新风对 CO_2 浓度影响及能耗计算

2.1 典型建筑新风对 CO_2 浓度影响

本文对中小学建筑、办公建筑、剧场建筑三类典型建筑运行规律，根据式（1）～（4），计算条件见表2，计算每种典型建筑在不同换气次数下 CO_2 浓度变化规律及影响。

表 2 计算参数

	空气含氧量/%	空气二氧化碳体积分数/$\times10^{-6}$	净高/m	房间体积/m^3	人员数量/人	新风量/[$m^3/(h\cdot人)$]	折合换气次数/h^{-1}
办公建筑	21.00	400	2.7	162	10	30	1.85
中小学建筑	21.00	400	4.1	275.52	46	19	3.2
剧场建筑	21.00	400	5.0	6000	900	12	1.8

1）办公建筑。办公建筑办公室按工作日作息时间，人员在室内活动时间9h（08：30—17：30，午休12：00—13：00），室内按10人，$30m^3/(h\cdot人)$ 新风量（折合换气次数为 $1.85h^{-1}$）进行计算，对室内 0.25、0.50、0.75、1.00、$1.25h^{-1}$ 换气进行对比，列于图1中。在人均 $30m^3/(h\cdot人)$ 的新风量指标（$1.85h^{-1}$换气次数）条件下，由于中午休息作息时间的影响，上午和下午分别出现 CO_2峰值为 1153×10^{-6}，夜晚时间不同换气次数下 CO_2 浓度均随新风运行在第二日 8：30 前降低至或趋近于室外浓度。

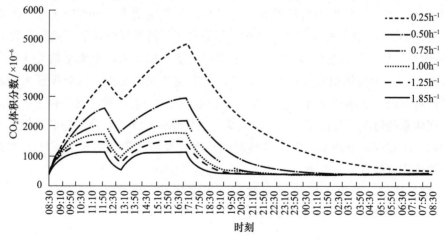

图 1 不同换气次数房间二氧化碳体积分数变化（办公室）

因而对于不同品质和人员数量的办公建筑，特别是近零能耗建筑、绿色建筑等高品质健康建筑，在满足规范要求的前提下，适当增加新风量供应指标，可有效降低室内CO_2浓度，改善室内环境品质。

2）中小学教室。中小学教室按某高中作息进行计算，人员在室内活动时间 13.5h（07：30—21：00），上课室内按 46 人，课间室内按 5 人，19m³/(h·人) 新风量（折合换气次数为 3.2h⁻¹）进行计算，对室内 1、2、3、4、5h⁻¹ 换气次数进行对比，列于图 2 中。在人均 19m³/(h·人) 的新风量指标（3.2h⁻¹ 换气次数）条件下，中学教室具有课间休息及课间活动影响，CO_2 体积分数的累计效应减弱全天呈多个峰值，峰值出现在下午 15：30 下课前后，CO_2 体积分数为 $1574×10^{-6}$，基本满足 GB 50099—2011《中小学校设计规范》中规定中小学校建筑 CO_2 体积分数不超过 0.15％要求。对比室内不同换气次数下 CO_2 体积分数，可知随换气次数的增加室内 CO_2 体积分数峰值及累计速度降低，较低的换气次数室内 CO_2 体积分数增加明显。

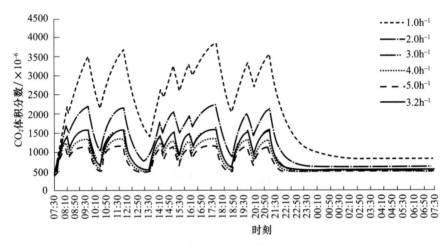

图 2　不同换气次数房间二氧化碳体积分数变化（中小学教室）

考虑到学校教室不设置集中新风的情形，通过对计算模型门窗渗透空气量及实测研究，确定 1h⁻¹ 换气次数作为自然通风工况，对比了规范要求 19m³/(h·人) 的新风量两种情形，如图 3。教室在课间人员减少、依靠自然渗透换气模式下（换气次数 1h⁻¹ 工况），室内 CO_2 体积分数变化区间较大，上课时段增长幅度大，全天平均 CO_2 体积分数为 $2036×10^{-6}$，最高体积分数 $3885×10^{-6}$，高于规范限值要求，因此保证人均新风的主动供给对室内 CO_2 体积分数环境改善十分必要。同时，对两种工况条件下，考虑增加一次课间休息的情况进行计算，增加课间休息次数降低 CO_2 平均体积分数，推迟峰值的出现时间。故在课间增加室内自然换气时间、次数及换气量均对全天 CO_2 平均体积分数、峰值体积分数有一定改善。

3）剧场建筑。剧场工作时间一般为全天多场次，本文以工作时间 13.5h（09：00—22：30），场次间隔 15min，室内按 900 人，12m³/(h·人) 新风量（折合换气次数为 1.8h⁻¹）进行计算，对室内换气次数 0.5、1.0、1.5、2、2.5h⁻¹ 进行对比，结果见图 4。在人均 12m³/(h·人) 的新风量指标（换气次数 1.8h⁻¹）条件下，剧场 CO_2 体积分数的累积在各场次存在峰值，峰值 CO_2 体积分数为 2217×10^{-6}，可满足 JGJ 57—2016《剧场建筑设计规范》中规定稳定状态下 CO_2 体积分数不超过 0.25% 的要求。对比室内不同换气次数下 CO_2 体积分数，可知随换气次数的增加室内 CO_2 体积分数峰值及累计速度降低，较低的换气次数室内 CO_2 体积分数增加明显。

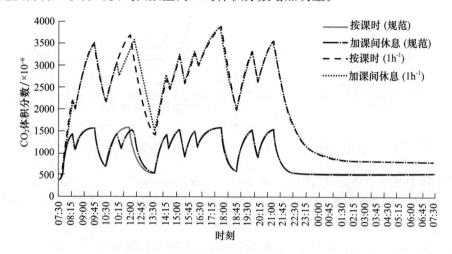

图 3　学校教室课间休息对二氧化碳体积分数变化影响

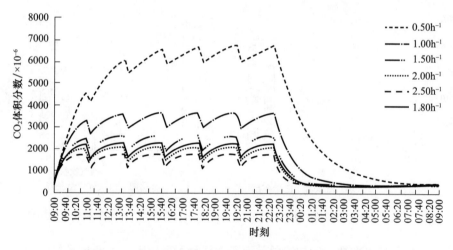

图 4　不同换气次数房间二氧化碳体积分数变化（剧场）

　　剧场由于多为封闭环境，新风供给方式大多为机械通风方式，对清场不同时间间隔进行对比（15、20、30min），结果见图 5。增加剧场每场间清场时间间隔，可有效降低剧场全天或单个场次平均 CO_2 体积分数，在满足平均体积分数控制条件下，适当通过使用时间控制新风量，在满足 CO_2 体积分数标准要求基础上降低新风能耗。

2.2　严寒寒冷地区新风量能耗计算

　　根据以上计算研究及设计实践中发现，提高新风量及换气次数可以有效降低室内 CO_2 浓度，但严寒、寒冷地区的气候特点决定了在增加换气次数条件下为满足室内舒适

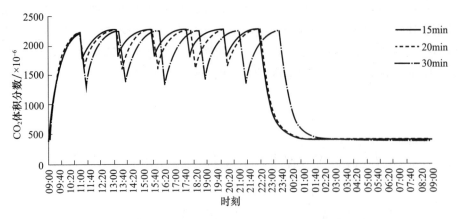

图 5　剧场不同清场时间对二氧化碳体积分数变化影响

性要求，需对新风加热，由此带来新风能耗巨大等问题。

新风加热能耗选取计算模型条件为：室内设计温度 20℃，电价取 0.53 元/(kW·h)，室内净高 2.6m，室内面积 25m²，供暖期平均综合 COP 按 2.3，热回收效率 70% 计算。比较东北地区主要城市（沈阳、大连、长春、哈尔滨）在换气次数 0.25、0.5、1、2h⁻¹ 和对应供暖期条件下，计算其供暖季新风耗热量和供暖季运行费用（图 6，7）。

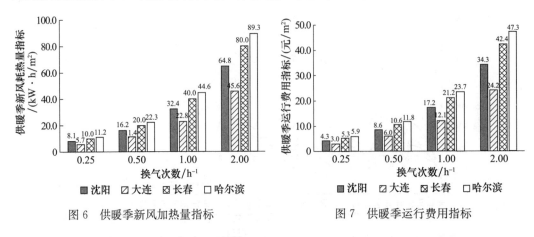

图 6　供暖季新风加热量指标　　　　　　　图 7　供暖季运行费用指标

可以看出随换气次数的增加，单位面积新风量指标增大，由此带来相应的新风能耗增加显著，计算模型条件下以沈阳为例，换气次数 2h⁻¹ 的场所，供暖季运行费用指标达 34.3 元/m²（电价取 0.53 元/(kW·h) 计算），冬季室外计算温度越低的地区，仅靠提高新风量整体供给方式能耗增加越多，特别对于高密人群场所，需结合考虑通过气流组织、运行管理等其他方式达到满意的室内 CO_2 浓度要求和空气品质。

3　结论

1）办公建筑在满足足够新风量基础上，结合自然通风换气及机械通风根据室内 CO_2 浓度制定浓度及使用时间控制方案，提高通风效率降低通风能耗；对于学校教室，尤其需注重加强课间休息时段的自然通风新风换气，保证新风量需求，适当提高新风量供给；针对高密人群密闭场所如剧场建筑，建议利用置换通风及座椅送风方式提高通风效率，保证人员活动区 CO_2 浓度在适宜范围，充分利用该类建筑高大空间容量延缓 CO_2 浓度达到峰值，利用控制间歇、清场时间等管理手段，对该类场所使用时间进行控制，改善室内环境。

2）严寒地区冬季室外计算温度越低地区，单纯提高新风量整体供给方式能耗增加越大，特别对于高密人群场所，需结合考虑通过气流组织、运行管理等其他方式达到满意的室内 CO_2 浓度要求和空气品质。可选用高效的设备，充分发挥通风及空气处理设备性能，提高通风效率、降低通风能耗；采用高效供热系统，提高能源利用率，加强新风防冻措施，保证最冷季的系统运行可靠性；同时根据不同建筑运行规律，选用高性能通风设备，并通过充分利用自然通风或通过管理手段实现平抑 CO_2 浓度峰值。

参考文献

［1］JOKL M V. Evaluation of indoor air quality using the decibel concept based on carbon dioxide and TVOC［J］. Building and Environment，2000，35：677-697.

［2］刘建国，刘洋. 室内空气中 CO_2 的评价作用与评价标准［J］. 环境与健康杂志，2005，22（4）：303-305.

［3］HOLGATE ST. Air pollution and health［M］. Academic Press，1999：854-871.

［4］Communities C O. Guidelines for ventilation requirements in buildings，indoor air quality and its impact on man［J］. European Concerted Action Report，1992，11.

［5］ASHRAE. ANSI/ASHRAE Standard 62.1—2019. Ventilation for Acceptable Indoor Air Quality［S］. Atlanta：ASHRAE，2019..

［6］Environmental Health Directorate. Exposure guidelines for residential indoor air quality.［R］. Ottawa，Canada，1989.

［7］中国建筑科学研究院. 民用建筑供暖通风与空气调节设计规范：GB 50736—2012［S］. 北京：中国建筑工业出版社，2012.

［8］中小学设计规范：GB 50099—2011［S］. 北京：中国建筑工业出版社，2011.

［9］剧场建筑设计规范：JGJ 57—2016［S］. 北京：中国建筑工业出版社，2016.

［10］中国预防医学科学院. 室内空气中二氧化碳卫生标准：GB/T 17094—1997［S］. 北京：中国标准出版社，2012.

［11］室内空气质量标准：GB/T 18883—2022［S］. 北京：中国标准出版社，1997.

［12］近零能耗建筑技术标准：GB/T 51350—2019［S］. 北京：中国建筑工业出版社，2019.

［13］朱颖心. 建筑环境学［M］. 4 版. 北京：中国建筑工业出版社，2016.

深圳市中小学校教室自然通风探讨

骆婉婧☆　苏艳辉　文雪新　梁志伟

（香港华艺设计顾问（深圳）有限公司）

摘　要　中小学校教室内的 CO_2 浓度过高时，会大大降低学生的学习效率并且影响健康。现有深圳市中小学校教室采用分体空调时，大多采用自然通风。本文通过对典型小学教室进行自然通风的模拟，得出普通教室内满足 CO_2 浓度的不超标的自然通风开口要求和自然进风风速要求，为中小学校通风系统的设计提供依据。

关键词　CO_2 浓度　自然通风　机械通风　教室　数值模拟

0　引言

研究表明，当人体内 CO_2 浓度升高时，身体就会发生窒息的预警，出现紧张、焦虑、烦躁。有研究发现，室内 CO_2 浓度超过 945×10^{-6} 时，人们的认知能力就会下降 15%；当室内 CO_2 浓度达到 1400×10^{-6} 时，认知能力会下降 50%，使人出现身体不适，感觉头痛、疲劳、困倦、思维能力下降。教室人员密集，空气流通速度缓慢，CO_2 被呼出后容易集聚，使空气当中的氧气含量下降，CO_2 含量显著提升，而这容易造成大脑缺氧、呼吸困难等问题，影响学生身体健康和学习效率。室外 CO_2 浓度在 400×10^{-6}，人静坐时每小时呼出约 15L CO_2。较高的 CO_2 浓度使学生产生胸闷头晕、注意力分散、嗜睡、记忆力减退等症状。

中小学生由于年龄等因素，教室内高浓度的 CO_2 对其影响会比成年人更大，过高的室内 CO_2 浓度会影响学生的注意力和学习效率。

2007 年，上海市对奉贤区 8 所中小学进行空气监测，发现教室内空气细菌总数课前为 0.2 个/cm^2，而第 4 节课后上升至 1.8 个/cm^2。教室若通风不良，学生咳嗽、打喷嚏产生的大量病菌产生累积传播，便会出现一人生病多人被感染的情况。

根据 SJG 120—2022《中小学校项目规范》，校舍的室内 CO_2 日平均浓度不应高于 0.1%，CO_2 浓度是新风量、室内空气品质的重要表征参数。GB/T 18883—2022《室内空气质量标准》规定，室内日平均 CO_2 浓度不高于 0.1%。GB/T 17226—2017《中小学校教室换气卫生要求》规定，教室内空气中二氧化碳日平均最高允许浓度应小于等于 0.1%。

朱春等人的调查表明，学校作为高密度人群区域，对教室进行通风是很有必要的，防止室内 CO_2 和污染物浓度过高，对学生健康产生影响[1]。GB 50099—2011《中小学

☆　骆婉婧，女，1986 年 7 月生，高级工程师
　　518052　深圳市南山区大新路创新大厦 A 座
　　Email：luowanjing@huayidesign.com

校设计规范》中规定：除化学、生物实验室外的其他教学用房及教学辅助用房的通风，在非严寒与非寒冷地区全年，严寒与寒冷地区除冬季外，应优先采用可开启外窗的自然通风方式。

深圳属于夏热冬暖地区，在过渡季节及冬季，有条件通过开窗自然通风来满足室内环境的要求。本文从自然通风的角度，分析深圳地区学校普通教室分别在空调季节和非空调季节的自然通风可行性及通风条件。

根据生态环境部发布的历年全国空气质量状况的报告，深圳市的空气质量整体排名靠前，污染物浓度相对较低。在过渡季节（每年 1～3 月和 10～12 月），深圳市温度基本维持在 28℃以下，除少数回南天的天气以外，比较适合进行自然通风来维持室内舒适度。

1 模型参数设置

因小学生对教室内 CO_2 浓度更加敏感，所以选用一个标准小学教室，通过 Airpak 软件对教室内的气流组织及 CO_2 浓度进行模拟，并通过模拟结果进行对比分析。

以一间标准的小学教室为研究对象，尺寸为 9.4m×8.8m×3.8m，两面外墙各设 2 个 2.7m×2.1m 的外窗，教室前后各设 1 个 1.3m×2.6m 的门，教室人数为 45 人，配置 45 张课桌和 1 张讲桌，黑板灯具等省略，教室内设 2 台壁挂式分体空调。自然通风的通风口仅为门、窗的开口。

模拟相关参数设置如下：

1）按深圳市空气质量情况，教室内 CO_2 初始浓度与室外环境的 CO_2 浓度均取 $400×10^{-6}$。

2）根据研究数据，小学生在学习时的 CO_2 呼出量为 12L/(h·人)[2]。

3）根据 GB/T 17226—2017《中小学校教室换气卫生要求》及 SJG 120—2022《中小学校项目规范》的要求，教室内二氧化碳日平均最高浓度不超过 0.1%（$1000×10^{-6}$）。

4）本文仅研究自然通风对教室 CO_2 浓度的影响，且考虑外界风压对教室气流的影响，不考虑热压影响及教室通过室外环境的得热量。

5）在进行门窗缝隙渗透模拟时，考虑窗的缝隙为 2mm，门的缝隙为 5mm，单个外窗的缝隙面积为 $0.0276m^2$，单个门的缝隙面积为 $0.052m^2$。为简化模型，在模拟门窗缝隙进行自然通风时，将每一面墙的通风面积按照计算的门窗缝隙总面积简化为一个通风口。

6）研究 CO_2 浓度在教室内的分布时，按照小学生的身高和课桌的高度，取 CO_2 浓度分布的截面 $z=1.2m$。

由以上参数，用 Airpak 软件建立教室物理模型如图 1 所示，其中，室内人员、学生课桌、讲台等均以长方体代替。

2 自然通风模拟分析

本文对教室的自然通风分两种情况进行分析。

1）在非空调季节，仅在一侧外墙设通风口。

取深圳市全年平均风速为 2.7m/s，在非空调季节，仅在靠外侧的墙上设通风口，另外一侧外墙依靠门窗缝隙进行通风，对不同的自然通风口面积进行模拟。图 2～6 分别对应通风口尺寸为 0.3m×0.3m、0.4m×0.4m、0.5m×0.5m、0.55m×0.55m、0.6m×0.6m 的 CO_2 浓度分布。不同通风口对应的教室内 CO_2 最大浓度和平均浓度见表 1。

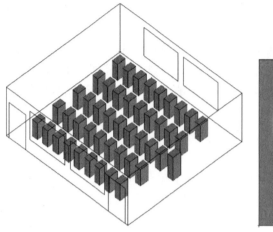

图 1　教室物理模型

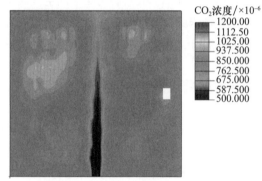

图 2　0.3m×0.3m 的通风口 CO_2 浓度分布

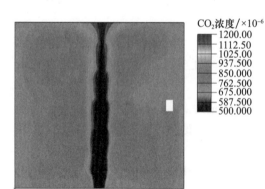

图 3　0.4m×0.4m 的通风口 CO_2 浓度分布

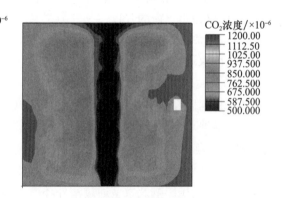

图 4　0.5m×0.5m 的通风口 CO_2 浓度分布

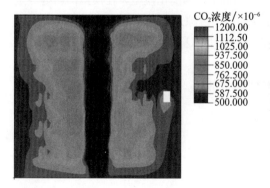

图 5　0.55m×0.55m 的通风口 CO_2 浓度分布

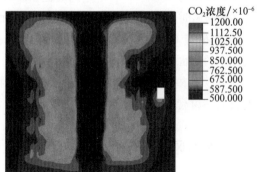

图 6　0.6m×0.6m 的通风口 CO_2 浓度分布

表 1   不同通风口对应的教室内 CO_2 浓度

通风口尺寸/(m×m)	0.1×0.1	0.3×0.3	0.4×0.4	0.5×0.5	0.55×0.55	0.6×0.6
CO_2 最大浓度/$\times 10^{-6}$	1077	1022	950	886	858	837
CO_2 平均浓度/$\times 10^{-6}$	929	863	763	677	637	603

从不同尺寸的通风口对应的总体 CO_2 浓度分布来看，虽然教室内部分区域（特别是空气对流的位置）CO_2 浓度较低，但是大部分学生座位集中的区域 CO_2 浓度相比通风口附近要高很多。

由图 4～6 可以看出，自然通风口尺寸在大于 0.4m×0.4m 时，教室内 CO_2 浓度值均在 1000×10^{-6} 以下，满足规范要求。

GB 50099—2011《中小学校设计规范》中规定，普通教室的窗地面积比不小于 1∶5.0，按照教室尺寸算下来，此教室开窗面积不小于 16.544m²，远大于满足 CO_2 浓度的自然通风开口面积，所以在非空调季节，可通过开启外窗的方式保证教室内 CO_2 浓度不超标，开窗面积大于 0.4m×0.4m 即可满足要求。

自然通风口尺寸小于 0.4m×0.4m 时，虽然平均浓度能满足要求，但教室内很多区域浓度仍然超标，所以，从学生健康的角度出发，教室内 CO_2 浓度分布还应参考最大浓度和浓度超过 1000×10^{-6} 的范围，在教室内 CO_2 日平均浓度满足要求的前提下，尽可能减小浓度超过 1000×10^{-6} 的范围。

2）非空调季节，自然通风口位置研究。

从上面的结论可以知道，在非空调季节，自然通风开口面积需大于 0.4m×0.4m，在满足采光要求的前提下，教室开窗面积通常远大于自然通风的开窗要求，实际使用时，大多数情况下并未开启所有的外窗。下面对普通教室自然通风开口位置进行研究，找出对通风比较有利的开窗位置，为开窗提供参考。

取深圳市全年平均风速为 2.7m/s，靠外侧墙为迎风面，靠走廊的墙为背风面，假设开窗面积均为 0.5.m×0.5m，分别对开口位于教室背风面中部以及教室迎风面前部（靠近讲台）、中部和后部（远离讲台）4 种情况进行模拟，CO_2 浓度分布情况如图 7～10 所示。

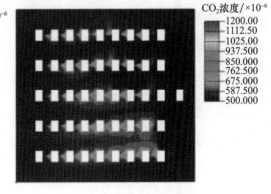

图 7   开窗位于教室背风面   图 8   开窗位于教室迎风面
中部 CO_2 浓度分布   前部 CO_2 浓度分布

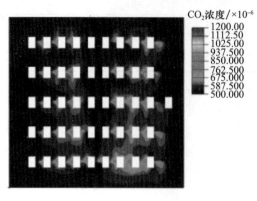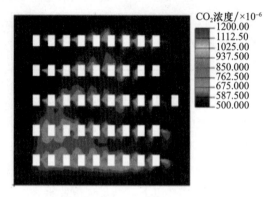

图 9　开窗位于教室迎风面　　　　图 10　开窗位于教室迎风面
中部 CO_2 浓度分布　　　　　　　后部 CO_2 浓度分布

从模拟结果可以看出，利用开窗进行自然通风时，开窗位置会影响自然通风效果。开窗位于教室背风面时，教室内 CO_2 浓度明显高于开窗位于迎风面；且开窗位于教室迎风面前部，靠近讲台位置时，通风效果最好。

3）在空调季节，仅依靠门窗缝隙进行自然通风。

空调季节教室门窗会关闭，此时仅有门窗缝隙可以用来通风，但不同的天气室外风速不同，对教室的自然通风效果也会产生不同程度的影响，下面就对仅考虑风压的状态下缝隙自然通风的效果进行研究。

不考虑室外环境对教室的传热量，仅在室外不同风速的情况下，对空调季节室外空气通过门窗缝隙进入教室的自然通风对教室内 CO_2 浓度分布情况进行模拟。分别取自然进风的风速为 0.5、1.0、1.5、2.0、2.5、3.5m/s 的情况进行模拟，模拟结果如图 11~16 所示。

模拟中考虑教室一侧外墙缝隙进风，另一侧外墙缝隙排风，并记录教室内 CO_2 平均浓度和最大浓度见表 2。

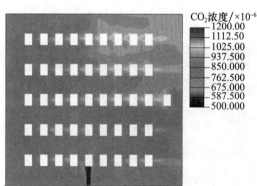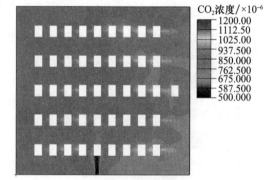

图 11　进风风速为 0.5m/s 时　　　　图 12　进风风速为 1.0m/s 时
教室内 CO_2 浓度分布　　　　　　教室内 CO_2 浓度分布

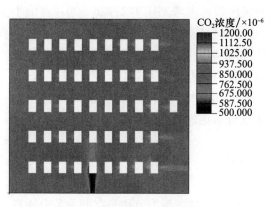

图 13　进风风速为 1.5m/s 时
教室内 CO_2 浓度分布

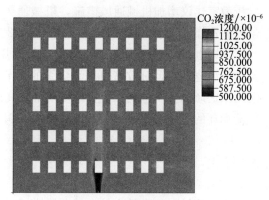

图 14　进风风速为 2.0m/s 时
教室内 CO_2 浓度分布

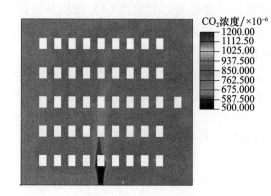

图 15　进风风速为 2.5m/s 时
教室内 CO_2 浓度分布

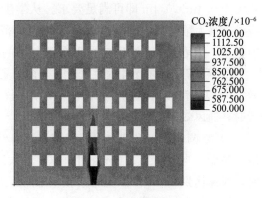

图 16　进风风速为 3.5m/s 时
教室内 CO_2 浓度分布

表 2　不同风速 CO_2 浓度值

自然进风风速/(m/s)	0.5	1.0	1.5	2.0	2.5	3.5
CO_2 最大浓度/$\times 10^{-6}$	1080	1046	1018	997	970	930
CO_2 平均浓度/$\times 10^{-6}$	908	889	850	818	789	745

　　从模拟结果可以看出，空调季节，仅利用门窗缝隙进行自然通风时，自然进风风速越大，教室内 CO_2 浓度越低，当风速为 2.0m/s 时，CO_2 最大浓度为 997×10^{-6}，不超过 1000×10^{-6}。即使在风速减小至 0.5m/s 时，教室内 CO_2 平均浓度仍然小于 1000×10^{-6}，但是从 CO_2 浓度分布云图来看，在风速 2.0m/s 时，教室内超过 70% 区域的 CO_2 浓度接近限值 1000×10^{-6}，总体空气品质不佳；同时可以看出，在风速达到 3.5m/s 时，能保证约 50% 以上区域浓度值在 850×10^{-6} 以下。

　　根据气象资料，深圳市全年平均风速为 2.7m/s，除台风季以外，3～10 月风速大部分在 1.5～3.0m/s 之间，结合模拟的结果，风速达到 3.5m/s 以上时，教室采用缝隙自然通风才能基本满足教室内空气品质要求。所以，在空调季节和过渡季节，深圳中小学校教室建议增加机械通风措施，机械通风换气次数可参考 GB/T 17226—2017《中小学校教室换气卫生要求》和 SJG 120—2022《中小学校项目规范》的要求。

由以上 CO_2 浓度分布可以看出，仅利用门窗缝隙进行自然通风时，由于缝隙处自然通风风速较小，对教室内气流组织的调节效果较差，存在自然通风口附近浓度较低，但远离通风口且学生集中位置浓度局部较高的情况，这种情况下建议室内加入促进室内气流循环的措施，如电风扇等，使室内 CO_2 浓度分布更加均匀。

3 结论

本文仅针对小学教室的自然通风进行讨论，并且针对空调季节和非空调季节分别进行分析，经过模拟得到如下结论：

1）在非空调季节，可通过开启外窗的方式来保证教室内 CO_2 浓度不超标，开窗面积大于 $0.4m \times 0.4m$ 即可满足要求。从学生健康的角度出发，教室内 CO_2 浓度分布还应参考最大浓度和浓度超过 1000×10^{-6} 的范围，在教室内 CO_2 日平均浓度满足要求的前提下，尽可能减小浓度超过 1000×10^{-6} 的范围。

2）利用开窗进行自然通风时，开窗位置会影响自然通风效果。位于教室背风面时，教室内 CO_2 浓度明显高于开窗位于迎风面；且开窗位于教室迎风面前部，靠近讲台位置时，通风效果最好。

3）空调季节，仅利用门窗缝隙进行自然通风时，自然进风风速越大，教室内 CO_2 浓度越低，当风速为 $2.0m/s$ 时，CO_2 最大浓度为 997×10^{-6}，不超过 1000×10^{-6}。同时，风速达到 $3.5m/s$ 以上时，教室采用缝隙自然通风才能基本满足教室内空气品质要求。所以，在空调季节和过渡季节，深圳中小学校教室建议增加机械通风措施。

4）空调季节，门窗关闭，仅采用门窗缝隙进行自然通风时，由于缝隙处自然通风风速较小，对教室内气流组织的调节效果较差，存在自然通风口附近浓度较低、但远离通风口且学生集中位置浓度局部较高的情况，这种情况下建议室内采取促进室内气流循环的措施，如电风扇等，使室内 CO_2 浓度分布更加均匀。

参考文献

[1] 朱春，刘思坦，滕振飞，等. 谈学校教室通风的必要性 [J]. 中国建筑金属结构，2020 (1)：2.
[2] 褚柏，解进祥. 中小学生学习时 CO_2 呼出量测定——教室换气标准研究之一 [J]. 中国学校卫生，1991，12 (1)：4.

基于 PyroSim 的自然排烟窗对火灾排烟能效影响分析

续成平☆　石　颖

（山东省建筑设计研究院有限公司）

摘　要　为了研究不同火灾条件对建筑内火灾过程的影响，基于 Pyrosim 对一个典型建筑自然排烟窗在火灾时的排烟能效影响进行分析，对比研究了温度、烟气层高度在不同工况下的变化。模拟结果表明，在火灾发生前期，排烟窗面积 2.0m² 及以上对于温度的影响是相似的，火灾后期排烟窗面积越大，对于温度的影响越大；在发生火灾时，人员最佳逃生时间为火灾发生前 30～60s 之间，60s 后烟层高度逐渐稳定；疏散口与排烟窗距离对于人员逃生影响较大，并对相关标准提出相应建议。

关键词　排烟窗　PyroSim　火灾　温度　烟气层高度

0　引言

灾难性燃烧在生活中也被称为无法控制的火灾。台风、地震、火山喷发、海啸、火灾、洪灾、干旱、雪崩等各种灾害中，火灾是威胁人类安全和社会发展的最常见、最普通的灾害之一。其中包含建筑火灾、森林火灾、工业火灾、城市火灾，但在日常生活中，建筑火灾是发生频率最高，造成损失最大的一类火灾。

火灾的及时预防与火灾的疏散管理的关键，在于对火灾发生后蔓延的规律及火灾危害的研究。在消防安全研究中，由于现场火灾测试成本较高，且危险性较大，因此很难进行实地火灾测试。通过严谨的计算及模拟火灾问题是一种重要的研究手段。计算机模型的关键在于尽可能准确地创建室内火灾现场，直观分析和理解火灾发展过程[1]。吴壮等人以宿舍楼为例，设置 4 个不同位置的着火点对温度变化和烟气分布进行分析[2]；张立茂等人利用 FDS 与 Pathfinder 的耦合，分别从温度、CO 浓度及能见度三个方面研究了多个火灾位置发生火灾后人员可用的安全疏散时间[3]。刘剑锋等人利用 PyroSim 软件建立火灾扩散模型，通过对烟气量的研究确定火灾发生时的人员疏散时间[4]。郑冠霞等人通过对综合体商铺进行火灾模拟，分析了机械排烟对建筑物发生火灾后能见度、温度和 CO 浓度的变化[5]。

本文利用 FDS 软件对楼层内火灾引起的温度、烟层高度等因素的变化过程进行了研究和分析，验证了自然排烟窗的面积及自然排烟窗与疏散口的距离问题。

☆　续成平，男，1996 年 10 月生，硕士研究生，助理工程师
　　250001　济南市市中区小纬四路 2 号
　　E-mail：xucpsd@163.com

1 模型建立

1.1 物理模型建立

本次模拟以济宁某方舱宿舍楼为模板进行建模,该模型为长方形钢结构建筑,长、宽、高分别为 54m、14m、3m,面积为 756m²。该层南北侧均为宿舍,中间设一个宽度为 2m 的走廊,根据 GB 51251—2017《建筑防烟排烟系统技术标准》(以下简称《烟标》)4.6.3 条,走廊两侧设置尺寸为 1.0m×2.0m 的自然排烟窗,窗台高 1.5m。东西侧疏散口分别距离自然排烟窗 6m,疏散门尺寸为 1.2m×2.1m。平面图如图 1,2 所示。

图 1   火灾模型 CAD 平面图

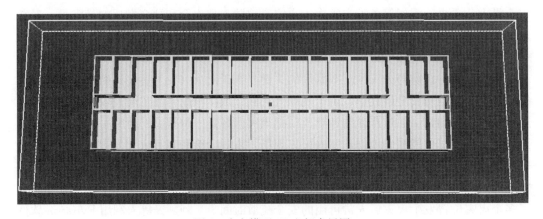

图 2   火灾模型 3D 空间布局图

1.2 火源设置

本文模拟了一个 756m² 的建筑,其中走廊中间设置火源。根据《烟标》表 4.6.7,设置火源热释放速率为 1.5MW。房间的墙厚 240mm,表面用 20mm 水泥砂浆涂抹。建筑内设置湿式灭火系统。

1.3 网格划分

根据 FDS 软件的要求，划分网格时，单元大小应符合 $2U$、$3V$ 和 $5W$ 的模数，U、V 和 W 均为整数。因此，为了获得最佳的模拟精度，模拟对象网格被划分为 $296 \times 100 \times 24$，每个小正方形是 $0.25m$[6] 的平行六面体。

1.4 测点设置

房间配备热电偶检测设备、夹层检测设备及热流检测设备。测量点的分布如图 3 所示。为了获得房间内的温度云图，沿 x、y、z 方向分别设置温度切片。如图 3 所示，沿走廊中间设置切片 $y=7m$，沿疏散门中间设置切片 $x=7m$，沿人体疏散高度设置切片 $z=1.8m$。根据不同自然排烟窗面积及不同监测点设置 16 种工况，如表 1，2 所示；根据疏散口距离排烟窗的面积设置 5 种工况，如表 3 所示。

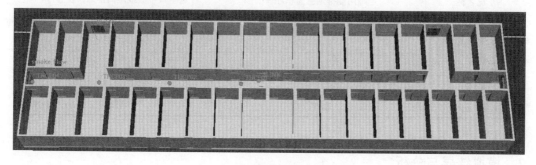

图 3 走廊内测量点及切片分布图

表 1 自然排烟窗工况设置

工况名称	走廊两侧排烟窗面积/m²
工况 1	2.5
工况 2	2.0
工况 3	1.5
工况 4	1.0

表 2 监测点工况设置

工况名称	走廊两侧排烟窗面积/m²	距离火源位置/m
工况 1-1	2.5	2
工况 1-2	2.5	10
工况 1-3	2.5	18
工况 1-4	2.5	26
工况 2-1	2.0	2
工况 2-2	2.0	10
工况 2-3	2.0	18
工况 2-4	2.0	26

续表

工况名称	走廊两侧排烟窗面积/m²	距离火源位置/m
工况 3-1	1.5	2
工况 3-2	1.5	10
工况 3-3	1.5	18
工况 3-4	1.5	26
工况 4-1	1.0	2
工况 4-2	1.0	10
工况 4-3	1.0	18
工况 4-4	1.0	26

表 3　逃生口位置工况设置

工况名称	走廊两侧排烟窗面积/m²	逃生口中心线距离排烟窗位置/m
工况 2-a	2.0	1.5
工况 2-b	2.0	4.5
工况 2-c	2.0	7.5
工况 2-d	2.0	10.5
工况 2-e	2.0	13.5

2　模拟结果与分析

2.1　走廊内不同位置的模拟研究

1）温度

图 4 表示了排烟窗面积不同时，在高度为 1.8m 处走廊内不同位置的温度变化曲线。由图 4 可知，距离火源越远，排烟窗面积对走廊 1.8m 处温度影响越大。从图 4（b）～4（d）可知，监测点距离火源在 10m，工况 1 和工况 2 走廊温度分别在 25.3、44.3、62.4s 时开始变化，工况 3 和工况 4 走廊温度均在 12.6、22.2、31.2s 时发生变化，因此工况 1 和工况 2，对于温度变化的延缓作用是相同的。而在走廊温度维持稳定之后，工况 1 对温度的影响显著大于工况 2～4。因此在实际项目设计时，应尽量将两侧排烟窗面积增大，更有利于烟气流动。

2）烟气层高度

除了火灾期间的温度和有害气体外，烟雾还会影响人员疏散和消防救援的安全。烟雾中的颗粒可以完全阻挡可见光。当烟雾扩散时，由于烟雾颗粒的遮挡，可见光的强度会大大减弱，能见度大大降低，烟雾对人眼有很大的刺激作用，使人们无法睁开眼睛，从而影响疏散速度[7]。烟雾的可怕之处不仅在于它对人的身体伤害，还经常引起心理恐慌，特别是当火势较大时，门窗洞口出现火焰和浓烟，这会造成更大的恐慌，并给疏散造成巨大障碍。

研究表明，当烟层高度低于 2.5m 时，会影响人员逃生；当烟层高度低于 1.5m 时，

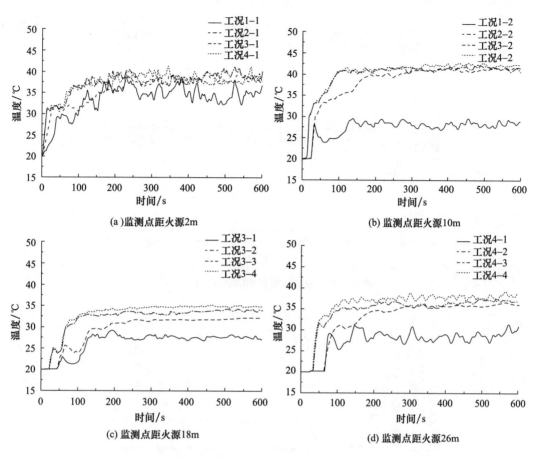

图 4　走廊内不同位置的温度比较曲线

人员很难完成逃生活动。本次模拟在走廊与安全出口交叉点设置测点。从图 5 中烟层高度的对比曲线可以看出，4 种工况下的烟气变化趋势相同。30s 内烟气高度迅速下降至最低点，之后烟层高度有所回升，考虑是因为室内空气温度变高，空气对流变快导致，经过大的波动之后，烟层高度均在 60s 左右开始稳定。在火灾的前 30s，这 4 种工况具有相同风险。然而，在气流稳定流动后，自然排烟窗越小，烟层的高度越低。因此，在本次模拟中，人员最佳逃生时间为火灾发生前 30～60s 之间。60s 后，烟层高度逐渐稳定。

2.2　排烟窗对疏散口不同位置影响的模拟研究

本次模拟以疏散口与自然排烟窗的距离为变量设置 5 种工况，如图 6 所示。由图 6 可知，工况 2-c 时，烟气层厚度正好在 1.5m 处，此时人员逃生较为困难；在工况 2-a、2-b、2-d、2-e，烟气层厚度低于 1.5m，人员逃生均非常困难。因此在火灾发生时，疏散口与自然排烟窗的距离对人员逃生非常关键，设计人员在方案初期应特别注意，但目前规范并未明确在自然排烟措施下，疏散口与自然排烟窗的位置要求。建议应对该类民用建筑强调此类要求，并明确疏散口与排烟窗距离范围。

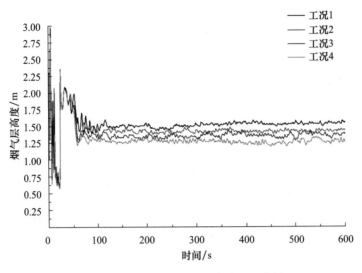

图 5 不同排烟窗面积烟层高度对比曲线

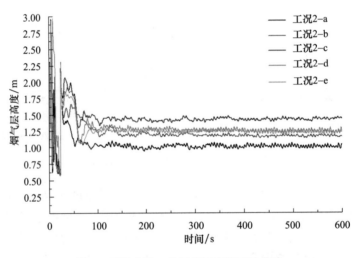

图 6 不同疏散口位置烟层高度对比曲线

3 结论

1）在火灾前期，不管距离火源多远，工况 1 和工况 2 对于温度变化的延缓作用相同；在火灾后期，工况 1 温度的影响显著大于工况 2～4。

2）在火灾前期，这 4 种工况具有相同风险。在火灾后期，气流稳定流动后，自然排烟窗面积越小，烟气层的高度越低。人员最佳逃生时间为火灾发生前 30～60s 之间。60s 后烟层高度逐渐稳定。

3）疏散口与排烟窗距离对于人员逃生影响较大，本次模拟中距离排烟窗小于或大于 7.5m 人员疏散均非常困难，因此在设计中应注意排烟窗与疏散口距离，建议《烟标》增加相关条文。

参考文献

［1］ XU LEI，et al. Intelligent planning of fire evacuation routes using an improved ant colony optimization algorithm ［J］. Journal of Building Engineering，2022，61.

［2］ 吴壮，亢永，赵孟孟，等 . 基于 Pyrosim 的学生宿舍楼不同着火点火灾发展规律分析 ［J］. 安全，2022（4）：43.

［3］ 张立茂，吴贤国，李博文，等 . 基于火灾模拟器和 Pathfinder 的地铁车站人员疏散 ［J］. 科学技术与工程，2018，18（4）：7.

［4］ 刘剑锋，游波，周超，等 . 建筑火灾与人员安全疏散模拟 ［J］. 湖南科技大学学报（自然科学版），2022，37（4）：9-17.

［5］ 郑冠霞，杨漪，赵舒野，等 . 大型商业综合体火灾烟气及疏散模拟 ［J］. 西安建筑科技大学学报，2022（4）：42.

［6］ MCGRATTAN K B，MCDERMOTT R J，WEINSCHENK C G，et al. Fire dynamics simulator, user's guide ［J］. Nist Special Publication，2013.

［7］ 郝彧露，陈俊敏，陈柯衡，等 . 地下换乘大厅火灾烟气温度分布研究 ［J］. 中国安全科学学报，2018，28（5）：80-85.

某散装粮食平房仓通风空调系统设计及探讨

吴丹萍☆

（江西省建筑设计研究总院集团有限公司）

摘　要　粮仓通风空调系统的合理设计对保证储粮安全具有重要的作用，合理的机械通风系统、空调系统已成为粮仓的必备措施。本文以工程实例为依据，对平房仓通风空调设计进行探讨，并提出一些新思路。

关键词　粮仓　平房仓　通风设计　地上笼　空调

散装粮食平房仓具有跨度大、堆粮高、单仓仓容量大、储存管理集中、设备利用率高及保粮措施简单等优点，是储备仓的首选形式。平房仓机械通风、空调的应用，可以实现粮堆的低温状态，抑制虫霉生长，减少化学药剂的使用；机械通风技术是指通过风机产生的压力，将外界低温干燥的空气与粮堆内热空气进行交换，从而达到降温、降水的目的。储粮机械通风是最常用的控温储粮技术，不仅控温效果好，而且费用低、操作简单、容易掌握，是环流通风、环流熏蒸、充氮气调等技术的应用基础。在储粮过程中正确使用机械通风系统，使粮库既能确保储粮的安全，又能取得较好的经济效益。温度对于储粮的稳定性有很重要影响，低温储粮技术是非常重要的一项技术。目前，机械通风系统、空调系统已成为各类粮仓的必备设施。本文以工程实例为依据，介绍散装粮食平房仓的通风空调设计。

1　项目概况

该项目位于江西省永修县，为 8 万 t 粮食储备仓库及配套设施，总计容建筑面积 6.63 万 m²，其中散装平房仓计容建筑面积 6.26 万 m²，21m 跨散装平房仓 13 幢，堆粮高 8.0m，总仓容约 8 万 t（稻谷计），以平房仓单个廒间为例，廒间长 30m，宽 21m。本文介绍该项目机械通风、空调设计。

2　通风设计

2.1　通风设计概述

粮仓的通风降温系统由风机、风道、空气分配器和通风控制装置等组成。通风系统

☆　吴丹萍
331800　江西省建筑设计研究总院集团有限公司
E-mail：675107812@qq.com

设计的内容主要包括风道的布置与设计，通风参数选择，风机选型和规格的确定[1]。平房仓通风设计主要包括粮堆机械通风及粮面上方空间机械通风。

2.2 粮堆机械通风

1）地上笼通风道

以平房仓单个廒间为例，廒间长 30m、宽 21m。采用地上笼通风道形式，通风地上笼是为粮库中粮食长期存储而专门设计制造的，是我国的储粮和保粮专家经过长期且反复地试用、试验的理想产品。通风地上笼是粮仓底部通风系统的重要基础设施，在上面堆入粮食后与风机连接，可使空气流均匀通过粮堆，对粮食实施降温、降水、药剂熏蒸、调质、气调排除残留和异味等多项作业。风道形式采用倒 U 形地上笼风道，布置可为一机两道，一机三道或一机四道，主、支风道直径均为 500mm，高度 345mm，风管之间采用搭接方式，风管搭接安装后，应保证与粮库地坪无间隙。该工程采用一机三道布置方式，如图 1 所示。通风口设置在仓房的北侧，通风口尺寸为 800mm×800mm，中心距地 500mm，通风口盖板启闭方便，与通风机等设备对接方便，风机不运行时，风口密闭。风口通过空气分配器与地上笼风道连接。地上笼风道开孔率：主风道及弯头靠外墙一侧开孔率 8%，支风道开孔率 30%，开孔尺寸：长 20mm，宽 2.5mm，开孔尺寸可适当调整，以不漏粮为限。地上笼风道主风道风速不大于 15m/s，支风道风速不大于 7m/s，地上笼风道及弯头应能承受 8m 高粮堆荷载。

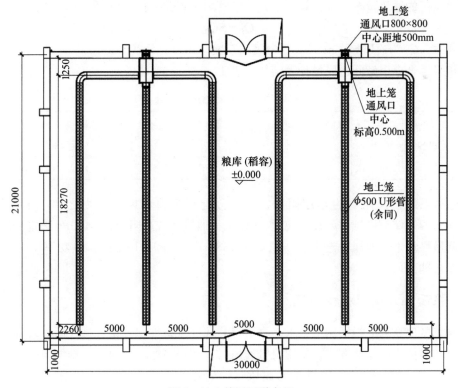

图 1　地上笼通风道布置

2）通风方式

机械通风分为压入式和吸出式两种送风方式。针对储粮状况、通风目的，采用不同的送风方式：若储粮水分符合安全储粮要求，中上层粮堆温度高时，采用压入式通风；中下层粮堆温度高时，采用吸出式通风；当储粮水分偏大时，则采用大风量的压入式通风，压入式与吸出式的轮换通风，有助于缩小上下层粮堆间的水分差，尽量做到通风降温的科学性、经济性和节能性[2]。需要指出的是，该工程采用固定安装于通风口的轴流风机，该通风机需便于拆除。根据对多个粮库的考察和粮库使用方的要求，未使用移动式离心风机，而是选用轴流风机固定安装在地上笼通风口处，江西的气候类型属于亚热带湿润季风气候，夏季炎热潮湿，平房仓通风使用较为频繁，使用移动式离心风机通风，耗费大量人力及时间，增加使用方工作量且人力费用投入，且无法及时有效地满足各平房仓的通风要求。故采用固定风机，方便根据粮情监控情况及时有效通风，确保储粮的安全。

3）风量计算及风机选型

总通风量按下式计算

$$Q_0 = qAh\rho \tag{1}$$

式中 Q_0 为总通风量，m^3/h；q 为单位通风量，$m^3/(h \cdot kg)$，取值范围宜为（$3 \times 10^{-3} \sim 12 \times 10^{-3}$）$m^3/(h \cdot kg)$[1]；$A$ 为每组风网对应的堆粮面积，m^2；ρ 为粮食质量密度，kg/m^3；h 为粮食平堆高度，m。

通风机的通风量按下式计算

$$Q_f = SQ_0 \tag{2}$$

式中 Q_f 为通风量，m^3/h；S 为风压系数[1]。

该平房仓单个廒间通风量计算结果见表 1。

表 1　平房仓粮堆通风计算表

单位通风量 $q/$ $[m^3/(h \cdot kg)]$	廒间面积 A/m^2	堆粮高度 h/m	稻谷密度 $\rho/(kg/m^3)$	总通风量 $Q_0/(m^3/h)$	风量系数 S	风机总风量/ (m^3/h)	风机数量/ $n/$台	风机风量/ (m^3/h)
0.008[1]	630	8	550	22176	1.15	25502.4	2	12751.2

通风系统的总阻力为粮层阻力、空气分配器阻力和风网阻力之和，参考 LS/T 1202—2002《储粮机械通风技术规程》，该工程通风系统总阻力按 1100Pa 确定。所以单个廒间最终地上笼通风机选型为：风量 $13138m^3/h$，全压 1301Pa，电功率 7.5kW，共选用 2 台轴流风机。

2.3　粮面上方空间机械通风

所有平房仓均应根据储粮要求、仓房尺寸和气候条件配置换气排气扇，合理选择粮面上方空间换气的作业方式；采用机械通风时，宜提高檐墙、山墙上排气扇的安装位置和通风的自动化程度，通风设备的通风量应保证粮面上方空间通风换气次数不小于 $4h^{-1}$[1]。粮食平房仓粮面空间的换气目的是降低仓内空间温度，防止空气积热向粮层内传导，有利于粮食保管。该工程粮面上方空间高度 2.65m，廒间面积 $630m^2$，换气次数

按 $17h^{-1}$ 计算，选用 3 台风量 $12812m^3/h$、电功率 1.1kW 的轴流风机，设置于建筑物西面山墙上最高位置，以提高通风降仓温的效果。设计前，对江西南昌及永修两处相似粮库进行现场考察，粮面上方通风换气次数约 $17h^{-1}$，使用效果较好，且江西地区夏季炎热潮湿，故本次粮面上方空间通风换气次数在规范要求的基础上参考了部分现有粮库及使用方意见，满足粮食通风效果的同时，风机耗电功率增幅较小，几乎不会造成能源浪费。计算粮面上方空间通风量时，通风换气次数可适当的大于规范要求的 $4h^{-1}$，具体通风换气次数应根据当地气候条件、现场考察论证及建设方使用要求等综合确定。

3 空调设计

温度对于储粮的稳定性有重要影响，低温储粮不仅能限制有害生物因子的生命活动，避免粮食劣变、陈化，还可有效保障粮食的加工和食用品质。粮堆平均温度超过 20℃应设置制冷系统，以粮堆降温为主的原粮仓宜配置谷物冷却机。谷物冷却机低温储粮是通过向粮堆通入一定温度、湿度的空气，使粮堆温度降至低温（或准低温）状态，从而有效控制粮堆水分，实现安全储粮的一种技术措施。谷物冷却技术可确保粮堆处于低温状态，但其存在能耗大、温度易回升的缺点，需要间歇性地进行复冷作业。同时，平房仓需有较好的隔热密闭功能，在谷物已冷却完成后进行保温和气密处理，防止室外湿热空气进入仓内，达到节能、维持粮仓温度的效果。

目前粮库控温仓的冷负荷计算还不够完善，冷却散装粮时，粮库可根据国粮局组织的谷物冷却机后评估的建议，1 亿斤配置 2 台 GLA85 型谷物冷却机[1]。该工程总储粮为 8 万 t，配备 3 台谷物冷却机，单台谷物冷却机制冷量为 85kW，风量 $5500m^3/h$。谷物冷却机采购后放置于粮站配套建筑机修器材库内，平房仓需要使用时，利用推车移动至所需冷却平房仓地上笼通风口处，同时拆除通风口处轴流风机，将谷物冷却机送风口与地上笼通风口连接，启动谷物冷却机对高温谷物进行冷却处理至指定温度后，对平房仓进行保温和气密处理，维持粮仓温度。

此外，仓内粮面上的空间宜采用空调或其他冷却方式控温，仓内安放的空调挂机或其他冷却部件，应配备完善的冷凝水回收装置，并将冷凝水排至仓外，江西的气候类型属于亚热带湿润季风气候，夏季炎热潮湿。该工程仓内粮面上的空间仅机械通风，无法满足温度要求，故设置空调，主要用于夏季原粮粮堆降温后的仓温维持，不负责整仓的降温。采用一体式粮库专用空调，使粮面的仓温平均温度始终维持在 25℃以下，以确保粮堆长时间维持平均 20℃以下的低温冷芯状态。一体式粮库专用空调要求采用智能控制模式，可以自动调节设备的开、关；其高效风箱送风模式可大大增加送风距离，以确保冷量均衡；在每个廒间的北面檐墙上布置若干一体式粮库专用空调。以长 30m、宽 21m 的廒间为例，选用 2 台制冷量 14.1kW、输入功率 6.5kW、风量 $3350m^3/h$、机外静压 50Pa 的一体式空调，安装于北面檐墙上，仅送回风口穿墙接至粮仓内墙面处侧送风。粮食具有较强吸湿特性，遇到明水或者结露水，很容易造成水分升高，发热霉变，采用一体式空调，避免了冷凝水进入仓内，保证了储粮安全。

4 智能通风设计介绍

需要指出的是，所有通风措施及技术都离不开智能通风控制系统，而智能通风又建立在粮情检测系统的基础上。粮情检测系统为通风系统提供数据依据，智能通风系统根据粮情检测系统自动检测到的仓内温湿度参数、粮食温度等，由智能通风模型准确判断通风条件，捕捉最佳时机，对仓房进行自动的排积热通风、自然通风、保水通风以及降温通风作业，避免低效通风、无效通风甚至有害通风现象的产生，提高通风效率，降低能耗[3]。智能通风系统实现了夏季排除拱顶积热、秋季粮堆防结露通风、冬季粮堆机械降温、机械通风降水等通风作业的自动化、智能化。适时合理地选择机械通风，对保证储粮安全起到了重要作用[4]。该工程的智能通风设计由专业的公司进行深化设计。

5 结语

粮食作为基本食物来源，对人类社会的存在和发展非常重要。合理的通风空调技术对储粮至关重要，本文以工程实例为依据，对散装平房仓的通风空调设计过程及问题进行探讨，介绍了粮库通风系统和空调的设计过程，粮库的通风系统包括地上笼通风道的布置，粮堆通风风机的选型及布置，粮面上方空间风机的选型及布置等，空调设计包括谷物冷却机的确定，粮面上的空间空调选型及布置等。通过对散装平房仓通风空调设计的探讨，提出了一些设计思路，具有一定的参考价值，此外，现代储备粮通风正在由人为控制通风走向智能化通风。机械通风时应合理选择通风时机、确定目标粮温、及时判断通风状态，选用合适的通风空调方式是提高储粮通风效率的重要举措。

参考文献

[1] 粮食平房仓设计规范：GB 50320—2014 [S]. 北京：中国计划出版社，2014：7-11.
[2] 耿宪洲，刘新涛，任芳，等. 储粮通风装置和通风参数的选择及优化研究进展 [J]. 现代食品，2021，(8)：1-4.
[3] 刘玉苹，刘双安. 散粮平房仓智能通风控制系统设计与应用 [J]. 现代食品，2016，22：80-81.
[4] 尉尧方，王远成，王兴周，等. 储粮通风模型的构建及其应用分析 [J]. 山东建筑大学学报，2017，32 (3)：251-257.

铁路车站公共区卫生间空气质量研究

赵载文　于靖华☆　钱聪聪　邹磊　赵金罡　冷康鑫
（华中科技大学）

摘　要　通过实地测试和数据分析对铁路车站公共区卫生间的空气品质进行研究。选择国内某大型铁路站房的候车室卫生间作为研究对象，并在春运期间对该站房的公共区卫生间实地测量，根据其卫生间建筑结构和功能分区选取合理的测点，在连续的时间段内测量0.3、0.9、1.7m高度处的氨气体积分数和硫化氢体积分数。依据实地测量的数据研究了铁路车站公共区卫生间的空气质量现状、空气质量的影响因素及污染物浓度分布规律，提出了改善铁路车站公共区卫生间空气质量现状的简单措施。

关键词　铁路车站　卫生间　空气质量　污染物浓度

0　引言

铁路旅客站房作为城市形象展示的重要窗口以及我国经济发展的名片，日益受到公众的关注。铁路站房公共区卫生间作为我国铁路卫生状况的标杆之一，其内部空气品质是影响旅客出行体验的关键。然而在车站实际运营过程中，部分候车室卫生间存在较大异味，尤其是在候车高峰时段，旅客会就近集中使用卫生间，造成超负荷运行状况，污染物不能快速有效排除，加重了室内空气异味。铁路车站公共区卫生间有使用人数多、服务能力大等特点，其空气品质与卫生间排风系统运行情况、保洁人员清洁频率及旅客使用人数密切相关，国内学者尚未对铁路车站公共区卫生间的空气品质作过相关研究。为响应习近平总书记提出的"厕所革命"的号召，改善铁路车站公共区卫生间的空气品质，本研究团队在春运期间测量了某大型铁路站房公共区卫生间的污染物浓度。测试数据用于研究铁路车站公共区卫生间的空气品质现状，并为铁路站房公共区卫生间的排风设计、设施配置及运营管理提供参考。

相关研究指出，卫生间中的异味是硫化氢、甲硫醇、氨、甲硫二醇、乙胺、吲哚和粪臭素等有害物质组成的气体所致[1-3]，其中以氨气和硫化氢为主。氨气是卫生间空气中的主要污染物，有强烈的气味，对人的皮肤、呼吸道和眼睛易造成刺激，严重时可能引起支气管痉挛及肺气肿。硫化氢是一种有臭鸡蛋味的气体，有剧毒，当每 m^3 空气中的硫化氢含量超过30mg时，人就会感到刺鼻、窒息，引起眼睛和呼吸道不适。本文通过测试氨气和硫化氢体积分数来表征卫生间的空气品质。

☆　于靖华，女，教授，博导，华中科技大学环境学院
　　E-mail：yujinghua@hust.edu.cn

1　研究对象

以国内某大型铁路站房的候车室卫生间作为研究对象，由于该站候车室的卫生间较多，在实地测量中选取了车站内使用人数较多的 2 个卫生间作为典型卫生间，并对其进行测量。卫生间内小便器以及大便器的主要污染物分别为氨气和硫化氢，在 GB/T 17217—1998《城市公共厕所卫生标准》[4] 中也仅对氨气和硫化氢 2 种污染物有相应体积分数要求，因此本文以氨气和硫化氢的体积分数为主要指标来评价室内空气质量。为了测量车站卫生间在客流量最大时刻的污染物浓度分布，测量时间选取在客流较多的春运时段，具体时间为 2 月 21—22 日测量。卫生间只设置了排风，采用直径 200mm 的圆形排风口，布置于厕位上部及中间通道，无新风；过道安装有带风扇的灯具，且风扇在运行，用于增强气流扰动。

2　测量方法

根据实际的卫生间建筑结构和功能分区选取合理的测点，保证能测得卫生间内小便区、大便区以及过道处的污染物浓度，同时注意在卫生间的建筑拐角处设置测点，以获得卫生间内的最不利污染物浓度。在连续的时间段内测量 0.3、0.9、1.7m 高度处的氨气体积分数和硫化氢体积分数，测量相应时间段的厕所服务人数，同时测量卫生间的排风量。

浓度测量仪器选择复合式污染物检测仪（如图 1 所示），该仪器可同时检测氨气及硫化氢的体积分数，并能自动记录测试数据，氨气测量精度为 0.01×10^{-6}，量程为 $0 \sim 100 \times 10^{-6}$，硫化氢测量精度为 0.001×10^{-6}，量程为 $0 \sim 10 \times 10^{-6}$。采用红外客流计数仪（如图 2 所示）统计进出卫生间的人员数量，采用蓝牙传输，解决了车站网络信号不佳的问题，数据传输精准可靠，可通过手机 APP 端或小程序查看逐时客流情况。风量的测量采用热线风速仪（见图 3），仪器在测试前已被调试。

　　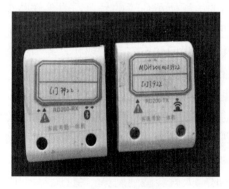　　

图 1　复合式污染物检测仪　　　　图 2　红外客流计数仪　　　　图 3　热线风速仪

3 测量结果

3.1 卫生间测点布置

本次调研选择候车室西北侧的男、女卫生间进行人流量、氨气体积分数、硫化氢体积分数的测试。根据卫生间布局，确定如图4所示的测点位置。

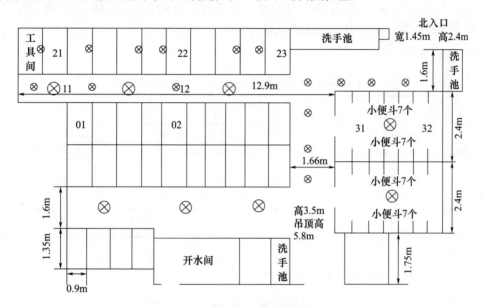

(a) 男厕布局及测点位置图

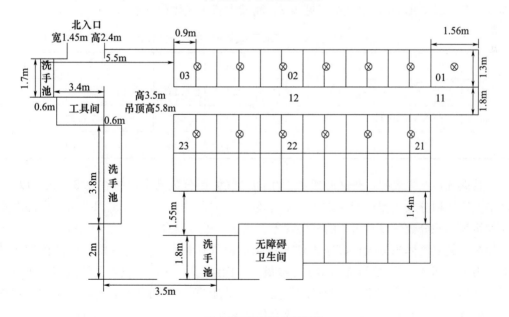

(b) 女厕布局及测点位置图

图4 卫生间测点布置

3.2 卫生间通风量

由于风口位置高，风口处风速不易测得，卫生间无外窗，因此根据风量平衡原理，流经风口的风量等于流经门洞的风量，在卫生间门洞对角线上从上到下依次选取 5 个测点，使用风速仪测定风速，获取门洞的平均风速，再测得门洞尺寸，便可得到该卫生间的排风量。男、女厕北入口门洞尺寸均为宽×高＝1.45m×2.4m，南入口门洞尺寸为宽×高＝1.4m×2.3m。采用对角线法对门洞不同位置的风速进行测试，测试结果如表1所示。经计算，男女卫生间的排风量分别为 5140m³/h 和 5637m³/h，换气次数分别为 10.34h⁻¹ 和 13.65h⁻¹。

表 1 调研时段上海虹桥站候车厅卫生间门洞处风速 (m/s)

测点		1	2	3	4	5
男厕	北入口	0.31	0.40	0.32	0.28	0.14
	南入口	0.25	0.11	0.15	0.07	0.07
女厕	北入口	0.13	0.50	0.58	0.26	0.16
	南入口	0.16	0.11	0.14	0.16	0.10

3.3 男卫生间污染物浓度分布特性

针对选取的男卫生间，进行不同水平高度处的氨气体积分数测试，测点高度取值分别为 0.3、0.9、1.7m，测试结果见表2。测试中硫化氢体积分数均为0。

表 2 男卫生间不同水平高度氨气体积分数分布 (×10⁻⁶)

测点	01	02	11	12	21	22	23	31	32
0.3m	—	—	0.14	0.11	0.13	0.16	0.10	0.27	0.24
0.9m	0.09	0.14	0.14	0.07	0.14	0.15	0.09	0.26	0.22
1.7m	—	—	0.16	0.09	0.14	0.16	0.11	0.30	0.27

数据统计结果表明，测试时段男卫生间氨气体积分数基本保持在 0.3×10⁻⁶ 以下，其中氨气体积分数随测点变化较为明显，在同一测点处，0.3、0.9、1.7m 3 个高度平面的氨气体积分数并没有明显的分层现象。从表 2 中可以看出，测点 31 和测点 32 位于小便区，其氨气体积分数远高于大便区测点的氨气体积分数，这主要是尿液挥发导致的。男卫生间 31 测点处污染物体积分数最高，因此选取 31 作为重点关注测点，进行不同时刻的氨气体积分数测量，测量结果见表3。将该测点不同高度处的氨气体积分数随时间的变化情况及测量时段内服务人数变化情况绘制于图5。在 2 月 21 日 17：00—18：00，清洁人员对男厕进行了卫生打扫，从表 3 的数据中可以看出，及时打扫可大幅降低卫生间内的氨气体积分数。

表 3　男卫生间氨气体积分数随时间的变化情况

测量日期		2月21日					2月22日	
测量时间		14：40	15：40	16：25	17：15	18：10	12：30	13：25
氨气体积分数/ $\times 10^{-6}$	0.3m	0.27	0.37	0.35	0.40	0.35	0.24	0.30
	0.9m	0.26	0.28	0.31	0.42	0.18	0.24	0.18
	1.7m	0.30	0.29	0.33	0.37	0.22	0.24	0.22
服务人数		1040	966	1000	838	810	1017	1252
时段		14：00—15：00	15：00—16：00	16：00—17：00	17：00—18：00	18：00—19：00	12：00—13：00	13：00—14：00

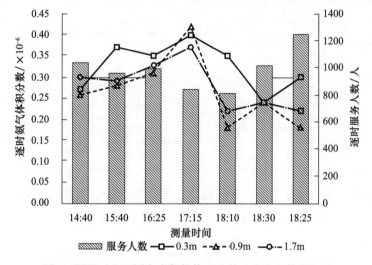

图 5　测量时段不同高度氨气体积分数及服务人数变化图

　　数据测试结果表明，在测量时段内，31 测点氨气体积分数在 2 月 21 日 17：00—18：00 最高，该时间段的 0.9m 高度处的氨气体积分数达到了 0.42×10^{-6}。但整体来看，大部分时间内该卫生间的氨气体积分数在 0.395×10^{-6} 以下，能够满足 GB/T 17217—1998《城市公共厕所卫生标准》[4]中规定的一类厕所氨气体积分数限值要求。由图 5 可得，3 个高度平面的氨气体积分数与相应时段的服务人数并没有呈现明显的相关性，分析其原因可能是由于测试时段如厕人数并没有较大波动，氨气体积分数也基本维持在 $0.2 \times 10^{-6} \sim 0.4 \times 10^{-6}$。

3.4　女卫生间污染物浓度分布特性

　　针对所选取的女卫生间，依据布置测点原则确定相应测点，并于 2 月 21 日 12：00—13：00 进行不同水平高度处的氨气体积分数测试，测点高度取值分别为 0.3、0.9、1.7m，测试结果如表 4 所示。测试中硫化氢体积分数均为 0。

表 4 女卫生间不同水平高度氨气体积分数分布　　　　　　（×10⁻⁶）

测点	01	02	03	11	12	21	22	23
0.3m	0.01	0.05	0.01	0.01	0.01	0.01	0.01	0.03
0.9m	0.03	0.04	0.07	0.03	0.02	0.01	0.01	0.01
1.7m	0.03	0.03	0.03	0.01	0.01	0.03	0.01	0.01

数据统计结果表明，测试时段女卫生间氨气体积分数基本保持在 $0.07×10^{-6}$ 以下。该时段卫生间各测点氨气体积分数维持在较低的范围内，在 3 个测试高度平面亦未出现明显的体积分数分层现象。由于女卫生间测点 03 处污染物浓度总体较高，因此选取 03 测点作为重点关注测点，进行不同时刻的氨气体积分数测量，测量结果见表 5。

表 5　女卫生间 03 测点氨气体积分数随时间的变化情况

测量日期		2 月 21 日						2 月 22 日	
测量时间		12：00	15：10	16：10	16：40	17：30	18：40	12：10	13：10
氨气体积分数/×10⁻⁶	0.3m	0.01	0.05	0.11	—	—	0.11	0.11	—
	0.9m	0.07	0.09	0.14	0.07	0.16	0.07	0.11	0.09
	1.7m	0.03	0.07	0.11	—	—	0.09	0.11	—
服务人数		439	488	474	440	437	436	416	447
对应时段		11：00—12：00	14：00—15：00	15：00—16：00	16：00—17：00	17：00—18：00	18：00—19：00	11：00—12：00	12：00—13：00

因 3 个测试高度并没有呈现明显的高度分层现象，绘制测量时段服务人数和 03 测点在 0.9m 高度处的氨气体积分数随时间的变化图，如图 6 所示。

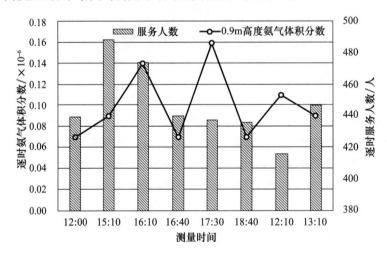

图 6　测量时段服务人数及 03 测点 0.9m 高度氨气体积分数变化图

数据测试结果表明，女卫生间的氨气体积分数在 17：00—18：00 时达到峰值，最高体积分数为 $0.18×10^{-6}$。该女卫生间的氨气体积分数在测试时段均满足了 GB/T 17217—1998《城市公共厕所卫生标准》[4]中规定的一类厕所氨气体积分数限值要求（低

于 0.395×10^{-6}）。由图 6 可知，氨气体积分数与相应时段的服务人数并没有呈现明显的相关性。分析其原因可能是由于调研时段如厕人数并没有较大波动，氨气体积分数的测量值维持在一个较小的范围内。

4　结论

1）候车室卫生间硫化氢体积分数始终为 0，满足 GB/T 17217—1998《城市公共厕所卫生标准》中规定的一类厕所的要求，硫化氢体积分数可不作为公共厕所卫生标准的判断指标。

2）在测量时段，候车室男卫生间氨气体积分数大部分时间在 0.395×10^{-6} 以下，部分时刻超出了限值，最高达到了 0.42×10^{-6}，基本满足 GB/T 17217—1998《城市公共厕所卫生标准》中规定的一类厕所氨气体积分数限值要求。女卫生间氨气最高体积分数为 0.18×10^{-6}，小于 0.395×10^{-6}，在测量时段始终满足规定的一类标准。男厕服务人数高于女厕，氨气体积分数值也明显高于女厕。

3）在测量过程中，氨气体积分数与相应时段的服务人数并没有呈现明显的相关性。分析其原因可能是由于调研时段如厕人数并没有较大波动，且该车站候车室通风系统运行良好，避免氨气长时间累积。

4）铁路车站公共区男卫生间小便区的氨气体积分数明显高于大便区的氨气体积分数，这是由尿液挥发导致的，可通过及时清洁的方式有效降低氨气体积分数。

参考文献

[1] 敖永安，王利，贾欣，谷超. 卫生间污染物扩散规律数值模拟及排风口位置和补风方式的优化 [J]. 沈阳建筑大学学报，2011，27（4）：720-724.

[2] 王岳人，于晶，宋涛. 住宅厨房卫生间机械排风下的气流组织分析 [J]. 沈阳建筑大学学报，2009，25（6）：1157-1160.

[3] 杨春水. 无窗卫生间的排风设计 [J]. 暖通空调，1999，29（4）：46-48.

[4] 城市公共厕所卫生标准：GB/T 17217—1998 [S]. 北京，中国标准出版社，1998.

• 计算机模拟 •

单侧斜井通风系统风量分配对隧道通风效果的影响分析

惠豫川☆

（中铁第四勘察设计院集团有限公司）

摘　要　以某特长铁路隧道为研究对象，考虑 2.0m/s 自然反风影响及列车在隧道口紧急救援站内且靠近斜井侧线路上行驶的不利情况，采用数值模拟的方法，研究了单侧斜井垂直送风方式对隧道流场及风量分配系数的影响。结果表明：在总送风量一定的情况下，各斜井的风量配比对隧道风量分配系数影响微弱，多个斜井送风工况结果显示，隧道风量分配系数均维持在 0.52～0.55 之间，无显著差异。

关键词　特长铁路隧道　自然反风　数值模拟　斜井　风量分配系数　通风系统

0　引言

伴随着我国城市建设的快速发展，（特）长铁路隧道建成、在建及规划数量越来越多。截至 2020 年底，我国投入运营的铁路隧道共计 16798 座，在建的铁路隧道 2746 座，规划中的铁路隧道 6354 座[1]。隧道在给人们出行和运输带来极大便利的同时，一旦发生火灾或列车故障停靠，会给隧道内被困人员疏散和外部救援工作带来极大困难[2]。

已有学者针对长大隧道的通风问题开展了系列研究。杨秀军等人基于西山超长隧道，对通风全系统的可靠性进行了验证[3]。郑晅等人为分析交通风对隧道通风的影响，以太湖水下隧道为依托，研究了车队在隧道内行驶产生的交通风[4]。惠豫川等人以某一典型铁路隧道群隧道口紧急救援站为研究对象，讨论了不同通风改造方案对隧道流场及风量分配系数的影响[5]。张瑞平等人依托池黄高铁某特长隧道工程，对隧道标准化施工通风方案进行了优化[6]。但现有长大隧道通风问题的研究较少涉及到风道风量分配比例对隧道通风效果的影响，显然，在既有的通风措施下，合理高效的通风技术方案对节省设备运行成本、保证隧道运营安全等方面具有重要意义。因此，本文以某特长铁路隧道为研究对象，采用数值模拟的方法就单侧斜井垂直送风方式对隧道通风效果的影响进行讨论，以期为类似工程提供借鉴。

☆　惠豫川，1994 年生，硕士研究生，工程师
　　430063　湖北省武汉市武昌杨园和平大道 745 号
　　E-mail：1562379496@qq.com

1 数值模拟方法

本文采用计算流体仿真软件 FLUENT 模块就单侧斜井送风方式对隧道通风效果的影响特征进行三维数值模拟，针对不同斜井送风工况分别展开研究。

1.1 物理模型建立及参数设置

物理模型采用 Fluent 的前处理软件 ICEM CFD 创建，模型忽略隧道坡度的变化，模拟时考虑列车在隧道口紧急救援站内且靠近斜井侧线路上行驶。本文分析所建立的整体物理模型如图 1 所示，包含一条疏散通道和三条尺寸相同的加压送风斜井，疏散通道内安装有 1 台加压风机，每个加压送风斜井入口处装配有 1 台轴流加压风机，且疏散通道及送风斜井均与主隧道呈垂直分布。

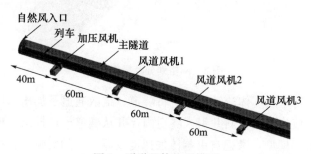

图 1 隧道整体物理模型

为便于描述，这里用 Q_1、Q_2、Q_3 分别表示送风斜井内加压风机 1、2、3 的送风量。疏散通道、加压送风斜井、隧道正洞、自然风入口（自然通风端）示意及尺寸如图 2 所示。

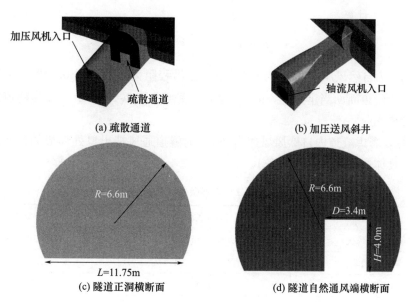

(a) 疏散通道   (b) 加压送风斜井

(c) 隧道正洞横断面   (d) 隧道自然通风端横断面

图 2 模型局部示意

由于多面体网格具有生成速度快、计算精准的优点，因此采用生成多面体网格的方式进行网格划分，并对加压送风斜井及疏散通道等气体流动复杂区域进行网格局部加密处理，以获得较优的求解结果。网格正交质量最终控制在 0.5 以上，网格划分情况如图 3 所示。

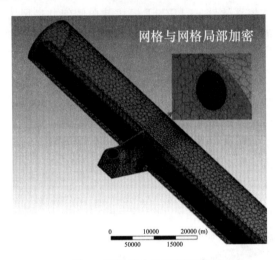

图 3　网格划分及局部网格

根据隧道通风特点及气体流动特性，将隧道、疏散通道及加压送风斜井内部全部空间划分为 1 个计算域，气流自斜井引入隧道内，并从隧道出口排出。模型分析模块选用湍流流动的标准 K-ε 模型，考虑自由落体加速度及浮升力的影响，根据求解收敛性设置亚松弛因子，采用无滑移标准壁面函数及 SIMPLE 算法二阶迎风格式进行计算。

通过前期掌握的隧道和风道壁面实际特征和支护情况，设置壁面粗糙度常数为 0.5，壁面平均粗糙高度为 0.003m。计算中考虑自然反风（即由隧道通风端吹向隧道短路端）的影响，设置隧道通风端出口为压力入口（Pressure-inlet）边界条件，入口压力数值通过下式[7]计算：

$$p_{\mathrm{n}} = \left(1.5 + \frac{\lambda L_{\mathrm{T}}}{d}\right)\frac{\rho}{2}v_{\mathrm{n}}^{2} \tag{1}$$

式中 p_{n} 为自然风压，Pa；λ 为隧道及风道沿程阻力系数，取 0.019；L_{T} 为隧道长度，m；d 为隧道断面当量直径，m；ρ 为空气密度，取 1.2kg/m³；v_{n} 为隧道内自然风速，考虑为 2m/s。

经计算，考虑隧道内自然风风速为 2m/s 时隧道通风端出口处形成的自然风压力为 42.36Pa，具体边界条件设置见表 1。

表 1　边界条件设置

边界名称	边界类型	边界设置
斜井加压风机	Velocity-inlet	根据工况设置
隧道通风端	Pressure-inlet	42.36Pa
隧道短路端	Pressure-outlet	0Pa
疏散通道加压风机	Velocity-inlet	13.82m/s

1.2 计算工况设定

为了探究在总送风量（本次分析取为 $450m^3/s$）一定的情况下，3 条加压送风斜井风量配比对隧道通风效果的影响，也即对隧道风量分配系数的影响，本文研究共设置了 22 种计算工况，见表 2。

表 2　计算工况设定

工况编号	风量配比			工况编号	风量配比		
	Q_1	Q_2	Q_3		Q_1	Q_2	Q_3
工况 1	1	1	1	工况 12	1	1	1.05
工况 2	1	1	16	工况 13	1	1	1.1
工况 3	1	1	4	工况 14	1	1	1.15
工况 4	1	2	4	工况 15	1	1	0.85
工况 5	1	2	12	工况 16	1	1	0.9
工况 6	1	2	3	工况 17	1	1	0.95
工况 7	1	3	5	工况 18	5	3	1
工况 8	1	2	1	工况 19	1.7	1	1
工况 9	1	10	2	工况 20	17	10	1
工况 10	1	4	3	工况 21	4	2	1
工况 11	1	5	6	工况 22	2.6	1	1

这里，定义隧道风量分配系数为隧道通风端与隧道短路端风量的比值，可通过式（2）计算：

$$R=\frac{Q'_1}{Q'_2} \tag{2}$$

式中　R 为风量分配系数；Q'_1 为隧道通风端风量，m^3/s；Q'_2 为隧道短路端风量，m^3/s。

2　模拟结果分析

计算得到各个计算工况下的风量分配系数见表 3，并根据计算结果绘制了如图 4 所示的三维点状图。

表 3　计算结果

工况编号	风量配比			分配系数	工况编号	风量配比			分配系数
	Q_1	Q_2	Q_3			Q_1	Q_2	Q_3	
工况 1	1	1	1	0.43	工况 12	1	1	1.05	0.54
工况 2	1	1	16	0.53	工况 13	1	1	1.1	0.54
工况 3	1	1	4	0.54	工况 14	1	1	1.15	0.54

续表

工况编号	风量配比			分配系数	工况编号	风量配比			分配系数
	Q_1	Q_2	Q_3			Q_1	Q_2	Q_3	
工况 4	1	2	4	0.54	工况 15	1	1	0.85	0.54
工况 5	1	2	12	0.55	工况 16	1	1	0.9	0.54
工况 6	1	2	3	0.53	工况 17	1	1	0.95	0.54
工况 7	1	3	5	0.54	工况 18	5	3	1	0.52
工况 8	1	2	1	0.54	工况 19	1.7	1	1	0.54
工况 9	1	10	2	0.55	工况 20	17	10	1	0.52
工况 10	1	4	3	0.54	工况 21	4	2	1	0.54
工况 11	1	5	6	0.54	工况 22	2.6	1	1	0.52

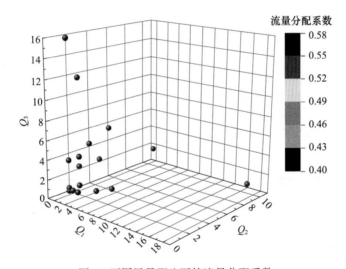

图 4　不同风量配比下的流量分配系数

　　从表 3 和图 4 中可以看出，除 3 条加压风道风量平均分配的工况 1 外，其余各工况计算得到的隧道风量分配系数均在 0.52～0.55 之间，无显著差异。对各工况对应的风量分配系数结果作箱线图处理，如图 5 所示。从图 5 中可以发现，工况 1 的计算结果可以作为异常值剔除。由此可知，隧道火灾或日常营运需要开启送风斜井内加压风机时，在总通风量一定的情况下，各斜井加压送风量配比对隧道风量分配系数影响微弱，风量分配系数整体在 0.52～0.55 之间波动。

　　分析原因可知，单侧斜井垂直送风效果与隧道通风端和短路端的长度相对大小相关，一般而言，隧道通风端长度越小，风阻越小，进而风量分配系数越大，表现为隧道通风效果越好，从该单一因素而言，通风效果较优。但由于考虑列车在隧道内靠近斜井侧线路上行驶及自然反风的不利影响，在列车阻滞效应及自然风阻力效应的共同作用下，风量分配系数受到一定负面影响，整体处于较低水平。此外，气流经 3 条加压送风斜井送入隧道后迅速汇集，本质上等同于单斜井送风模式，因此不同斜井送风量配比对隧道风量分配系数影响不大。

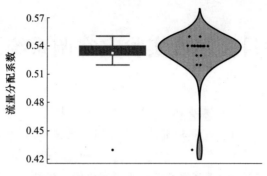

图 5 各计算工况下的分配系数分布

3 结论与建议

采用数值模拟的方法,考虑 2.0m/s 自然反风影响及列车在隧道口紧急救援站内且靠近斜井侧线路上行驶的不利情况,就单侧斜井垂直送风方式对隧道风量分配系数的影响进行了讨论,主要得出了以下结论:

1) 在隧道总送风量一定的情况下,多个斜井送风工况结果显示,隧道风量分配系数均维持在 0.52～0.55 之间,可见,各斜井的风量配比对隧道风量分配系数几乎无影响。

2) 隧道火灾或日常营运需要吹入式机械送风时,可综合考虑土建难度、建设成本、既有施工通道利用等多个因素选择单斜井(风道)单独送风或多斜井(风道)联合送风方式。

参考文献

[1] 田四明,王伟,巩江峰 . 中国铁路隧道发展与展望(含截至 2020 年底中国铁路隧道统计数据)[J]. 隧道建设(中英文),2021,41(2):308-325.

[2] 惠豫川 . 某城市公路隧道排烟及人员疏散方案模拟研究 [D]. 重庆:重庆大学,2020.

[3] 杨秀军,石志刚,颜静仪 . 基于 CFD 的超长公路隧道通风系统全系统数值模拟研究 [J]. 公路,2013(4):233-235.

[4] 郑暄,李凡,李雪 . 交通风作用下的隧道运营通风研究 [J]. 地下空间与工程学报,2021,17(4):1322-1327,1336.

[5] 惠豫川,蒋仕强 . 既有铁路隧道洞口型紧急救援站通风达标改造方案研究 [J]. 暖通空调,2022,52(S2):26-29.

[6] 张瑞平,邱伟超,王玮,等 . 特长隧道标准化施工通风设计数值模拟研究 [J]. 中国标准化,2023(6):176-179.

[7] 中铁二院工程集团有限责任公司 . 铁路隧道运营通风设计规范:TB 10068—2010 [S]. 北京:中国铁道出版社,2010.

深圳某项目高精度实验室空调系统设计研究

朱少林☆ 郭 勇 夏可超

(广东省建筑设计研究院有限公司)

摘 要 本文以深圳市某实际高精度实验室为例,利用CFD模拟软件对空调系统气流组织方案进行了比较和分析,探讨了在混合流气流组织形式下获得高精度空调环境所需的送回风布置方案及送风参数要求。

关键词 高精度实验室 孔板送风 CFD

0 引言

随着现代科学技术的飞速发展,科学实验对实验室环境(温湿度、室内风速及洁净度等)的要求也越来越高;其中实验室温湿度及室内风速等的控制精度是高精度实验室的重要参数指标。以上参数控制精度受空调系统气流组织形式、送风量及送风参数等的影响。因此,合理确定气流组织形式、送风量及送风参数,并与实验室功能相适应是实验室空调系统设计的关键因素。CFD模拟技术作为一种仿真手段,具有成本低、速度快、可模拟不同工况等优点[1],将其作为一种辅助设计手段已被大量应用于暖通空调领域,在实验室项目中更是必不可少的。

1 工程概况

1.1 建筑及实验室概况

该项目位于广东省深圳市光明区,为两栋既有厂房改造成重大科研实验大楼。项目总建筑面积约3.2万 m²,分为B1、B2两栋,均为6层,建筑高度33.51m。其中B1栋1~4层为同步辐射光源实验室及自由激光电子实验室,B2栋1~5层为精准医学影像实验室及特殊环境物质实验室,其余为配套用房。建筑鸟瞰图如图1所示。

本文讨论的实验室位于项目B1栋2层,功能为飞秒同步光学实验,建筑面积约75m²。

该实验室所在楼层层高5.5m,室内净高要求3.0m,实验设备经常搬运,设计搬运外门宽不小于2.5m;为运输便捷,科研人员要求地面设防静电地板,且不允许设架空地板。飞秒同步光学实验室具体位置详见图2。

☆ 朱少林,男,1983年生,高级工程师
518026 深圳市南山区科技南十二路九洲电器大厦A座4楼
Email:261762719@qq.com

图1　建筑鸟瞰图

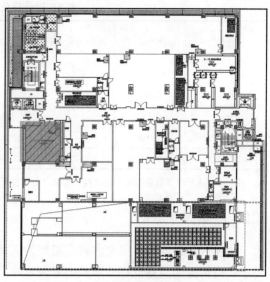

图2　B1栋2层飞秒同步光学实验室位置图

1.2　设计参数

项目位于深圳市，属夏热冬暖地区，当地室外空气设计参数如表1，室内设计参数如表2。

表1　室外设计参数[2]

季节	干球温度/℃		湿球温度/℃	相对湿度/%	大气压力/kPa
	空调	通风			
夏季	33.7	31.2	27.5	—	100.24
冬季	6.0	14.9	—	72	101.66

表2　室内设计参数

功能	干球温度/℃（全年）	相对湿度/%（全年）	实验区风速/(m/s)	洁净度	压力/Pa
飞秒同步光学	23 ± 0.1	37.5 ± 5	0.1	ISO 6	$+25$

2　设计方案

2.1　负荷分析

采用暖通空调负荷计算软件进行逐时空调冷热负荷计算。其中：①新风量按满足人员最小新风量及维持室内正压新风量取大值，计算新风量为900m³/h；②科研设备配电功率为30kW，设备发热量按照文献［3］计算，设计日负荷计算结果见表3。

表 3 设计日负荷计算结果

分类	显热负荷/W	潜热负荷/W	总冷负荷/W	湿负荷/(kg/h) 夏季	冬季	热负荷/W
人员	414	672	1086	1.0	0.80	—
新风	3154	11105	14259	15.5	−0.36	5542
设备	7350	—	7350	—	—	—
照明、围护结构	2090	—	2090	—	—	227
合计	13007	11777	24785	16.5	−1.8	5769

注：由于人员冬季散湿存在不稳定性，加湿设备需按新风量考虑。

2.2 冷热源介绍

该项目高精度实验室室内露点温度为 7.7℃，在节能的前提下，为保证实验室工艺需求，高精度实验室设有低温及高温两套冷源系统。低温冷源用于除湿，其供回水温度为 2℃/7℃，载冷剂采用 15% 乙二醇水溶液；高温冷源则承担剩余显热，其供回水温度为 12℃/17℃。

根据文献 [4] 的规定：对于公共建筑，室内或工作区的温度控制精度小于 0.5℃，或相对湿度控制精度小于 5% 的工艺空调系统应允许采用电直接加热设备作为供暖热源。因此，该项目对于高精度实验室（控制精度小于 0.5℃），采用末端电直接加热；对于其余非高精度实验室，设置空气源热泵作为热源。

2.3 风柜选型

该项目风柜采用多级表冷＋加湿＋再热的空气处理过程，其设备功能处理段见图 3。

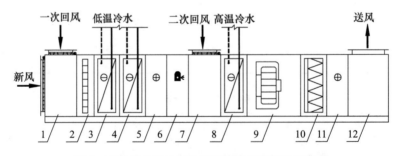

图 3 飞秒同步光学实验室空调风柜功能段示意图

1—混风段；2—粗效过滤；3—除湿表冷；4—深度除湿表冷；5—电加热；6—电热加湿；
7—二次混风段；8—控温表冷段；9—风机段；10—中高效过滤段；11—二次电加热段；12—送风段

风柜中设置两级除湿表冷段（功能段 3、4）。夏季设计日工况，除湿表冷段 3 即可将所有湿负荷全部去除；当出现极端天气，经除湿表冷段 3 除湿后的空气未能达到设定要求时，开启深度除湿表冷段 4 水阀进一步除湿处理。

风柜中设置有两次加热段。夏季设计日工况，经过除湿表冷段后的空气温度为低温饱和空气，为避免与二次回风混合后结露影响送风含湿量，需进行再热；一次加热段再热量按加热至比室内回风露点温度高 1.5℃设计选型；二次加热段则根据冬季热负荷选型，同时在夏季时，当经过控温表冷段 8 表冷后的空气温度低于设定温度时，可开启二次加热，保证送风参数满足设定要求。

根据夏季设计日负荷及焓湿图（见图 4）计算，相关计算过程如下：

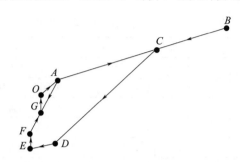

$$\underset{B}{\overset{A}{\big|}}\underset{混风}{}\underset{C}{\overset{}{\big|}}\underset{除湿}{}\underset{D}{\overset{}{\big|}}\underset{深度除湿}{}\underset{E}{\overset{}{\big|}}\underset{加热}{}\underset{F}{\overset{A}{\big|}}\underset{二次混风}{}\underset{二次加热}{}\underset{O}{\overset{}{\big|}}\underset{送入室内}{}\underset{A}{\overset{}{\big|}}$$

图 4　飞秒同步光学实验室焓湿图示意图

1）送风量。根据洁净度等级（ISO6 级）要求及满足工艺送风温差（2~3℃）要求计算取大值。ISO6 级对应的室内换气次数为 50~60h^{-1}，本次取 60h^{-1}，计算送风量为 13500m³/h；送风温差取 2.5℃，根据室内显热负荷为 9853W，计算送风量为 11707m³/h；比较两者取大值 13500m³/h，送风温差为 2.2℃，送风温度为 20.8℃。

2）一次回风量。在设计日工况下，室内状态点露点温度为 7.7℃，总除湿量为 16.5kg/h，新风量为 900m³/h。如仅采用新风除湿，则除湿后的空气参数为干球温度 4.6℃、含湿量 5.081g/kg，空气温度过低，且不易控制；为避免空气温度过低，增加一次回风。假设表冷段后的空气露点温度与室内露点温度差不大于 1.5℃，本次计算取 1.2℃，即表冷段后的空气露点温度为 6.5℃、含湿量为 6.151g/kg；根据新风量（900m³/h）、新风含湿量（21.392g/kg）及除湿量（16.5kg/h），计算一次回风量为 1800m³/h。

3）$A+B$ 至 C 一次混风过程：风量 2700m³/h，混风后 C 点参数为干球温度 26.5℃、露点温度 15.7℃。

4）C 至 D 表冷除湿过程：D 点参数为相对湿度 95%、露点温度 6.5℃；过程中表冷量为 28.8kW、除湿量为 16.5kg/h；当 D 点未达到设定点时，开启深度除湿表冷段水阀深度表冷，使 E 点达到设定要求。

5）D（E）至 F 等湿加热过程：F 点参数为干球温度 9.2℃（加热到比室内露点高 1.5℃）、露点温度 6.5℃；过程中再热量为 1.8kW。

6）$F+A$ 至 G 二次混风过程：二次回风量 10800m³/h，总风量 13500m³/h；G 点参数为干球温度 20.1℃、露点温度 7.5℃。

7）G 至 O 再热：由于 G 温度低于送风温度 20.8℃，需二次加热至送风温度 O 点，再热量为 3.2kW。在冬季时，二次加热段 11 需负担全部热负荷（5.769kW），比较两者大值，取 6kW。

8）当过渡季节总湿负荷很小，甚至需要加湿而室内仍需要制冷时，除湿表冷段水阀关闭，由控温表冷段负担所有冷负荷；控温表冷段冷量可按夏季设计日总冷负荷配置，具有足够的富余量，即取 25kW。

根据以上处理过程及计算结果，设备选型结果见表 4。

表 4　飞秒同步光学实验室空调风柜参数

	参数	备注
额定送风量/(m³/h)	14000	考虑安全系数
一次回风量/(m³/h)	0～1800	一次回风量可根据室内湿负荷调节
除湿表冷段/kW	30	考虑安全系数
深度除湿表冷段/kW	3.0	按表冷除湿段的 10% 选取
电加热段/kW	3.0	考虑安全系数
电热加湿段/(kg/h)	2	根据冬季加湿量选型，电热加湿控制精度高
二次回风量/(m³/h)	≤12200	根据一次回风量和送风参数调节
控温表冷段/kW	25	考虑安全系数
风机功率/kW	11	
二次电加热/kW	6	考虑安全系数

2.4　送风方式分析

根据文献 [5] 的相关要求，飞秒同步光学实验室的洁净度等级为 ISO 6 级，可以采用非单向流。该项目为既有厂房改造，建筑层高 5.5m，飞秒同步光学实验室净高要求为 3.0m。根据科研工作者的要求，实验室内不允许设置架空地板；为满足实验需求，气流组织采用顶送＋下侧回的混合流送风方式。顶部送风方式为吊顶内高效过滤送风口＋500mm 送风腔＋吊顶均匀孔板送风；回风方式为侧回风墙＋贴地回风洞口（内设防护网），回风口高度为 700mm，长度为侧墙长度；实验室空调系统示意图见图 5。

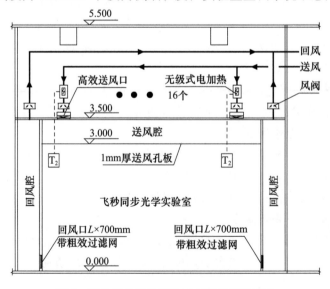

图 5　飞秒同步光学实验室空调系统示意图

3 CFD模拟设置

3.1 网格划分

1）网格依赖性分析

为了确保模拟结果的有效性及准确性，本次模拟对网格依赖性进行分析。采用模拟软件对实验室建模及网格划分，采用非结构化网格划分不同的网格尺寸，得到不同的网格密度；不同网格密度划分的具体参数见表5。

表5　不同网格密度划分参数

	最大网格尺寸/mm	网格节点数	网格单元数
方案1	200	138899	833637
方案2	150	287312	1712185
方案3	100	856115	5137111
方案4	90	1119201	6679516
方案5	80	1556511	9294314
方案6	70	2266619	13586023
方案7	60	3445235	20591263

在相同的边界条件下，采用不同的网格密度对实验室进行CFD模拟，不同网格密度下回风口的平均速度和平均温度对比见图6，7。

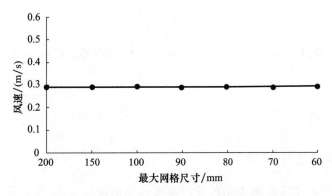

图6　最大网格尺寸与回风口平均速度模拟结果

从模拟结果可以看出：网格密度对回风平均速度影响不大，而对回风平均温度影响很大。当最大网格尺寸为80mm后，温度曲线基本平缓；为减少计算量，同时保证计算结果的准确性，最大网格尺寸设置为80mm。

2）网格划分

本次模拟采用非结构化网格对计算区域进行网格划分，最大网格尺寸为80mm，并

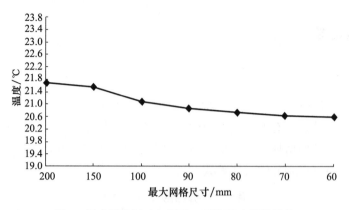

图 7　最大网格尺寸与回风口平均温度模拟结果

对空调区内送风口、回风口、面积或间距较小的墙体等区域的网格进行局部加密。

3.2　边界条件

将飞秒同步光学实验室与相邻区域有热传递的隔墙设置为热流边界条件，与相邻区域无热量传递的隔墙设置为绝热条件。实验设备尺寸、位置按实际尺寸建模，设备设置为体积热源。

实验室环境采用标准大气压，选用标准 K-ε 湍流模型。送风口设置为速度入口，速度大小根据设计风口尺寸及送风量计算得到，送风温度设定为动态边界，温度波动按周期性进行，回风口设置为自由出流。

孔板层边界条件采用 porous-jump 类型[6]，其压力跳跃系数根据设计孔隙率按照式（1）计算得到，该项目设计孔隙率为 30％，设计孔板厚度为 1mm。

$$C_2 = \frac{\frac{1}{\theta^2}-1}{C^2 d_x} \tag{1}$$

式中　C_2 为压力阶跃系数，1/m；θ 为孔隙率；C 为常数，$C = 0.62$；d_x 为孔板层厚度，m。

4　CFD 模拟分析

4.1　原施工图速度场模拟

飞秒同步光学实验室原施工图吊顶内高效过滤送风口为 12 个，尺寸为 1025mm×720mm，送风腔高度 500mm，吊顶均匀孔板孔隙率为 30％；回风墙为三面，回风口设置于回风墙底部离地 100mm，回风口高度为 700mm。平面布置见图 8，经 CFD 模拟后实验室内纵向速度场见图 9。

从图 9 可知，高效送风口出口处速度场为 0.2～0.4m/s，经送风腔均流，再经孔板送出后，实验区域的风速基本可以维持在 0.2m/s 以下，但大面积区域无法满足小于0.1m/s 的要求。因此，原施工图气流组织无法达到实验要求，需进一步优化。

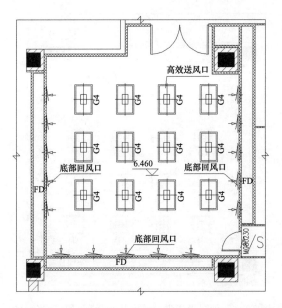

图 8　飞秒同步光学实验室原施工图风口布置平面图

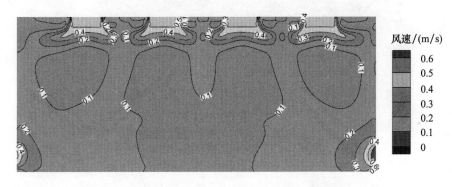

图 9　飞秒同步光学实验室纵向速度场

4.2　优化后速度场模拟

为了达到实验区空气流速小于 0.1m/s 的要求，优化方案如下：送风口数量增加至 16 个，尺寸为 730mm×730mm，均匀布置，其余条件不变；回风墙增加为四面，回风口高度不变。平面布置见图 10，经 CFD 模拟后实验室内速度场见图 11～15。

从图 11～15 可知，高效送风口出口处速度场为 0.2～0.3m/s，经送风腔均流，再经孔板送出后，除回风口附近外，室内风速均维持在 0.1m/s 以下。在 0.5、1.0m 标高平面上，靠近回风口约 1.0m 范围内，局部风速超过 0.1m/s，其余区域风速在 0.1m/s 以下；在 1.5、2.0m 标高平面上，回风口的影响基本可以忽略，90% 以上的区域风速在 0.1m/s 以下。因此，优化后的气流组织方案可满足实验区风速在 0.1m/s 以下的需求。

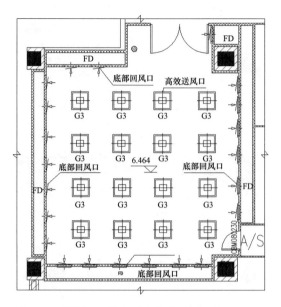

图 10　飞秒同步光学实验室优化后风口布置平面图

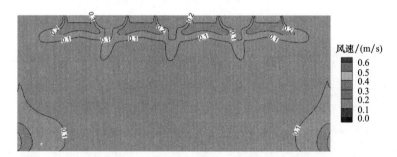

图 11　飞秒同步光学实验室优化后室内纵向速度场

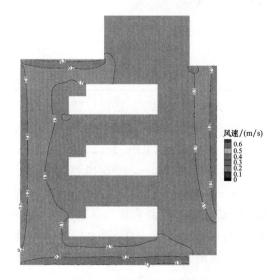

图 12　飞秒同步光学实验室
优化后离地 0.5m 处速度场

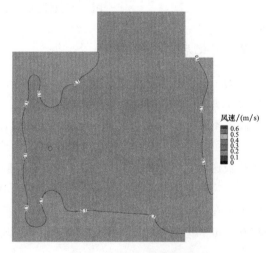

图 13　飞秒同步光学实验室
优化后离地 1.0m 处速度场

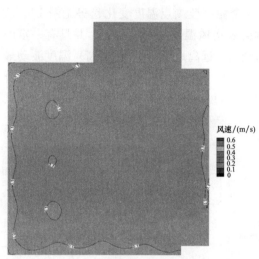

图 14　飞秒同步光学实验室
优化后离地 1.5m 处速度场

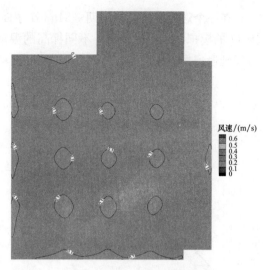

图 15　飞秒同步光学实验室
优化后离地 2.0m 处速度场

4.3　优化后的温度场模拟

可研人员对室内温度场的要求为 23℃±0.1℃，即要求室内温度波动度不大于 0.1℃，而在负荷恒定的情况下，室内温度波动度取决于送风温度的波动度。因此，为了保证室内温度达到要求，需研究送风温度波动度；本研究分别对不同的送风温度波动区间（21.0℃±0.08℃、21.0℃±0.06℃、21.0℃±0.04℃、21.0℃±0.02℃）进行模拟计算。假定送风温度波动按周期性进行，设定一个完整的周期为 Nmin，每 n min 波动一次，一个完整周期内波动 N/n 次后回到初始温度，本次取 N 为 84min，n 为 7min。经过模拟计算发现，送风温度波动度≤0.04℃可以满足室内温度的稳定，即：设定初始温度为 20.96℃，并以每 7min 0.0133℃的速率递增至 21.04℃，随后又以每 7min 0.0133℃的速率递减至 20.96℃。

为了便于研究该问题，在平面上选定 5 个点来监测其温度波动，具体位置见图 16。

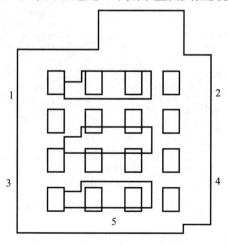

图 16　温度监测点位置示意图

在一个送风温度波动周期（84min）内，5 个温度监测点温度变化趋势见图 17。从图 17 的模拟结果可以看出，不同标高的温度会随送风温度波动而变化，并具有一定的时间延迟；靠近地面（0.5m 标高）温度波动最大，远离地面（2.0m 标高）温度波动最小；1 至 5 点的最高温度分别为 21.05、21.08、21.10、21.08、21.04℃，最低温度分别为 20.92、20.93、20.93、20.92、20.93℃，温度波动绝对值分别为 0.07、0.07、0.09、0.08、0.06℃。

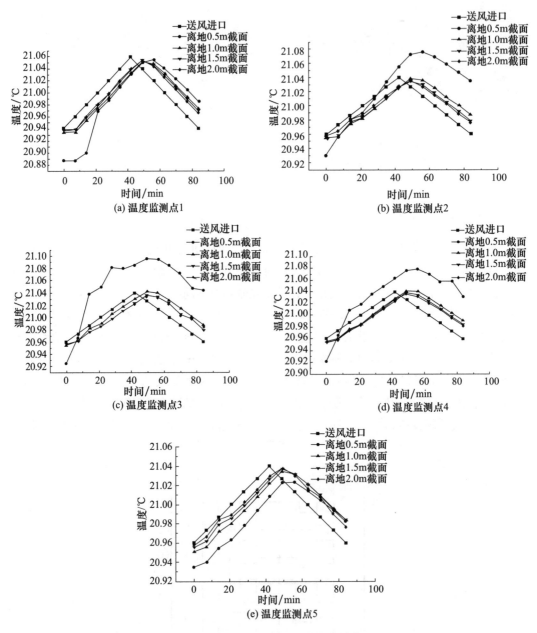

图 17　5 个温度监测点温度变化趋势

因此，在该项目设计方案下，如假定送风温度按周期性波动，在 84min 的周期内波动 12 次，如需保证室内温度波动度为±0.1℃时，送风温度波动度需控制在±0.04℃。

5 结论

1）本项目采用混合流（非单向流）的设计方案可以满足实验区风速≤0.1m/s的要求，但要保证送风均匀性，送风口流速及送风口数量需要经过详细计算或模拟；回风口的流速、位置及高度对室内风速场也有比较大的影响：回风口尽量靠近地面设置，建议离地100mm，回风口高度建议不超过700mm；四面墙体均设置底部回风口时明显优于三面。

2）实验区风速要求≤0.1m/s时，建议回风口平均风速控制在0.25m/s以内，送风口风速宜控制在0.35m/s以内。

3）实验室内温度波动度受制于送风温度波动度，应采取可靠措施减小送风温度波动。除风柜内加热、加湿均采用电热型外，还采取了以下措施：

①风柜控制系统与设备机电一体化，减少施工误差；

②冷源系统增设闭式恒温水箱，维持供水温度稳定；

③表冷器回水比例积分阀两端设压差控制平衡阀；

④采用高精度的传感器，如温度传感器可采用铂电阻型；

⑤送风口风管上设置无极式电加热器（单个功率为0.25kW），根据室内均匀布置的温度传感器联动调节，精确控制送风温度。

参考文献

[1] 袁东升，田慧玲，高建成. 气流组织对空调房间空气环境影响的数值模拟[J]. 建筑节能，2008（9）：9-13.

[2] 中国建筑科学研究院. 民用建筑供暖通风与空气调节设计规范：GB 50736—2012[S]. 北京：中国建筑工业出版社，2012：47-49.

[3] 中国电子工程设计院. 空气调节设计手册[M]. 3版. 北京：中国建筑工业出版社，2017：213-218.

[4] 建筑节能与可再生能源利用通用规范：GB 55015—2021[S]. 北京：中国建筑工业出版社，2022：21-22.

[5] 中国电子工程设计院. 洁净厂房设计规范：GB 50073—2013[S]. 北京：中国计划出版社，2013：20-22.

[6] 金莎，沈恒，孙大明，等. 基于CFD方法的孔板送风气流组织优化研究[J]. 低温工程，2015（1）：23-28.

某中庭竖直温度梯度影响因素分析

邵珠坤☆　钟世民　潘学良　李向东
（山东省建筑设计研究院有限公司）

摘　要　以某办公建筑的高大中庭为例，利用 Airpak 软件模拟夏季不同工况下中庭的热环境，并据此提出解决中庭竖直温度梯度过大的措施。

关键词　中庭　温度梯度　烟囱效应　自然通风

0　引言

随着社会经济的发展，人们对办公建筑内空间的美观性及实用性的要求也越来越高。中庭作为办公建筑中的休闲区域，对于整个建筑空间的气氛转换及建筑内环境的改善有重要作用，因此中庭热环境的舒适度不容忽视[1]。

办公建筑的中庭上下竖直贯通多个楼层甚至整个建筑，空间体积较大，为了室内自然采光或立面效果需要，经常大面积采用玻璃幕墙或者天窗。由于烟囱效应，会造成中庭竖直方向上温度梯度过大，影响人体的舒适度[2-3]。

本文利用 Airpak 模拟软件对某办公建筑的中庭进行热环境模拟分析，并针对性提出解决方案。

1　项目概况和物理模型

1.1　项目概况

某办公大楼位于山东省济南市，共 4 层，高度约 25.5m。为优化室内空间、满足自然采光的要求，在建筑内部 2～4 层设置有直通屋面的采光中庭（高度约 21m）。中庭顶部均采用玻璃天窗，2 层为人员休闲活动区，中庭与办公区通过回形内走廊相连接，中庭剖面见图 1。

2 层（中庭首层）利用高静压风机盘管向中庭空间侧送风，风口采用球形喷口；3、4 层回廊（中庭的 2、3 层）采用风机盘管双层百叶下送风。

1.2　物理模型

由于整个办公建筑内部布局较为复杂，在保证模拟结果准确的前提下，对物理模型

☆　邵珠坤，男，1992 年 11 月生，硕士，工程师
250001　济南市市中区小纬四路四号山东省建筑设计研究院有限公司
E-mail：1182874291@qq.com

进行简化。回形走廊周围的办公室等房间均为空调房间，与走廊和中庭之间没有热量交换。中庭顶部为玻璃天窗，受太阳辐射影响形成的热负荷简化为热流边界；人员、设备、照明等发热物体简化为地面热流边界。物理模型如图2所示。

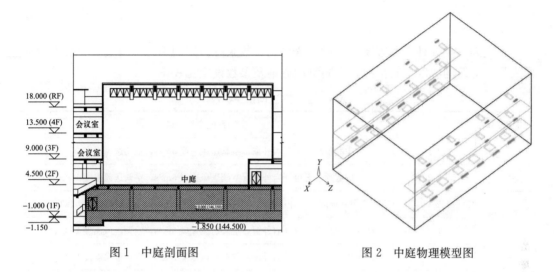

图1 中庭剖面图   图2 中庭物理模型图

根据建筑平面和设计条件，物理模型为长30m、宽17.5m、高21m的长方体，在模型两侧走廊的顶部设置风机盘管，首层共设置12台风机盘管，2、3层分别设置8台风机盘管。

1.3 网格划分和控制方程

网格划分是整个模拟计算的重要环节，准确地划分网格既可以保证计算结果的准确性，又能提高计算速度。Airpak软件中可以采用四面体、六面体多种网格划分形式，在综合考虑网格的稳定性、模拟计算的精度和运算速度的前提下，本次模拟采用了六面体网格，网格数量约为530000个。网格模型及划分质量如图3所示。

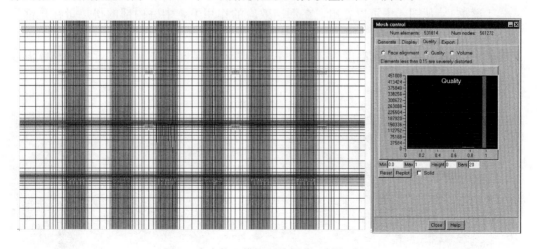

图3 中庭物理模型网格划分及网格质量

中庭内气流属于三维稳态不可压缩流体，模拟中湍流模型选用标准 K-ε 两方程[4]，速度和压力耦合采用 SIMPLE 算法[5]。

2 模拟方案

本文列举了 3 种空调方案，通过改变空调参数来分析不同工况下中庭竖直温度分布及人员活动区的温度分布情况，不同空调方案及参数设定见表 1。

表 1 各方案空调系统参数

方案编号	工况	空调系统参数设定
1	1-1	中庭顶部无可开启外窗，空调送风速度 3m/s，空调送风温度 22℃
	1-2	中庭顶部无可开启外窗，空调送风速度 3m/s，空调送风温度 18℃
2	2-1	中庭顶部无可开启外窗，空调送风速度 1.5m/s，空调送风温度 18℃
	2-2	中庭顶部无可开启外窗，空调送风速度 3m/s，空调送风温度 18℃
3	3-1	中庭顶部无可开启外窗，空调送风速度 3m/s，空调送风温度 18℃
	3-2	中庭顶部有可开启外窗，空调送风速度 3m/s，空调送风温度 18℃
4	4	中庭顶部有可开启外窗，空调送风速度 2m/s，空调送风温度 20℃

3 模拟结果与分析

3.1 不同空调送风温度对中庭热环境的影响

图 4～7 及图 8～11 分别是根据空调方案 1 中工况 1-1 和工况 1-2 模拟得出的中庭竖直温度分布及中庭各层距地 1.5m 处的温度分布情况。

工况 1-1：从图 4 中可以看出，在烟囱效应的作用下，中庭内部的得热量在顶部聚集，加上太阳辐射的影响，中庭顶部的温度较高。由图 5～7 可知，在空调送风温度为 22℃时，中庭 1、2 层走廊温度为 25℃左右，3 层走廊温度达到了 29℃，中庭整体温度偏高，人员舒适感较差。

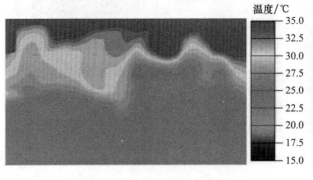

温度/℃

- 35.0
- 32.5
- 30.0
- 27.5
- 25.0
- 22.5
- 20.0
- 17.5
- 15.0

图 4 工况 1-1 中庭竖直温度　　　　　图 5 工况 1-1 1 层 1.5m 处温度分布

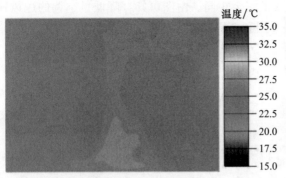

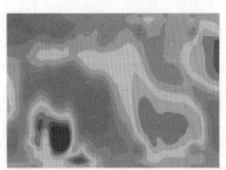

图 6 工况 1-1 2 层 1.5m 处温度分布   图 7 工况 1-1 3 层 1.5m 处温度分布

工况 1-2：将空调送风温度降低为 18℃，其余工况不变，得到的温度分布见图 8～11。从图中可以看出，中庭 1、2 层走廊温度为 21～22℃，3 层走廊温度为 25℃左右。降低空调送风温度后，整个中庭的平均温度明显下降，中庭顶部高温现象也得到了明显的缓解。与工况 1-1 相比，人员的舒适度明显提升。

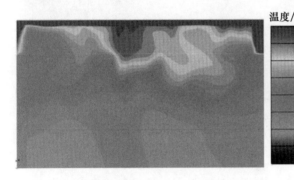

图 8 工况 1-2 中庭竖直温度   图 9 工况 1-2 1 层 1.5m 处温度分布

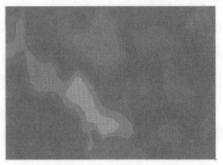

图 10 工况 1-2 2 层 1.5m 处温度分布   图 11 工况 1-2 3 层 1.5m 处温度分布

3.2 不同空调送风速度对中庭热环境的影响

改变空调的送风速度实质上是改变空调的供冷量。空调方案 2 中工况 2-1 与工况 2-2 相比，在保证其他条件不变的情况，仅改变送风温度进行的模拟计算，结果见图 12～

15。其中工况 2-2 与空调方案 1 中工况 1-2 完全相同。由图可知，降低了空调的送风速度，整个中庭的温度骤然上升，尤其是 2 层和 3 层，温度甚至达到了 30℃左右。

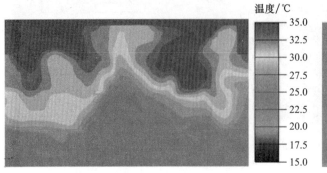

图 12　工况 2-1 中庭竖直温度　　　　　　　图 13　工况 2-1 1 层 1.5m 处温度分布

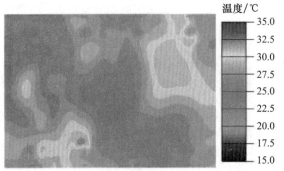　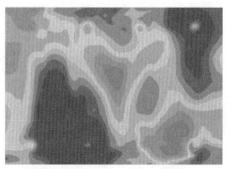

图 14　工况 2-1 2 层 1.5m 处温度分布　　　　图 15　工况 2-1 3 层 1.5m 处温度分布

经过对空调方案 1、2 模拟、分析对比可知，虽然降低空调的送风温度和提高空调的送风速度能改善整个中庭的热环境，提高人员的热舒适感，但是单纯降低送风温度、提高送风速度，会造成能耗增加、噪声加大等不利影响。并且从各温度竖直分布图可以看出，无论是哪种工况，由于烟囱效应产生的竖直温度梯度过大的问题仍然存在，中庭顶部温度过高的问题并没有得到有效的解决。

3.3　中庭顶部开窗对中庭热环境的影响

在中庭顶部设置可开启外窗，有利于加速顶部的空气流动，由于烟囱效应在顶部聚集的热量可以得到有效排出，有利于缓解顶部温度过高的问题。

空调方案 3 分别模拟了在空调系统送风参数完全相同的条件下，中庭顶部是否有可开启外窗的温度分布情况。工况 3-1 与工况 1-2 完全相同，图 16～19 是工况 3-2 的温度模拟分布图。对比图 16 和图 8 可以得出，中庭顶部设置可开启外窗后，整体的竖直温度梯度变小，整个中庭的温度场分布更加均匀。对比图 17～19 及图 9～11 可知，在中庭顶部设置可开启外窗后，中庭 1、2 层走廊人员活动区的温度为 18.5℃，相较于图 9、10，温度降低了 6.5℃左右，3 层走廊人员活动区的温度为 19℃左右，相较于图 11 温度降低了 10℃左右。

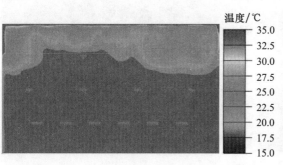
图 16　工况 3-2 中庭竖直温度

图 17　工况 3-2 1 层 1.5m 处温度分布

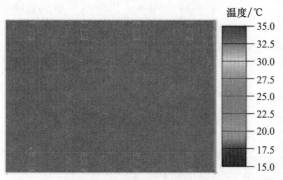
图 18　工况 3-2 2 层 1.5m 处温度分布

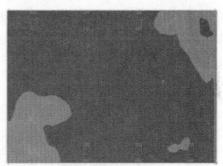
图 19　工况 3-2 3 层 1.5m 处温度分布

3.4　中庭空调系统方案

由工况 3-2 模拟分析可知，虽然中庭竖直温度分布和各层走廊人员活动区温度分布更加均匀，但是由于空调系统送风温度较低、送风速度较高，导致整个中庭大部分区域处于 18～19℃范围内，环境温度较低，人体舒适感较差。图 20～23 是在工况 3-2 的基础上改变了空调送风温度（送风温度由 18℃变为 20℃）和速度（送风速度由 3m/s 变为 2m/s）得到的温度分布。

图 20　工况 4 中庭竖直温度

图 21　工况 4 1 层 1.5m 处温度分布

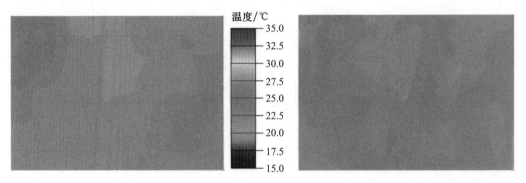

图 22　工况 4 2 层 1.5m 处温度分布　　　　图 23　工况 4 3 层 1.5m 处温度分布

由图 20～23 可知，由于中庭顶部设置了可开启外窗，加强了顶部自然通风，虽然提高了送风温度、降低了送风速度，但是整个中庭的竖直温度梯度仍然较小，温度场分布依然较为均匀，并且人员活动区的温度维持在 22～25℃，相较于工况 3-2 人体的舒适感提高。

实际工程开窗情况如图 24 所示。

图 24　实际工程中庭开窗

4　结论

1）由于烟囱效应的作用，中庭内部热量在中庭顶部聚集，加上太阳辐射的影响，导致中庭顶部温度过高，竖直温度梯度过大。

2）降低空调送风温度、提高空调送风速度均可以降低人员活动区域的温度，改善中庭的热环境，但是中庭顶部温度过高，竖直温度梯度过大的问题并没有得到有效解决。

3）在中庭顶部设置可开启外窗有利于排出聚集在中庭顶部的热量，即使不需要过分降低空调送风温度、提高送风速度也能得到较为舒适的热环境。

4）通过数值模拟，证明了高大中庭采用顶部开窗的有效性，并在实际工程中得到了实施，目前工程即将竣工投入使用，下一步将通过现场实测，对上述模拟分析加以验证。

参考文献

[1] 周小芬. 浅谈中庭设计在建筑中的应用 [J]. 城市建设理论研究（电子版），2013（6）.

[2] 史艳琨. 公共建筑中庭设计探析 [D]. 天津：河北工业大学，2007.

[3] 何丹怀. 中庭建筑空调负荷研究 [D]. 成都：西南交通大学，2011.

[4] 边争. 中庭大空间分层空调 CFD 模拟研究 [J]. 上海节能，2019（5）：371-374.

[5] 李峥嵘，张晗晗，赵群，等. 具有开启式中庭的高层建筑热环境探究 [J]. 建筑热能通风空调，2014，33（6）：31-35，83.

• 节 能 •

铁路站房集成能源站设计及能效提升技术研究

田利伟[1]☆　于靖华[2]

（1. 中铁第四勘察设计院集团有限公司；2. 华中科技大学）

摘　要　提出铁路站房集成能源站设计技术，通过合理选用暖通设备、优化水系统设计、构建区域组网控制系统，同时强化基于各机电设备技术数据的流转共享，实现集成能源站的设计方案节能；进一步提出能源站运营维护阶段的应用技术，为建筑运维管理信息化、提高管控能力提供支持。在满足室内热环境要求的前提下，实现铁路站房冷热源系统从策划、设计、施工到运维全阶段的高效管理及智慧化运行。

关键词　铁路站房　集成能源站　机电一体化　高效

0　引言

现有集中空调冷站实际运行能效普遍偏低，在 2.5～3.0 之间，分析其原因主要有以下几个方面：1）专业接口多，涉及不同专业、不同阶段、不同单位；2）运营调试困难，不同设备间接口协议众多，兼容性难以保证，调试效果难以达到设计意图；3）制冷站各机电设备的匹配性不佳，无法保证制冷站整体运行在高效区；4）运营维护技术难度高，由于各机电设备以及控制系统由不同厂商提供，其协调性难以保证，需要运维人员具备较高的专业技能。最终导致冷站运行过程节能评估粗放、用户"冷热不均"、整体性能差[1]，国家现行规范中也未将能源站内所有设备作为一个整体进行性能评判。铁路站房是能源消耗大户，其集中空调系统同样存在能耗高、能效低、性能参差不齐等问题。

基于上述原因，开展铁路站房预制现装集成能源站设计技术研究，包括能源站模块化设计与拼装、水管路低阻力设计、大温差设计、能源站整体能效控制技术等，实现集中能源站的预制现装，形成工业化产品并便于运输，可在施工现场直接进行模块化拼装，有效提高能源站的系统能效。

☆　田利伟，男，1980 年 9 月生，博士研究生，正高级工程师
　　430063　武汉市武昌区杨园和平大道 745 号
　　E-mail：liwei_tian@163.com

1 铁路站房预制现装集成能源站整体思路

预制现装集成能源站设计理念贯穿于工程全过程，因此需从策划、设计、施工及运维等各阶段做好策划，按流程实现各阶段设计目标。在此基础上制定集成能源站设计流程：

1）开展站房全年冷热负荷的精细化计算分析；

2）根据计算结果给出各机电设备的最优匹配；

3）对各功能模块进行基于三维模块的参数化设计和的整体组装，保证最佳的整体性能和质量；

4）建立各功能模块和模组群的组网控制技术，制定一系列的节能运行控制策略；

5）对系统整体能效及各机电设备状态进行实时监控，对潜在问题给出合理的运维建议，保证系统持续、可靠、高效运行。

图 1 为铁路站房预制现装集成能源站特征。

图 1　铁路站房预制现装集成能源站特征

2 全年冷热负荷的精细化计算分析

铁路站房特有的建筑结构形式、功能分区和使用作息，包括：通透的高大空间、众多开敞的室内外联络通道、大面积透明围护结构、高强度的客流密度等，决定其具有区别于一般公共建筑的空调负荷特性分布。针对铁路站房不同的使用特点，通过理论分析、数值模拟与测试研究的方法，给出空调逐时负荷计算模型（见图 2）的边界条件。

对于高大空间，基于现有高大空间垂直温度实测经验数据设置不同高度的温度分层；对于众多开敞的室内外联络通道，开展基于当地气候特征的渗透风模拟计算研究；对于大面积的透明采光天窗，将进入室内的太阳辐射折算到地面并归入设备热扰；对于客流波动性，考虑不同时刻的客流密度分布。通过上述边界条件的设置，获得铁路站房精确的空调负荷计算结果。图 3 为铁路站房空调负荷计算模型边界条件。

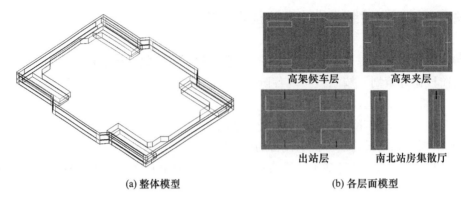

(a) 整体模型　　　　　　　　　　(b) 各层面模型

高架候车层　　高架夹层

出站层　　南北站房集散厅

图 2　铁路站房空调负荷计算模型

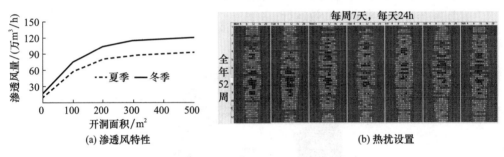

(a) 渗透风特性　　　　　　　　(b) 热扰设置

图 3　铁路站房空调负荷计算模型边界条件

3　机电设备的优化匹配

3.1　设备选型

为了实现项目空调负荷与设备选型的最佳匹配，基于精确的空调负荷计算结果特征，选择合理的冷水机组，基于初投资与运行费用综合考虑，选定 n 台定频、1 台变频的集成能源站冷水机组构成，其中 n 台定频机组通过台数调节的方法保证系统长时间处于高效区，当系统负荷率低到一定程度时，通过 1 台变频冷水机组进行负荷调节，使整个集成能源站长期稳定高效运行。

基于冷源设备选型，匹配适应的冷水泵、冷却水泵与冷却塔的选型。为避免低负荷时的超荷载情况，采用变频水泵，水系统可根据冷负荷需求和供回水温差调节流量。

3.2　能效目标

目前可参考的制冷站整体评价的标准主要有美国的 ASHRAE 标准、新加坡的标准、广东省的地标[2]以及中国勘察设计协会的团体标准。图 4 为制冷站整体能效要求。

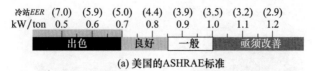

冷站EER	(7.0)	(5.9)	(5.0)	(4.4)	(3.9)	(3.5)	(3.2)	(2.9)
kW/ton	0.5	0.6	0.7	0.8	0.9	1.0	1.1	1.2

出色　　　良好　　一般　　亟须改善

(a) 美国的ASHRAE标准

铂金级	5.17		铂金级	5.41
金+级	5.02		金+级	5.17
金级	4.40		金级	5.17
总装机＜500rt			总装机＞500rt	

(b) 新加坡标准

系统额定制冷量/kW	系统能效等级	系统能效最低要求
＜1758	三级	3.2
	二级	3.8
	一级	4.6
≥1758	三级	3.5
	二级	4.1
	一级	5.0

(c) 广东省地标

图 4　制冷站整体能效要求

综合考虑各标准对制冷站整体能效的要求，确定要实现铁路站房预制现装集成能源站的高效，系统能效须达到 5.0 以上。

4　基于三维模块的参数化设计和的整体组装

构建集成能源站总体结构框架，考虑到制冷站中各模块的作用及其更换的可能性和必要性，模块要具有较大的灵活性，避免组合时产生混乱；同时考虑到模块的扩展，要保持模块在功能及结构方面有一定的独立性和完整性，模块间的接口信息要便于连接与分离，将集成能源站分为主机模块、水泵模块、分集水器模块及控制模块四部分（见图 5）。

其中：冷水机组模块包括主机族、阀部件族，控制点位；水泵模块包括水泵、两边支管、阀部件、进水口高度；分集水器模块主要为共母管无缝拼装；控制模块主要是强电设计和弱电设计。通过模块化设计和工厂化加工，集成能源站节省机房面积 30%，施工周期则缩短 80% 左右，数据采集和控制点位预先布置，则有效保证了系统的性能和质量。

对于铁路站房项目，水泵的输配能耗占比偏高，为提高集成能源站的整体能效，需重点降低输配系统的能耗，通过开展低阻力管路设计（见图 6），主要是减少管路弯头，优化管路阻力，降低水泵扬程，减小水泵的装机功率。

进一步采用大温差技术，水系统温差由 5℃ 增大至 7℃ 甚至 9℃，水管路流量可大大减少，水泵输配能耗进一步降低，集成能源站的整体能效得到提升。

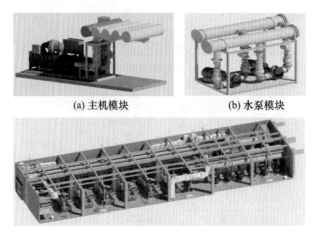

(a) 主机模块　　　　　　(b) 水泵模块

(c) 制冷站整体拼装

图 5　能源站模块化设计与整体拼装

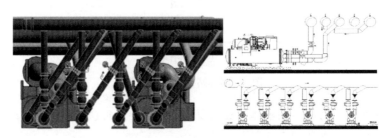

图 6　低阻力管路设计

5　各功能模块和模组群的组网控制技术

在集成能源站各机电模块中嵌入 CPN，使各类机电设备升级为"智能机电设备"，解决"实用性"和"通用性"问题，整个系统呈现快速部署、敏捷开发，"即插即用"的特点，不同厂家、不同型号的机电设备实现自主协同工作、通用替换。图 7 为集成能源站组网控制示意图。

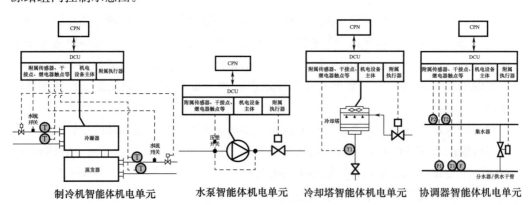

制冷机智能体机电单元　　水泵智能体机电单元　　冷却塔智能体机电单元　　协调器智能体机电单元

图 7　集成能源站组网控制

进一步制定控制系统节能控制策略，包括：1）出力按需主动控制，依据负荷需求，基于关联数据库控制模型及末端负荷预测模型，自动分配各主要设备的运行参数，对负荷变化快速响应；2）通过能耗自寻优算法，找到冷水机组、水泵等设备在不同冷负荷需求时，设备之间的实时最佳运行匹配关系，实现系统整体能耗最低。

6　高效的智能运维管理

建立系统专家数据库，通过数据分析技术，对系统运行数据、历史数据、设备参数、环境参数等主要数据的关联属性进行主动分析及整合，基于专家优化决策策略，提出集成能源站优化提升建议，并反馈到设计环节，实现集成能源站的自我设计提升与更新换代。图 8 所示为集成能源站运维技术。

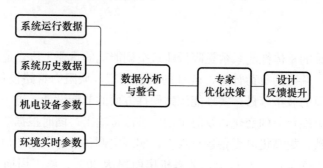

图 8　集成能源站运维技术

综合采用上述技术措施后，集成能源站的整体性能可大幅提升，包含冷水机组、冷水泵、冷却水泵、冷却塔在内的能源站整体年均能效可达 5.0 以上，与常规制冷机房相比提升 30% 以上。

7　案例分析

夏热冬冷地区某特大型高架站房，建筑面积约 10.8 万 m²，通过进行站房渗透风模拟计算，获得渗透风量冬季为 58 万 m³/h，夏季为 44 万 m³/h；基于当地气候特征，计算得到通过屋顶天窗进入候车区的全年逐时太阳辐射照度，作为热扰并入灯光和设备的逐时热扰；基于类似站房候车室高大空间的温度分层实际测试结果，设定不同高度的温度分布。基于上述边界条件建立该站房的 DeST 负荷计算模型，进行全年逐时冷热负荷计算。计算结果表明，候车室冷、热负荷指标分别为 266W/m² 和 188W/m²，夏季空调负荷率主要范围在 20%～80%，冬季空调负荷率主要在 10%～70%。全年不到 2% 的时间空调负荷率在 90% 以上。

基于上述逐时冷热负荷计算结果，开展集成能源站冷源设备选型，最终选定 5 台制冷量 5274kW 的定频离心冷水机组和 1 台制冷量 5274kW 的变频离心冷水机组。为提高能源站的整体能效水平，进行输配管路的低阻设计，包括经济流速、低阻力阀件、斜插弯头等措施，输配系统阻力降低约 50%；进一步采用大温差技术，冷水系统供回水温差为 9℃，冷却水系统供回水温差为 7℃，依据该方案选定冷水泵和冷却水泵。综合采用上述措施后，整个集成能源站，包含冷水机组、冷水泵、冷却水泵及冷却塔在内的综合制冷性能系数设计值达到 5.65。

为保证集成能源站的运行节能，进行控制系统所需数据的采集，包括室外温湿度传感器，冷水机组冷水、冷却水进出口流量、压力、温度传感器，冷水泵、冷却水泵进出口压力传感器，冷却塔供、回水总管温度传感器，分、集水器温度、压力、流量传感器及压差传感器、冷量表等，为集成能源站的运行优化提供基础监测数据，并制订基于客流预测的节能运行控制方案。

综合采用上述技术方案后，该集成能源站整个供冷季的运行能耗，按照站房建筑面积测算为 69kW·h/(a·m²)，与传统制冷机房相比，每年节省运行费用 189 万元。

8　结论与建议

提高冷源系统的整体性能系数是降低建筑空调能耗的重要手段，通过开展集成能源站设计技术研发，精确的负荷计算，合理的设备选型，低阻力管路设计、大温差技术，有效降低能源站总的装机容量，实现能源站硬件方面的节能设计；进一步辅以智能控制技术，根据空调末端负荷的变化，及时主动调整冷量输出，同时根据关联控制算法及设备的最佳效率曲线，提高机电设备运行效率，实现空调各部分之间的协调高效运行。整个能源站综合节能率可达 30% 以上，节省机房面积达 30%，施工周期缩短 80%，并极大提高了系统可靠性，开辟了智能运维服务新模式。

参考文献

[1] 杨丹，宗文波，范志远，等. 集成制冷站系统集成技术与工程应用 [J]. 暖通空调，2014，44 (3)：89-92.
[2] 广东省住房和城乡建设厅. 集中空调制冷机房系统能效监测及评价标准：DBJ/T 15-129—2017 [S]. 北京：中国城市出版社，2018：11.
[3] 中国勘察设计协会，中国制冷空调工业协会. 高效空调制冷机房系统能效监测与分级标准：T/CRAAS 1039—2023 [S]. 北京：中国建材工业出版社，2023.

夏热冬暖地区高校宿舍能耗非行为因素影响分析

杨　昊[1,2]☆　冉茂宇[1,2]

（1. 华侨大学；2. 厦门市生态建筑营造重点实验室）

摘　要　高校宿舍用电量在高校建筑总用电量中所占比重较大，节能潜力大，值得重视。本研究通过对中国夏热冬暖地区某高校的 1170 个宿舍房间的日常实际用电量的数据分析，分析了 8 项非行为因素对能耗的影响，分别是学历、专业、房间位置、楼层、性别、人数、国籍和场地规划环境。研究表明，这 8 项因素对制冷电耗均有影响，影响程度最大的三个因素依次是楼层、居住者人数和房间位置。其中 5 项与居住者相关的因素对基础电耗有影响，影响程度最大是性别，然后依次是学历、居住者人数、国籍和专业。

关键词　夏热冬暖地区　高校宿舍　能耗　非行为因素　协方差分析

0　引言

建筑行业占全球能源使用的近 32%，占与能源相关的温室气体排放总量的 19%[1,2]。高等教育建筑的耗电量是该行业碳排放的主要因素。研究表明，高等院校的人均能耗是中国住宅建筑的 4 倍[3]。在这样的背景下，对高校建筑能耗的分析研究越来越多。在高校建筑的各种能耗中，宿舍用电占了很大的比重[4]。由于电费通常是平均分配给所有室友，所以容易导致过度用电行为[5]。因此，迫切需要对高校宿舍的电耗进行研究。

居住者行为因素如开窗频率、空调温度的设定和人员电器使用习惯等都对建筑能耗有显著影响。但是诸如居住者性别等非行为因素对能耗的影响关注度还不足。

在非行为特征因素对能耗影响的研究中，Yunchun Yang 等人研究了不同楼层和朝向的房间在不同季节（按月份划分）的能耗差异[6]。Jiayuan Wang 等人按照月份划分，把热季与过渡季的能耗增量定义为制冷能耗，并分析性别对制冷能耗的影响[7]。但是这种简单地按照月份划分制冷月或非制冷月的方法不能很好地反映真实的能耗表现，所以有必要更加科学地划分与能耗相关的时间区间。Q. Li 通过实测数据和模拟分析，研究了不同平面位置的能耗差异[8]。已有文献研究了居住者的性别对能耗的差异[9-13]。Petersen 等人研究了不同政治身份（如自由主义和保守主义）和不同种族（如欧洲和非欧洲）的居住者的能耗差异[14]。Petersen 等人提到了大一和高年级学生之间的差异[15]。

☆　杨昊，男，1994 年生，在读博士研究生
　　361000　福建省厦门市集美区集美大道 668 号
　　E-mail：938390100@qq.com

Anderson 等人则对研究生和本科生进行了实验[16]。Yaxian Zhou 同时针对本科生，硕士生和博士生进行研究[17]。但是这些研究选择的因素过少，难以消除其他潜在因素可能存在的干扰，且目前还没有对学生专业进行分析的研究。

为了从多个角度深入理解高校宿舍用电情况，利用协方差方法定量分析了 8 项房间特征因素对能耗的影响，分别是学历、专业、房间位置、楼层、性别、人数、国籍和场地规划环境。

1 数据与方法

1.1 数据收集

本研究以位于夏热冬暖地区的厦门市某高校为研究对象。数据收集主要包括气象数据、宿舍每日能耗、房间信息。室外气候数据均从中国气象数据服务中心获得。在校园管理方的授权的前提下，利用智能电表监测每个房间的日用电量。与居住者相关的房间信息包括学历、专业、性别、居住人数和国籍（从学生宿舍管理服务中心获得）；与建筑平面相关的房间信息包括房间类型，楼层和宿舍区现场调研获得。

根据校历，本文的研究时间选取 2020 年至 2021 年整个学年，包括连续的两个学期。最终研究时间选为 2020 年 9 月 1 日至 2021 年 1 月 8 日（秋季学期）和 2021 年 3 月 15 日至 2021 年 7 月 2 日（春季学期），共 240 天。但是不包括寒暑假，因为假期多数学生会提前离校，这段时间的能耗表现不具备代表性。

1.2 协方差分析

采用协方差分析方法[18]，对能耗的影响因素进行分析和量化。协方差分析将那些人为很难控制的因素作为协变量，并在剔除协变量对观测变量的影响条件下，分析控制变量对观测变量的作用，从而更加准确地对控制因素进行评价。

$$F = \frac{S_t^2}{S_e^2} \tag{1}$$

$$S_t = l \sum_{i=1}^{r} (\overline{x}_i - \overline{x})^2 \tag{2}$$

$$S_e = \sum_{i=1}^{r} \sum_{j=1}^{l} (\overline{x}_{ij} - \overline{x}_i)^2 \tag{3}$$

$$F \geqslant F_a(r-1, n-r) \tag{4}$$

在协方差分析中，每个因素对观察变量的显著性可以通过 F 值度和概率 P 值（Sig.）来量化[6]。如式（1）所示，F 值为因子 t（S_t^2）的平方和与误差平方和（S_e^2）的比值，S_t 反映了由于因子水平的变化而造成的数据波动，如式（2）所示。S_e 反映了随机误差引起的数据波动，如式（3）所示，其中 r 为因子的层次数，l 为每一层次的数据数，n 为数据数。$(\overline{x})$ 是所有数据的平均值，x 是第 i 级数据的平均值。协方差分析的拒绝区如式（4）所示，其中因子对观察变量有显著影响。根据给定的显著性水平 a（本研究设为 0.01），可以确定相应的临界值 F_a。当 F 大于 F_a 时，该因子对观测变量有显著影响。在这种情况下，$Sig.$ 小于 0.01。因此，通常直接用 $Sig.$ 来量化该因子的影响。当 $Sig.$ 小于 0.01 时，该因子对观测变量有显著影响。该计算过程借助了 SPSS25 软件。

2 能耗数据提取

2.1 气候因素对能耗的影响

厦门市位于夏热冬暖地区，是以夏季制冷为主的城市。每个月的宿舍日平均能耗如图 1 所示。其中数据不包括 1 月和 2 月的寒假，3 月的日平均能耗只计算了 3 月 15—31 日的 17 天，也不包括 7、8 月的暑假。9 月、5 月和 6 月 3 个月的能耗远高于其他月份，而 12 月和 3 月的能耗则最低。这说明不同月份的能耗有显著差异，这是不同季节的室外气温等气象因素的不同导致的。

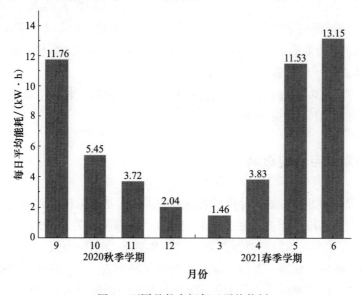

图 1 不同月份房间每日平均能耗

根据不同气象条件对能耗影响的差异，把研究时间分为三个类型，制冷期，非制冷期和过渡季。其中制冷期为 9 月、5 月和 6 月；非制冷期为 12 月和 3 月；过渡季为 10 月、11 月和 4 月。

2.2 基础能耗和空调制冷能耗提取

由图 1 可知，在非制冷季能耗很低，因为在温度较低时，宿舍能耗不包含空调能耗，仅包括计算机、照明或插座等基础能耗。而且，由于使用者每天的使用行为不会存在大的变化，所以能耗不随温度的变化而变化，而是保持一个稳定值。因此非制冷期时的能耗可以代表基础能耗。在制冷季，由于每日能耗包含了制冷能耗，所以能耗在很大程度上受温度的影响，能耗很高。制冷期的能耗包含了纯制冷能耗和基础能耗。而在春夏或秋冬之间的过渡季，是人体热感觉冷热变换的敏感时段。在该时段内，温度的变化显著影响居住者对制冷电器设备的使用与否。但是居住者的热偏好影响着制冷电器的使用时间和方式。有些人在不那么热时就打开了空调，而有些人则很晚才开。另外，在有些人使用空调时，有些人只选择功率较小的风扇或者仅仅用开窗通风的方法来获取热舒适，因此过渡季的能耗则不能很好地反映居住者纯制冷能耗与基础能耗的关系。

由于本文所选取的某高校宿舍没有安装独立的空调计量电表，因此需要从现有数据集中提取纯制冷能耗。在非制冷期，能耗主要由照明设备、热水壶、计算机和插头等非制冷电器的使用所决定的。居住者一般会保持稳定的非制冷电器的使用习惯。该时期的平均能耗可以代表居住者日常中不包含制冷需求的典型基础能耗。所以在制冷期，每日总能耗与典型基础能耗的差值则为该房间的当日纯制冷能耗。基于这样的分析，提取了纯制冷能耗。

在制冷期，对于 k 房间，在第 i 日的制冷能耗 E_{cki} 为：

$$E_{cki} = E_{ki} - \frac{1}{n}\sum_{j=1}^{n} E_{kj} (k=1,2,3\cdots,1170 \ ; \ i=1,2,3,\cdots,m \ ; \ j=1,2,3,\cdots,n) \ (5)$$

式中 E_{cki} 是 k 房间在制冷期第 i 天的制冷能耗；E_{ki} 是 k 房间在制冷期第 i 天的总能耗；E_{kj} 为 k 房间在非制冷期第 j 天的总能耗；n 为非制冷期的总天数，d；m 为制冷期的总天数，d。具体来说，在本研究中 n 等于 74，m 等于 87。

通过上述方法提取出每个房间在制冷期的制冷能耗之后，将在下章量化分析非行为因素对基础能耗和制冷能耗的影响。

3 非行为因素对电耗的影响

本章利用统计学方法，量化分析了各非行为因素对基础电耗和制冷电耗的影响。基础能耗是非制冷期的每日能耗。制冷能耗见表1，在数据预处理之后，对 17 栋高校宿舍楼共 1170 个有效房间的信息进行整理，共收集到 8 个非行为因素，分别是学历、专业、房间类型、楼层、性别、人数、国籍和场地规划环境。通过共线性检验发现，某些因素之间存在共线性，见表 2。所以使用协方差方法分析某因素对能耗的影响，而不是简单的方差分析。在研究某一个因素对能耗的影响时，把其余所有因素作为协变量加入分析模型中，可避免这些变量对该分析的干扰影响，所以分析结果是合理且清晰的。由于每个宿舍的电器类型、规格和功率等参数都是相同的，所以空调等电气设备的参数未被考虑入影响因素。

表 1 非行为因素列表

因素	内容（样本数量）
学历	本科生（1023），研究生（147）
专业	文科（201），理科（176），工科（793）
性别	男（665），女（505）
入住人数	4 人寝（720），6 人寝（450）
地区	中国（1153），东南亚（17），非洲（19）

因素	内容（样本数量）
房间类型	A 类（149），B 类（722），C 类（299）
楼层	首层（174），低层（369），中间层（512），顶层（115）
场地规划环境	凤凰苑（628），莲苑（190），梅苑（352）

表 2　非行为因素共线性分析

	学历	专业	性别	入住人数	国籍	房间类型	楼层	场地规划环境
学历	1.000	−0.128**	0.013	0.421**	−0.023	0.004	0.011	−0.331**
专业	−0.128**	1.000	−0.492**	0.022	−0.008	−0.004	0.067*	0.257**
性别	0.013	−0.492**	1.000	−0.164**	−0.028	0.002	−0.025	−0.335**
入住人数	0.421**	0.022	−0.164**	1.000	−0.093**	0.014	−0.151**	0.209**
国籍	−0.023	−0.008	−0.028	−0.093**	1.000	−0.050	0.051	−0.042
房间类型	0.004	−0.004	0.002	0.014	−0.050	1.000	−0.010	0.013
楼层	0.011	0.067*	−0.025	−0.151**	0.051	−0.010	1.000	0.160**
场地规划环境	−0.331**	0.257**	−0.335**	0.209**	−0.042	0.013	0.160**	1.000

注：**$P<0.01$，*$P<0.05$

3.1　学历

图 2 显示了不同学历宿舍的日平均电耗数据。两个柱子间的星号表示两者之间有统计学意义上的显著性差异，无星号则表示无显著性差异，下同。从图 2 中可以看出，本科生宿舍的基础电耗和制冷电耗均高于硕士生宿舍，且存在显著差异。本科生宿舍的平均基础电耗（2.54kW·h）比硕士生宿舍（1.63kW·h）高 55.83%。而在制冷期中，本科生宿舍的每日制冷电耗（10.74kW·h）比硕士生宿舍（9.4kW·h）高 14.26%。

这是由本科生与硕士生的学习生活规律不同导致的。由于硕士生的主要学习工作场所是实验室，而且比本科生有更多的科研任务，所以在宿舍停留的时间会远远少于本科生，导致其宿舍的基础电耗和制冷电耗均低于本科生宿舍。

3.2　专业

3 种不同专业学生宿舍的电耗统计情况如图 3 所示。3 种不同专业学生宿舍的制冷电耗存在显著差异。工学类学生宿舍每日制冷电耗最高（10.96kW·h），比理学类学生宿舍（9.89kW·h）高 10.82%，比人文类学生宿舍（9.64kW·h）高 13.69%。在非制冷期中，工学类专业学生宿舍基础电耗也是最高的（2.74kW·h），与另两个专业学生宿舍有显著性差异：比理学专业学生宿舍（1.63kW·h）高 68%，比人文专业学生宿舍（1.86kW·h）高 47.32%。但是理学类和人文类学生宿舍之间的基础电耗没有显著差异。从这些数据可以发现，3 种专业学生宿舍有着不同的电耗规律。

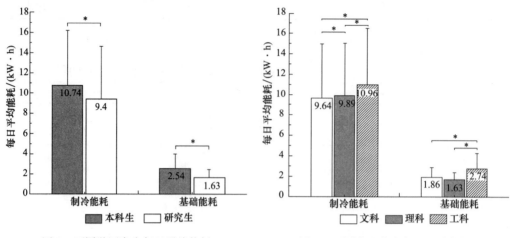

图 2 不同学历宿舍每日平均能耗　　　　图 3 不同专业宿舍每日平均能耗

3.3 性别

本节将量化分析性别对能耗的影响。如图 4 所示，不管是制冷电耗还是基础电耗，男性宿舍都会显著高于女性宿舍。在制冷期，男性宿舍的日平均制冷电耗（11.49kW·h）比女性宿舍（9.35kW·h）高 22.89%。这表明男性比女性有着更低的热舒适温度。男性使用空调的时间比女性更长，设置的温度比女性更低。这与前人的研究相符合[6,7]。

在非制冷期，男性宿舍的基础电耗（2.98kW·h）也会比女性宿舍（1.7kW·h）高 75.3%。这体现了男女间不同的消费观念。女性通常会比男性更加有环保意识，日常生活也会更加节约，比如随手关灯，电器不用时随手关闭电源等。

3.4 居住人数

房间的居住人数也会影响电耗。如图 5 所示，6 人的宿舍不管是制冷电耗还是基础电耗都显著高于 4 人的宿舍。

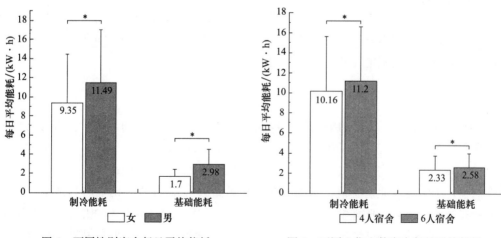

图 4 不同性别宿舍每日平均能耗　　　　图 5 不同入住人数宿舍每日平均能耗

如果简单地按照人数的比例计算，6 人似乎会比 4 人高 50％的能耗。但是能耗有大部分是重叠的，如基础能耗中的照明，所以实际数据分析结果为 6 人基础电耗（2.58kW·h）比 4 人宿舍（2.33kW·h）高 10.72％。在制冷期，房间的冷负荷主要受室外热环境影响，室内居住人数的影响较小。从实测数据上看，由于增加了 2 个人身体的新陈代谢、手机或笔记本等电子设备的产热，6 人宿舍（11.2kW·h）比 4 人宿舍（10.16kW·h）多 10.24％的冷负荷。

3.5 国籍

本文根据学生的国籍，将宿舍分成中国、东南亚地区和非洲地区。不同地区学生宿舍的电耗数据统计结果如图 6 所示。非洲地区学生宿舍的日平均制冷电耗与中国和东南亚地区学生宿舍存在显著差异。非洲地区学生宿舍的每日平均制冷电耗最低（7.93kW·h），低于中国的学生宿舍（10.59kW·h）33.54％，低于东南亚地区的学生宿舍（10.18kW·h）28.37％。由此可以说明，由于代谢率、皮肤温度等生理差异，不同肤色的种族有着不同的人体热舒适温度。这种不同种族的生理差异，与前人研究相符[19，20]。从数据中可以看出非洲人的热舒适温度要高于亚洲人，所以非洲地区学生宿舍的冷负荷最小，从而制冷电耗最低。而东南亚人和中国人都为亚洲人，他们的热舒适温度相似，所以制冷电耗没有显著差异。

3 个地区的学生宿舍的基础电耗存在显著差异，其中非洲地区学生宿舍的基础电耗最高（3.99kW·h），分别是中国学生宿舍（2.42kW·h）和东南亚地区学生宿舍（1.46kW·h）的 1.6 倍和 2.7 倍。由此可见，不同地区的学生有着截然不同的习俗和生活习惯，以至于有着不同的日常电耗行为。

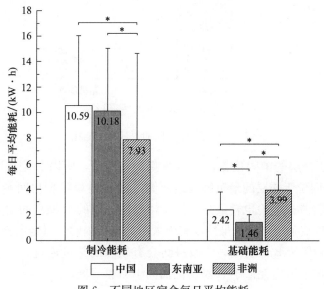

图 6 不同地区宿舍每日平均能耗

3.6 房间类型

房间在楼层中的位置也会影响能耗，本节将对此进行分析。本研究选取的 17 栋宿舍楼均为外廊式建筑，其典型平面如图 7 所示。根据房间在楼层中所处的位置不同，将房间划分为 3 种类型：A 型房间位于楼层的两端，C 型房间毗邻开敞式楼梯间，而 B 型房间位于楼层的中间，其两侧都有房间。

如图 8 所示，3 种房间在制冷期的制冷电耗存在显著差异。A 型房间每日平均制冷电耗最高（11.63kW·h），C 型房间（11.23kW·h）次之，而 B 型房间（10.07kW·h）最低。A 型房间和 C 型房间电耗分别比 B 型房间高 15.49％和 11.52％。电耗的差异是由室内外热交换差异引起的。

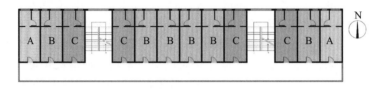

图 7　典型平面图

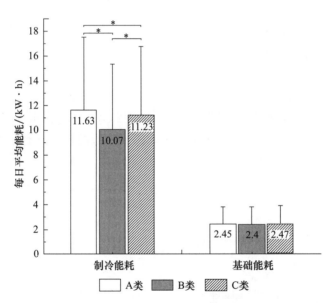

图 8　不同类型房间的每日平均能耗

B 型房间位于楼层的中间位置，左右两侧没有外墙，所以 B 型房间的制冷电耗最低。而 A 型的房间位于楼层的最东侧或最西侧，比 B 型和 C 型房间多了一堵外墙，所以 A 型房间在制冷期的制冷电耗最高。位于楼梯间隔壁的 C 型房间比 B 型房间多出一堵直接与室外空气接触的外墙，虽然没有受太阳的直接辐射，但是也会受室外空气温度的影响。而且，相较于 B 型房间，C 型房间会有较多的热量通过这一侧的外墙传入室内，所以 C 型房间制冷电耗低于 A 型房间而高于 B 型房间。

但是从图 8 也可以看出，在非制冷期，3 种房间的基础电耗无显著差异。因为在非制冷期不需要制热，而且房间的位置对日常的照明或插座的电耗行为并没有影响，所以房间的类型不会影响基础电耗。

3.7 楼层

图9显示了不同楼层宿舍的电耗数据。与文献［6］仅划分首层、中间层和顶层所不同，本文考虑到较低楼层也存在建筑和树木的遮阳作用，把2、3层定义为低楼层，作为变量加入研究范围。从图9可以看出，在制冷期中，制冷电耗随着楼层的增高而增加，而且4种楼层之间存在显著性差异。顶层房间的日平均制冷电耗最高（12.11kW·h），比制冷电耗最低的首层房间（9.32kW·h）高29.94%，比低层房间（10.41kW·h）高16.33%，比中间层房间（10.66kW·h）高16.33%。

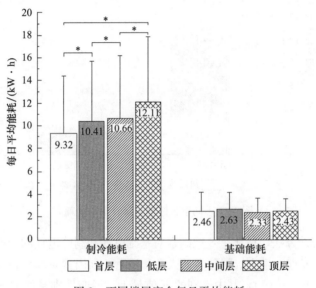

图9 不同楼层宿舍每日平均能耗

这种差异也是室内外的热交换存在差异所引起的。顶层房间由于比其他房间多了一面受太阳直接辐射的屋顶，有大量的热量传入室内，所以顶层房间的冷负荷最高。相反，首层的房间与热阻值和热惰性都较高的地面相邻，而且受周围建筑和树木的遮蔽，所以首层房间的冷负荷最低。低层和中间层房间的冷负荷介于这二者之间。但是低层房间也会受到周围建筑和植物的遮蔽，所以冷负荷比中间层房间低7.6%。

然而，这4种楼层的基础电耗则互相无显著性差异。说明和房间类型一样，楼层的不同也不能引起非制冷期的日常照明或插座等电耗行为的改变。

3.8 场地规划

宿舍区的场地规划对用电量产生影响，在本节中进行分析。如图10，本文选取的共17栋宿舍楼，分布在3个宿舍区内，分别是梅苑、莲苑和凤凰苑。这3个宿舍区的有不同的场地规划，如楼间距，建筑朝向和景观绿化。如图10所示，莲苑的日平均制冷电耗（11.23kW·h）在3个宿舍区中是最高的，梅苑次之（10.58kW·h），而凤凰苑（10.36kW·h）最低。这表明，场地规划的不同对房间的制冷电耗有着显著影响。在3个宿舍区中，凤凰苑的建筑为南北朝向，莲苑朝向东南而梅苑朝向西南。这说明，在厦门地区，南北朝向的建筑有利于减少空调制冷能耗，因为可以避免东晒或西晒过热的现象。

而在非制冷期，这 3 个宿舍区之间的基础电耗则无显著差异。说明学生在非制冷期的日常电耗行为不受场地规划的影响。

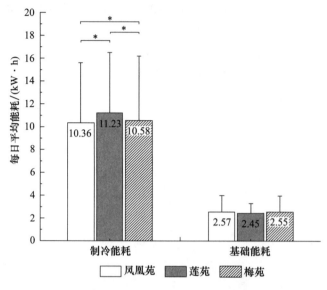

图 10　不同宿舍区宿舍每日平均能耗

采用协方差统计方法，量化了 8 项因素对基础电耗和制冷电耗的影响。表 3 为协方差分析结果。学历、专业、性别、居住者的人数和国籍 5 项因素对高校宿舍的基础电耗有着显著影响（Sig 值小于 0.01），其中性别的 F 值最大，说明性别是影响基础电耗最显著的因素。根据 F 值的排序，这 5 项因素对基础能耗的影响程度依次是性别、学历、居住者人数、国籍和专业。而在制冷期，本文选取的 8 项因素对制冷电耗均有显著影响（Sig 值小于 0.01）。根据 F 值的大小，对制冷电耗影响程度最大的三个因素分别是楼层、居住者人数和房间类型。这三个因素的 F 值分别是 921.18，835.45 和 825.32，远高于其他因素。剩余 5 项因素根据影响程度排序依次是性别、学历、场地规划、国籍和专业。

表 3　协方差分析结果

		学历	专业	性别	入住人数	国籍	房间类型	楼层	场地规划环境
基础能耗	F	87.75	6.65	196.79	28.28	12.59	0.29	2.60	1.46
	Sig.	0.000 **	0.001 **	0.000 **	0.000 **	0.000 **	0.747	0.053	0.101
制冷能耗	F	394.54	98.76	455.44	835.45	120.89	825.32	921.18	167.01
	Sig.	0.000 **	0.000 **	0.000 **	0.000 **	0.000 **	0.000 **	0.000 **	0.000 **

4　结论

高校宿舍用电量在高校建筑总用电量中所占比重较大，节能潜力巨大，值得重视。

本研究通过对中国夏热冬暖地区某高校的 1170 个宿舍房间的日常实际用电量的数据分析，利用协方差方法分析了 8 项非行为因素对基础能耗和制冷能耗的影响，分别是学历、专业、房间位置、楼层、性别、人数、国籍和场地规划环境。

研究结果表明，这 8 项因素对制冷电耗均有影响，影响程度最大的三个因素依次是楼层、居住者人数和房间位置。而影响基础能耗的是其中 5 项与居住者相关的因素，影响程度最大是性别，男性会比女性高出 75.3%，然后依次是学历、居住者人数、国籍和专业。

本研究的主要成果不仅可以为校园能源管理者提供决策支持，也可以应用于其他类型的建筑，比如公寓或住宅。

参考文献

[1] TAM V W Y, LE KHOA N, TRAN C N N, et al. A review on international ecological legislation on energy consumption: greenhouse gas emission management [J]. International Journal of Construction Management, 2021, 21 (6): 631-647.

[2] JOHN E A, GEBHARD W, WERNER L. Energy analysis of the built environment—A review and outlook [J]. Renewable and Sustainable Energy Reviews, 2015, 44: 149-158.

[3] YAN D, ZHENQIN Z, QIANG Z, et al. Benchmark analysis of electricity consumption for complex campus buildings in China [J]. Appl Therm Eng, 2018, 131: 428-436.

[4] YUANYUAN Z, MIN Z, QING X, et al. Construction of EMD-SVR-QGA model for electricity consumption: case of university dormitory [J]. Mathematics, 2019, 7 (12): 1188.

[5] LEI Z, DAH M C. Encouraging energy conservation in campus dormitory via monitoring and policies [J]. Future Energy Systems, 2015: 307-312.

[6] YANG Y, YUAN J, XIAO Z, et al. Energy consumption characteristics and adaptive electricity pricing strategies for college dormitories based on historical monitored data [J]. Energy & Buildings, 2021, 245: 111041.

[7] JIAYUAN W, JIAOLAN Z, ZHIKUN D, et al. Typical energy-related behaviors and gender difference for cooling energy consumption [J]. J Clean Prod, 2019, 238: 117846.

[8] LIQIANG. The influence of flat locations on spaceheating consumption and heating price in residential building [D]. Tianjing: Tianjing University, 2014.

[9] VASILIS G, PER G. Energy behaviour as a collectif: The case of Colonia: student dormitories at a Swedish University [J]. Energ Effic, 2011, 4: 303-319.

[10] PETERSEN J E, FRANTZ C M. SHAMMIN M R, et al. Electricity and water conservation on college and university campuses in response to national competitions among dormitories: quantifying relationships between behavior, conservation strategies and psychological metrics [J]. Plos One, 2015, 10 (12): e0144070.

[11] LEI Z, DAH M C. Encouraging energy conservation in campus dormitory via monitoring and policies [J]. Future Energy Systems, 2015: 307-312.

[12] YUJING D, ZHONGHUA G, XUECHEN G, et al. Energy consumption characteristics and influential use behaviors in university dormitory buildings in China's hot summer-cold winter climate region [J]. Journal of Building Engineering, 2021, 33: 101870.

[13] DU JIA, PAN W. Examining energy saving behaviors in student dormitories using an expanded

theory of planned behavior [J]. Habitat Int，2021，107：102308.

[14] PETERSEN J E，FRANTZ C M，SHAMMIN M R，et al. Electricity and water conservation on college and university campuses in response to national competitions among dormitories：quantifying relationships between behavior，conservation strategies and psychological metrics [J]. Plos One，2015，10（12）：e0144070.

[15] JOHN E P，VLADISLAV S，KATHRYN J，et al. Dormitory residents reduce electricity consumption when exposed to real-time visual feedback and incentives [J]. Int J Sust Higher Ed，2007，8（1）：16-33.

[16] KYLE A，KWONSIK S，SANGHYUN L，et al. Longitudinal analysis of normative energy use feedback on dormitory occupants [J]. Appl Energ，2017，189：623-639.

[17] ZHOU Y，SUN L，HU X，MA L. Clustering and statistical analyses of electricity consumption for university dormitories：A case study from China [J]. Energy and Buildings，2021，245：110862.

[18] RICHARD M. Spss Statistics [M]. Tritech Digital Media，2018.

[19] VINA E R，REDFORD A，KWOH C. Racial and ethnic differences in the medical management of osteoarthritis：a systematic review [J]. Osteoarthr Cartilage，2022，30：S387-S388.

[20] CARABALLO C，MAHAJAN S，VALEROELIZONDO J，et al. Evaluation of temporal trends in racial and ethnic disparities in sleep duration among US adults [J]. JAMA network open，2022，5（4）：e226385-e226385.

数字化技术在某校区空调系统节能设计中的应用

钟世民[1]☆　常丽娜[2]　潘学良[1]　邵珠坤[1]　李向东[1]

（1. 山东省建筑设计研究院有限公司；2. 山东华科规划建筑设计有限公司）

摘　要　利用全年能耗模拟软件分析，BIM、FLUNET 等数字化技术对空调系统冷热源、风系统、水系统进行针对性节能设计。结合工程实际应用情况，总结了数字化技术在此类建筑的节能措施。

关键词　BIM 应用　数字化技术　装配式制冷机房　节能　空调系统

0　引言

"双碳"政策背景下，建筑领域作为高能耗领域之一，实现建筑行业绿色化、低碳化和智能化发展成为行业内共识。在"双碳"目标下，从建筑设计、施工到运营全过程都离不开数字化技术的强力支撑。因此设计过程中如何精准地运用数字化技术帮助实现建筑设计的节能至关重要。本文结合实际工程案例，采用多种数字化技术对空调系统节能进行了总结，供类似建筑的节能设计参考。

1　工程概况

该项目为某行政学院校区整体提升工程，位于济南市历下区，总建筑面积 52270m²，校区包含综合楼、餐厅、学员宿舍、文体中心及操场地下车库等，图 1 为地块整体鸟瞰图。

综合楼为地上 6 层、地下 1 层的二类高层建筑；主要功能为教学用房、图书馆及报告厅，建筑面积为 16668.28m²，建筑高度为 29.5m。学员宿舍为地上 7 层，地下 2 层的二类高层建筑；地上主要功能为宿舍，地下为停车场，建筑面积 13638.03m²，建筑高度 30.1m。餐厅为地上 4 层的多层公共建筑；主要功能为厨房、餐厅、宴会厅等，建筑面积 5220.54m²，建筑高度 22m。文体中心为地

图 1　行政学院校区鸟瞰图

☆　钟世民，男，1986 年 3 月生，硕士研究生，高级工程师
　　250000　山东省济南市市中区经四小纬四路 2 号山东省建筑设计研究院有限公司
　　E-mail：1453987708@qq.com

上 1 层的多层公共建筑；主要功能为篮球场及羽毛球场，建筑面积 2540.19m²，建筑高度 13.8m。校区各单体功能多样，空调系统需要结合使用功能进行针对化设计，从而保证整个空调系统的节能设计。

2　工程特点

该行政学院负责培训轮训党员领导干部及后备干部、公务员、国有企业管理人员，承办省委、省政府举办的专题研讨班，年培训规模 12000 余人次，同期培训规模约 1600 人。与普通大中学校相比，行政学院以中短期培训学习为主，没有固定的生源和学制，部分时段的培训安排可能非常饱和，其他时间可能较为宽松。同时，寒暑假期间也有可能安排一定的培训。因此，该类建筑的空调负荷参差性较大，部分负荷时间较长。

为满足培训学员和教职工在校期间对开展丰富多彩文体活动的需求，建设带有篮球场及羽毛球场的文体中心一处。文体中心为单层高度 13.8m 的高大空间。其中羽毛球场馆对风速有较高要求，合理设计场馆内气流组织是保证该类空调系统的重点。

3　利用能耗模拟软件，优化冷源选型

根据甲方要求，该工程热源采用市政集中供热，由热力公司负责实施。经技术经济比较，并与甲方沟通，冷源拟采用水冷式冷水机组形式。冷热源的选型简化为冷源的选型问题。

冷源选型时，应充分考虑本工程特点，既要避免选型过大，造成长期"大马拉小车"的不合理状况，浪费投资，增加运行成本；同时主机又要合理配置，以满足校区灵活运行的需要。为达到该目标，本设计拟采用能耗模拟软件，分析各单体建筑的负荷特性及全年负荷逐时变化情况。

3.1　冷源设计

常规设计过程中，通常采用各单体设计冷负荷的累加值作为冷源容量的确定依据，而各单体的设计冷负荷均为该单体最不利情况下的负荷，由于各单体的使用功能、使用时间不同，其最大负荷出现的时间并不一致，这也是造成冷源选型普遍偏大的一个主要因素。该工程能耗模拟软件采用 SMAD，其中围护结构热工参数见表 1，室内热扰取值见表 2，模拟计算时，四个单体建筑分别输入，同时计算，计算结果见图 2。

表 1　围护结构设计参数

围护结构部位	传热系数 $K/[W/(m^2 \cdot K)]$	太阳得热系数 $SHGC$
屋顶	0.41	—
外墙（含非透光幕墙）平均传热系数	0.47	—
外窗（含透光幕墙）	1.9	0.4
不供暖地下室顶板	0.88	—

表2 其他相关参数取值

	人员密度/(m²/人)	照明/(W/m²)	设备/(W/m²)	时刻表
综合楼	10	9	15	07：00—18：00（工作日）
学员宿舍	2人/间	7	15	00：00—24：00
餐厅	8	10	20	07：00—09：00，11：00—13：00，17：00—19：00
文体中心	3	11	13	17：00—21：00，周末全天

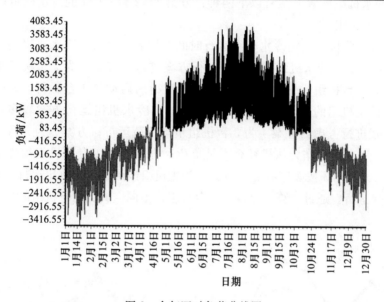

图2 全年逐时负荷曲线图

根据图2的全年逐时负荷曲线图可以看出，该项目逐时最大负荷值约为4083kW，较各单体建筑最大负荷累加值4300kW低5%。从图2还可以看出，该工程自4月中旬即产生明显冷负荷，至10月下旬制冷季结束，假设按4月15日至10月15日作为制冷时间，制冷时间长达6个月、180d左右。通过图3可以看出，该项目空调系统大部分时间在低负荷时段运行，低于50%负荷占比高达81%，要求冷水机组台数配置以及部分负荷下冷水机组性能选择应充分考虑上述特点，部分负荷能效系数越高，系统节能性将越高。需要指出的是，因行政学院培训人员变动造成的负荷变化无法通过软件体现，实际的部分负荷可能较软件模拟更为突出。

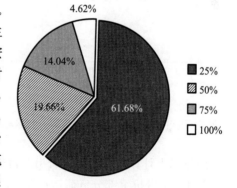

图3 制冷季部分负荷率出现概率

为合理确定冷水机组的台数，需要综合考虑建筑物的冷负荷分布、冷水机组的性能等因素。为便于分析，假设4月15日至10月15日为制冷季，共运行4416h，统计校区建筑物的冷负荷小时数分布，见表3。

表 3　制冷季空调负荷小时分布

负荷率/%	10	20	30	40	50	60	70	80	90	100
运行时间/h	1481	936	502	343	330	304	239	144	102	35

考虑到便于调节、相互备用的角度,冷水机组选择一般不宜少于 2 台,且为避免机组台数过多,造成系统复杂,并联循环水泵效率下降等不利因素,机组台数也不宜超过4 台。因此冷水机组配置方案有以下两种:方案 1,2 台 600rt 的冷水机组;方案 2,3台 400rt 的冷水机组。

为便于对比分析,假定冷水机组运行时间按照表 3 进行,冷水机组均选用磁悬浮变频离心机组。2 台冷水机组按照两种运行方案进行:方案 1 为 2 台机组平均负荷运行;方案 2 为 1 台机组优先运行,达到 100% 负荷后启动另 1 台运行。通过计算得出不同空调负荷下机组的能耗值,结果见图 4。3 台冷水机组运行方案较多,仅对主要以下 4 种方案进行考虑:方案 1 为 3 台机组平均负荷运行;方案 2 为 2 台机组优先平均负荷运行,1 台机组作为从机补充不足负荷;方案 3 为 1 台主机组优先运行,主机组满负荷后从机 2、3 按顺序补充;方案 4 为主机组按照最大能效比运行,从机按尽量按照高能效比运行。通过计算可以得出 3 台机组在不同空调负荷下机组的能耗值,结果见图 5。

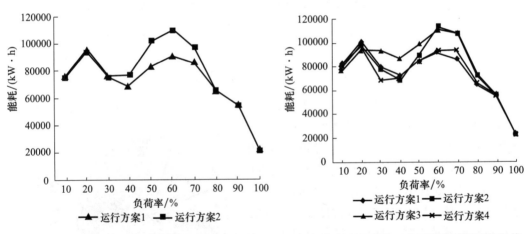

图 4　机组配置方案 1 在不同负荷下的能耗值　　图 5　机组配置方案 2 在不同负荷下的能耗值

通过以上计算结果,可以看出 2 台机组在空调负荷低于 30% 时,2 种运行方案能耗相差较小,1 台机组部分负荷运行较节能,原因是单台机组在低于 30% 时,单台机组基本在 20%～60% 的高效段运行。因此在低于 30% 空调负荷时建议机组单台运行,空调负荷达到 40% 以上时建议两台机组平均负荷运行。3 台机组时,在空调负荷低于 20%时,单台机组运行能耗较低,空调负荷在 30%～50% 时,1 台机组按照最高能效运行,从机尽可能高效运行时能耗最低。当空调负荷达到 60% 以上时 3 台机组平均负荷运行能耗最低。因此在实际运行中可以根据以上计算结果制定冷水机组的群控策略,便于系统高效节能运行。

基于以上计算结果及冷水机组的运行策略,计算出2种配置方案在制冷季机组能耗值,见表4。通过计算可知,2台冷水机组的能耗值较低,机组台数少便于控制管理及维护,且初投资成本较低,因此该项目最终采用2台冷水机组的配置方案。

表4　两种机组配置方案的制冷季能耗统计　　　　　　　　　　(kW·h)

方案	冷水机组能耗
2台冷水机组	717005.4
3台冷水机组	718399.5

基于以上逐时负荷计算结果,该工程拟设置2台冷水机组作为冷源,并建立图6所示的冷源模型,输入全年逐时负荷,定义相应的控制策略,模拟得出制冷季节的能耗,从而考察对磁悬浮变频式离心冷水机组和普通变频式离心冷水机组在该项目中的节能性。模拟结果见表5。

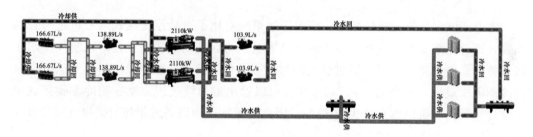

图6　空调水系统模型

表5　2种方案的制冷季能耗　　　　　　　　　　　　　　　　(kW·h)

方案	总能耗
磁悬浮变频式离心机组	823335.9
普通变频式离心机组	920496.56

通过模拟计算,磁悬浮变频式离心机组在该项目中制冷季总能耗较普通变频式离心机组能耗降低约10.6%。磁悬浮变频式冷水机组采用变频控制磁悬浮压缩机,无油润滑,部分负荷能效比(IPLV)较高,该项目部分负荷运行时间长,从而使得磁悬浮变频式冷水机组发挥了其最大优势。图7显示了该项目制冷季冷源系统的能耗分布,可以看出,主机能耗占机房总能耗的73%,因此采用高效磁悬浮变频式冷水机组,利用机组的高能效对于系统的节能是很必要的。

基于以上分析,该项目设计采用了2台600rt磁悬浮变频式离心冷水机组,空调冷水设计温度7℃/12℃,冷却水设计温度32℃/37℃。冷水系统采用一级泵变流量系统,冷水泵及冷却水泵均采用变频控制。在主机蒸发器进出水处设有压差传感器,根据机组的压差—流量特性计算通过蒸发器的流量,当该流量小于机组允许的最小流量时,分集水器间的电动旁通阀开启。

冷却水系统控制则是根据冷却塔进、出水温度综合控制冷却塔风机变频调速与冷却泵变频调速。

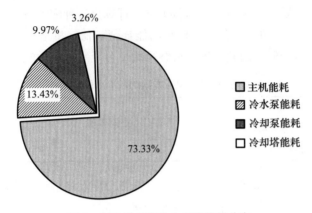

图 7 制冷季机房冷水系统能耗分布

3.2 系统碳排放计算分析

为论证该项目节能减排效果，按照图 4 系统对比了磁悬浮变频式离心机组与普通变频式离心机组 2 种方案在制冷季的碳排放量。为保证对比的公正性，系统仅冷水主机调整，其余设备均不变。通过引入制冷季逐时负荷后，计算能源消耗量及运行阶段制冷季碳排放量，结果见表 6。通过比较可以看出磁悬浮机组方案在制冷季碳排放量较常规变频离心机组方案减少约 11%。因此高效的冷源设备等措施对碳排放减少效果明显。

表 6 2 种方案的机房制冷季能源消耗量及碳排放量

方案	能源类别	机房能耗/(kW·h)	碳排放因子/[kg/(kW·h)]	制冷季运行碳排放量/t
磁悬浮变频式离心机组	电力	823335.9	0.7802	642.4
普通变频式离心机组	电力	920496.56	0.7802	718.2

4 利用 CFD 模拟，优化文体中心气流组织设计

由于高大空间的复杂特性，在设计阶段往往无法对空间的气流组织进行分析，导致高大空间气流组织难以控制，温度场分层现象严重，空调能耗居高不下等问题。该项目羽毛球场内采用了柔性风管系统，一般来说，柔性布风管系统质量较轻、消声降噪，风口设置方便，适于多种气流组织形式，尤其适用于采用钢结构屋盖的高大空间。为验证该项目柔性风管在羽毛球场这种对风速要求严格的场所的气流组织情况，借助 CFD 数值模拟技术对文体中心的温度场和速度场进行了模拟分析，所采用的模拟工具为 FLU-NET，模拟结果见图 8，9。

通过模拟结果可以看出，文体中心活动区温度基本在 24～26℃，靠近左侧外墙处的温度较靠近内墙处温度高 1℃左右，基本满足球场舒适性要求。活动区风速基本维持在 0.2m/s 左右，但风管开口下方速度较大，因此风管布置时应避免将风管开口在球场区域，可沿球场外侧人员活动区布置，不影响球场的使用。

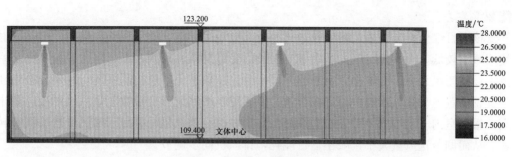

图 8　文体中心温度场分布

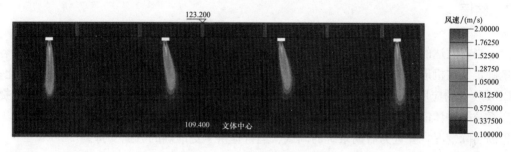

图 9　文体中心速度场分布

5　BIM 技术在项目中的应用

在该项目中不仅面临大量的设备管线优化问题，还包括与其他专业的碰撞问题等，随着 BIM 技术的信息完备性、信息关联性、可视化、协调性及模拟性等特点，设计阶段可以很好地解决优化与碰撞问题。基于以上原因，设计阶段采用了 BIM 正向设计，避免了各专业之间的碰撞问题，有效地指导施工，降低了施工过程中的返工现象，达到了节能节材。

通过 BIM 建模，对空调水系统管路进行优化，选择合适的管道路由，减少管路的阻力和初投资，减少了后期运行能耗。为保证制冷系统的系统能效，对制冷机房系统采用装配式集成机房技术。通过 BIM 模型，对制冷机房的设备、管道、附件进行优化，通过采用大曲率弯头、顺水三通等低阻力管件，降低机房内管道局部阻力。

通过采用装配式制冷机房技术，不仅提高了施工效率，杜绝了施工过程中的安全隐患，同时降低了能源消耗。为贯彻落实绿色发展、循环发展、低碳发展提供了更好的条件。

6　智能数字化新风节能技术应用

智能数字化新风节能技术是通过直流电机技术、自动控制技术与空调技术相结合，实现新风系统根据室内空气品质（VOC 或 CO_2 浓度）对新风供应进行实时管理与调节，实现新风的按需分配。通过此技术可以降低处理新风负荷的能耗，达到主机、风机、水泵的节能效果，可以实现通风系统全年运行节能 50% 左右，实现空调系统全年运行节能 20%左右。

该项目综合楼 2 层以上培训教室与办公部分混杂。培训教室在室人员多，但是同时使用频率较低，而办公用房人员在室时间长。受建筑条件限制，不可能为教室和办公室分别设置新风系统，为解决以上矛盾，设计时采用数字化新风控制系统，每间办公室新风支管设置电动定风量阀，与风机盘管连锁启闭；教室设置自带数字化风机的变风量末端，根据室内 CO_2 浓度调节末端送风量。热回收机组送风机根据各末端风量自动调节转速，从而调节送风量大小，减小运行能耗，排风机同步调节。

7　结语

当前发达的数字化技术为暖通设计提供了有力的支持，全年逐时能耗可为冷源的容量确定、主机形式选择提供依据；气流组织模拟可为高大空间的风系统设计提供优化；BIM 技术的应用，有助于保证项目具有较高的完成度，防止现场不可预见的拆改，提高系统的整体能效。各种数字技术的综合应用，有助于设计方案更加完善，更加切合工程的实际情况，并且为后期系统的调试、运行提供了更准确的数据支持。

参考文献

[1] 民用建筑供暖通风与空气调节设计规范：GB 50736—2012 [S]. 北京：中国建筑工业出版社，2012.
[2] 陆耀庆. 实用供热空调设计手册 [M]. 2 版. 北京：中国建筑工业出版社，2008：1515-1565.

数据中心暖通节能技术探讨

王莉莉☆　李向东　于晓明

（山东省建筑设计研究院有限公司）

摘　要　对数据中心常用空调形式进行了总结及原理分析，结合具体工程对间接蒸发冷却系统可实现的降低 PUE 值、CLF 值的技术措施进行了理论分析和计算，并对该种系统形式的节能设计提出新思路和新方法。

关键词　数据中心　PUE　自然冷源　间接蒸发冷却　节能　热回收

0　引言

数据中心是耗能大户，据有关资料统计，数据中心耗电量已经占到全社会总用电量的 2%～3%。近几年，在"双碳"背景下，数据中心建设对节能的要求越来越高，工信部发布的《新型数据中心发展三年行动计划（2021—2023 年）》指出，到 2023 年底，新建大型及以上数据中心 PUE 应降低到 1.3 以下，严寒和寒冷地区力争降低到 1.25 以下，到 2025 年，全国新建大型、超大型数据中心 PUE 应降低到 1.3 以下，国家枢纽节点进一步降低到 1.25 以下。在国家政策指引下，各地方政府及时跟进，相应出台推动当地数据中心绿色发展、限制 PUE 指标的政策。深圳对于 PUE 值为 1.35～1.40（含 1.35）的数据中心，新增能源消费量可给予实际替代量 10% 及以下的支持；对于 PUE 值为 1.30～1.35（含 1.30）的数据中心，新增能源消费量可给予实际替代量 20% 及以下的支持；对于 PUE 值 1.25～1.30（含 1.25）的数据中心，新增能源消费量可给予实际替代量 30% 及以下的支持；对于 PUE 值低于 1.25 的数据中心，新增能源消费量可给予实际替代量 40% 以上的支持。北京要求改造及新建的计算型云数据中心 PUE 均不应高于 1.3；广东省要求"十四五"期间 PUE 须降至 1.3 以下；宁夏要求新建大型、超大型数据中心 PUE 值应不高于 1.2，中型数据中心 PUE 须应不高于 1.25，全区范围内禁止新建和扩建 PUE 值在 1.3 以上的数据中心。上海、浙江等地也都有相关跟进政策要求。

1　数据中心能耗组成及 PUE 计算

电能利用效率 PUE（Power Usage Effectiveness）是评价数据中心能源效率的指

☆　王莉莉，女，1978 年 9 月生，工学硕士，正高级工程师，分院设备总工

　　250001　济南市经四路小纬四路 2 号山东省建筑设计研究院有限公司

　　E-mail：67026293@qq.com

标,是数据中心总耗电与数据中心中 IT 设备耗电的比值[1]。其中数据中心总能耗包括 IT 设备总能耗、制冷系统总能耗及供配电系统能耗等。其中 IT 设备总能耗是主要能耗,其次是空调制冷系统能耗,所以空调制冷系统能耗是影响 PUE 的主要因素。因此降低空调系统能耗,提高空调系统的能效比是降低数据中心 PUE 值的重要手段。

$$PUE = \frac{\text{IT 设备总能耗+制冷用电负荷+供配电损耗}}{\text{IT 设备总能耗}} = 1 + CLF + PLF \qquad (1)$$

式中 CLF(Cooling Load Factor)为制冷负载系数,是数据中心制冷设备(含空调通风等)总能耗与 IT 设备总能耗的比值;PLF(Power Load Factor)为供电负载系数,是数据中心供配电系统总能耗与 IT 设备总能耗的比值[1]。

2 数据中心常用空调形式

数据中心空调形式多样,按照 IT 设备冷却介质分类,可分为空气冷却和水冷却两种,详见表 1。

表 1 数据中心常用空调形式

冷却介质	分类	空调形式
空气	直接空气冷却	全新风直接冷却系统
		直接蒸发冷却系统
	间接空气冷却	风冷式蒸气压缩循环冷水机组
		氟泵式制冷剂自然冷却系统
		热管式自然冷却系统
		磁悬浮自然冷却系统
		间接蒸发冷却系统
		带自然冷却的间接蒸发冷水机组系统
水	直接水冷却	水冷式恒温恒湿空调机组
	间接水冷却	水冷式蒸气压缩循环冷水机组
	特殊末端方式	液冷系统

2.1 全新风自然冷却系统

在气候条件适合的地区使用全新风直接冷却系统,能耗最低,PUE 可达 1.2 以下。但全新风直接冷却无法避免室外空气污染,也无法很好地控制机房内温湿度,所以目前除了采用带喷雾和挡水板功能段的室外新风自然冷却系统外,应用已较少。

2.2 直接蒸发冷却系统

直接蒸发冷却(简称 DEC)是指空气与水大面积的直接接触,由于水的蒸发使空气和水的温度同时降低,在此过程中空气的含湿量有所增加,空气的显热转化为潜热,是一个绝热加湿过程。冷却塔就是一个典型的蒸发冷却装置。在 IDC 行业应用的蒸发冷却在专用蒸发冷却机组实现，有全新风机组、一次回风机组以及带热回收功能的机组等多种形式，直接蒸发冷却系统仅消耗风机能耗，PUE 可低至 1.2 以下，但对气候条件及室外空气品质有较高要求。带热回收功能的机组可结合水源热泵系统向其他建筑或系统提供供暖或生活用热水。

2.3 风冷式蒸气压缩循环冷水机组

风冷式蒸气压缩循环冷水机组即常规的风冷冷水机组，通常采用涡旋式、往复式、螺杆式、磁悬浮离心式等压缩机做功，提供末端冷却设备需要的低温冷水。该方式系统简单，在中小型数据中心中应用较多，由于风冷系统的能效较低，一般会与制冷剂自然冷却等节能技术结合使用，以提高系统能效，降低 PUE。

2.4 氟泵式制冷剂自然冷却系统

对于采用风冷式冷凝器的蒸气压缩循环系统，当室外环境温度低于5℃时，可以采用制冷剂泵（氟泵）代替压缩机运行，实现制冷剂的循环（如图1）。由于此过程中无制冷剂的气体压缩过程，氟泵的作用仅用于克服制冷剂管道的阻力，为制冷剂提供循环动力，因此系统能效较高，可以实现较低的 PUE 值（小于 1.2）。室外环境温度超过5℃时，停止氟泵，启动压缩机进行常规制冷循环。

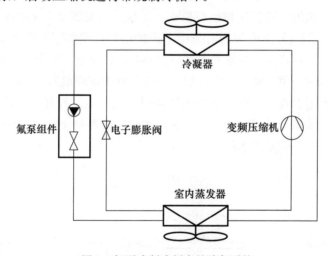

图1 氟泵式制冷剂自然冷却系统

2.5 热管式自然冷却系统

热管式自然冷却系统是利用热管原理设计的数据机房专用节能空调系统。热管是一根空腔内充注有少量工作介质的具有毛细结构管芯的封闭金属管，当热管的一端受热时毛细管芯中的液体蒸发气化，蒸气在微小的压差下流向另一端放出热量凝结成液体，液体再沿多孔材料靠毛细作用流回蒸发段。如此循环，使热量从一端传递到另一端[2]。

热管式自然冷却系统有热管式空调系统和模块化热管多联系统。

热管式空调系统为热管技术和蒸发冷却技术相结合的空气冷却系统，有组合式热管空调机组和分体式热管空调机组。

模块化热管多联系统采用模块化多联热管制冷主机搭配热管背板空调、热管列间空调、热管房级空调及热管风墙等多种形式末端使用。模块化多联热管制冷主机将机械压缩制冷系统与热管系统进行有机结合，两套系统形式上完全独立且互相叠合，优先利用热管系统高效自然冷却，机械压缩制冷系统用作热管冷量不足时的冷量补充，夏季则完全采用机械压缩系统供冷。该系统可实现 PUE 值小于 1.2。

2.6　磁悬浮自然冷却系统

磁悬浮自然冷却系统的室外机采用蒸发冷却磁悬浮制冷机组，主要部件包括蒸发式冷凝器、高效无油磁悬浮式压缩机、制冷剂泵、喷淋装置等，根据不同需求可搭配多种末端使用。制冷机组根据室外环境工况变化分别按照蒸发冷凝压缩机制冷模式、制冷剂泵自然冷却模式运行，可实现 PUE 值小于 1.2。

2.7　间接蒸发冷却系统

在室外湿球温度较低的地区应用间接蒸发冷却系统可实现较低 PUE 值。这种系统主要由间接蒸发冷却机组对数据机房回风进行冷却，间接蒸发冷却机组由高效空—空换热芯体、喷淋装置、压缩机和风机（包括内风机和外风机）组成。

间接蒸发冷却机组一般有三种运行模式：干模式（见图 2）、湿模式（见图 3）、混合模式（见图 4）。当室外温度较低时采用干模式运行，仅靠室外空气跟室内空气换热就可以对室内空气进行降温；当室外温度较温和时，仅靠室内外空气的换热不能达到需要的送风温度，这时采用喷淋泵对室外空气进行蒸发冷却降温来辅助冷却室内空气达到设计温度；当室外温度较高且湿球温度也较高时，仅靠蒸发冷却已无法满足冷量需求，这时就需要启动压缩机来进行辅助制冷，这种运行模式为混合模式。间接蒸发冷却机组内的压缩机制冷模块也可采用水冷盘管代替。

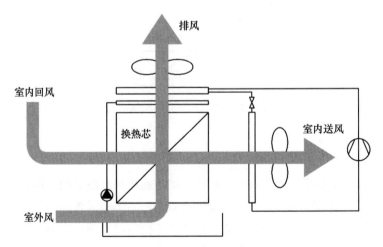

图 2　间接蒸发冷却机组干模式示意图

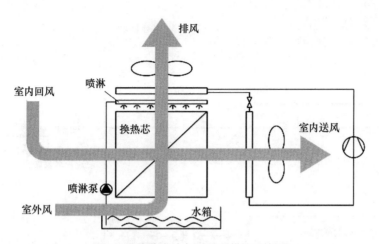

图 3　间接蒸发冷却机组湿模式示意图

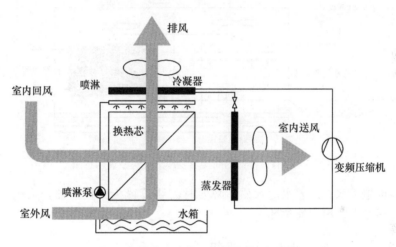

图 4　间接蒸发冷却机组混合模式示意图

2.8　带自然冷却的间接蒸发冷水机组系统

带自然冷却的间接蒸发冷水机组系统采用机械压缩制冷系统与自然冷却系统叠加，见图 5。夏季，与常规空调相同，开启制冷机，冷媒压缩制冷，室外冷凝器采用间接蒸发冷却，自然冷却系统不启用。过渡季节，当环境温度比空调回水温度低 2℃ 或以上时，开启自然冷却预冷冷水，自然冷却不够的，再由常规压缩制冷接力。冬季和春秋的晚上，当环境温度达到比冷水回水温度低 10℃ 或以上时，采用完全自然冷却冷却冷水，压缩机不工作。该系统采用高效一体机结合高温冷水及高效末端可实现较低的 PUE 值（≤1.25）。

2.9　水冷式恒温恒湿空调机组

带压缩机的精密空调机组，蒸发器和冷凝器均设于机组内，蒸发器直接冷却室内空气，冷凝器热量由循环水带走，冷却水可采用干冷器、地下水、地表水、冷却塔等设备

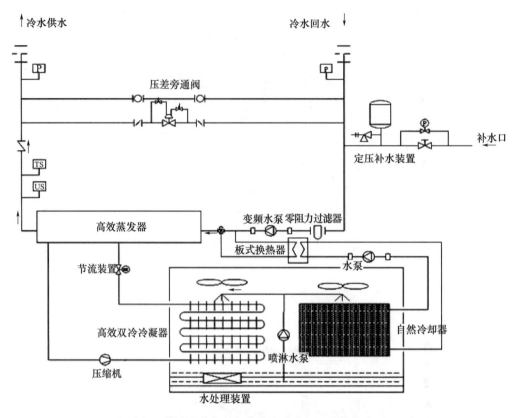

图 5　带自然冷却的间接蒸发冷水机组原理示意图

或水源，根据地下水、地表水的水质，必要时需要设置板式换热器，采用开式冷却塔时，一般也需要设置板式换热器。

2.10　水冷式蒸气压缩循环冷水机组

即常规电制冷系统，为大型数据中心的常用制冷形式。主要设备包括高效水冷冷水机组、冷水循环泵、换热器、冷却塔、冷却水循环泵、蓄冷设施（A 级数据中心设置）和末端精密空调组成。冷水供回水管路需采用环状管网或双供双回方式。当水源不能可靠保证数据中心运行需要时，可采用双冷源供应方式，即水冷机组与风冷机组的结合或水冷机组与直膨式机组的组合等。该系统常结合高温冷水、磁悬浮高效冷水机组、智能运维等节能技术来实现较低的 PUE 值（$\leqslant 1.25$），同时还可结合水源热泵进行余热回收，回收高温冷水的热量用来给周围的民用建筑提供全年的生活热水及全部或部分供暖负荷。

该系统室内机故障率低，室外部分占地面积小，室内外机之间连接的管线少，不像氟系统那样受长度和高度的限制。冷水管路需引入机房，有漏水隐患，运维管理较复杂，适用于水资源充足地区的大型数据中心。

2.11　液冷系统

液冷系统为冷却液直接进入服务器内部对芯片进行冷却，主要应用于高密度机房，

可实现超低 PUE 值（1.05～1.2）。根据冷却液是否与芯片直接接触可分为接触式液冷和非接触式液冷。

非接触式液冷为冷板式液冷，冷却液在冷板内流动，不与芯片直接接触，冷板与芯片接触，实现对芯片部件精确制冷。该系统主要由两部分组成：冷板液冷空调系统（冷板、制冷剂、快速连接头、CDU 等）和常规空调系统（低温冷源、管路、末端等），这两个系统通过换热器进行换热，将冷板液冷部分空调系统的热量通过常规空调部分带到室外。冷却液一般为去离子水/纯水（价格较低）、乙二醇、丙二醇、PG55、PG25 或几种冷却液的混合液[3]。

接触式液冷主要有浸没式液冷和喷淋式液冷两种。为芯片与冷却液直接接触进行冷却放热的系统。冷却液主要为氟化液（如 FC-40）、硅油、矿物油、合成油等[3]。

3 间接蒸发冷却系统设计案例

宁夏某数据中心总建筑面积 194604.81m²，分一、二、三期建设。其中一期建筑面积 43392.07m²，主要包含办公中心 21634.51m²，超算中心 14448.12m²（共 1 栋，6000架机柜，单机柜功率 8kW），控制中心 7224.82m²，以及其他附属用房等，一期在建。二、三期规划建筑面积 151212.74m²，主要包括数据中心 97576m²（共 6 栋，每栋 6000架机柜，单机柜功率 8kW），后勤公寓楼 9286m²，动力中心 21168m²，及其他附属用房。

根据宁夏当地要求，PUE 不应大于 1.2，WUE（Water Usage Effectiveness）不应大于 1.05，考虑到当地气候特点，干燥少雨，夏季湿球温度低（21.1℃），年平均气温在 8.2～10℃，确定暖通方案采用间接蒸发冷却机组系统为数据中心全年制冷，全年大部分时间可以利用自然冷源，仅在夏季部分时间采用压缩机制冷，并且间接蒸发系统比传统水系统耗水量少，可以同时满足 PUE 和 WUE 的要求。

每栋数据机房均采用模块化布置结构，图 6 为其中一个模块机房，此机房采用 8 台制冷量为 230kW 的间接蒸发 AHU，每台间接蒸发 AHU 的送风量为 57500m³/h，每个模块机房的新风量为 2500m³/h。

4 间接蒸发冷却系统节能措施探讨

间接蒸发冷却机组目前为止没有带热回收功能的机组，冬季机房内热量全部被室外风带走后排至大气中，造成热量的极大浪费。结合上述数据中心机房的间接蒸发机组系统，对间接蒸发系统的热回收设计及节能设计提出以下建议：

1) 采用水源热泵机组供生活热水或做跨季节蓄热（见图 7）

将图 4 中的间接蒸发冷却机组内置的制冷剂压缩循环制冷的蒸发盘管更换为集中水冷盘管，通过集中设置的水源热泵机组提供的 7℃/12℃冷水，将回风处理至 25℃后再送回数据机房。水源热泵机组在数据机房的回风中吸收热量，通过压缩机做功，冷凝热作为有用热量为周围建筑或生活热水提供热源。对于水源热泵机组来说，其消耗一份电

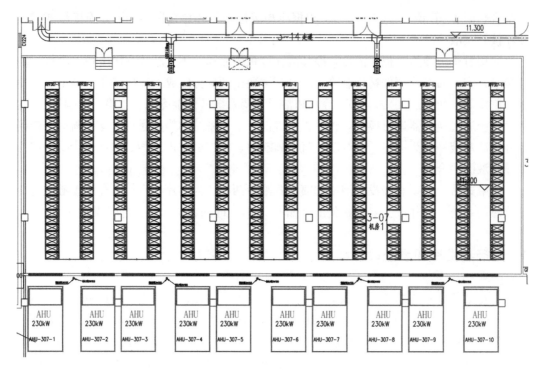

图 6　模块机房平面图

能可以同时获得数据机房需要的冷量和周围供热系统的热量，系统 *COP* 远高于普通热泵机组。该项目一期可用于办公中心的生活热水及冬季供暖，二、三期可用于后勤公寓楼的生活热水及冬季供暖。

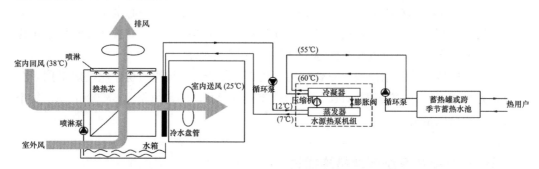

图 7　间接蒸发冷却机组＋水源热泵热回收原理示意图

2）冬季将数据机房新风与间接蒸发冷却机组回风混合送风

该项目一期原设计新风机组采用直膨机组，冬季需用热泵制热并配有电辅助加热使新风达到 27℃ 后送入数据机房，对于数据机房产生的大量热量均直接排至室外，冬季不仅没有利用数据机房的免费余热，反而还浪费电能来加热新风。二期我方拟考虑将新风进行过滤处理后直接跟机房回风混合，混合风再经过间蒸机组处理后送回数据机房（图 8）。

以图 6 所示模块机房的一个系统为例进行分析。新风与其中 1 台间接蒸发机组的回风进行混合，通过焓湿图计算（见图 9），新风状态点空气与回风状态点空气混合后的

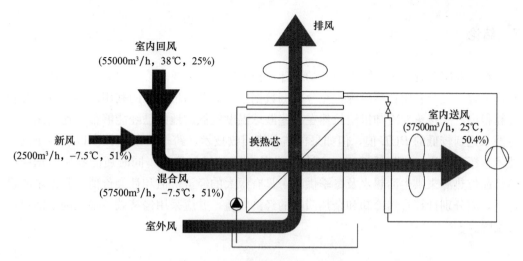

图 8　新风与回风混合送风示意图

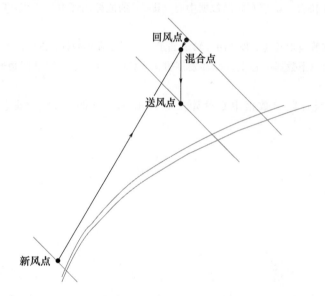

图 9　新风与回风混合后再经间接蒸发 AHU 处理过程焓湿图

空气干球温度为 36.1℃，相对湿度 26.7％。混合状态点空气需再经过间接蒸发进行等湿降温（与室外空气热交换），降温后送风状态点空气的干球温度为 25℃，相对湿度为 50.4％，刚好满足设计要求的送风温度 25℃、相对湿度 50％。在这个过程中，2500m³/h 的新风量处理到混合状态点所需要的热量为 56.2kW，直膨机组冬季平均能效比按 3.5 考虑，每 h 需要耗电约 16.06kW·h。该建筑共有 8 个模块机房，每天每个机房合计节电约 3083.5kW·h，宁夏冬季供暖时间为 11 月 1 日到次年 3 月 31 日，共 5 个月。一个冬季节电约 462565kW·h。按照当地工业用电电价 0.48 元/kW·h 计算，每栋数据中心每个冬季节约运行费用约 22.2 万元。该项目一期 1 栋数据中心，二、三期 6 栋数据中心，整个片区每年可节约运行费用约 155.4 万元。该计算数据不包含因混合后回风温度降低，间接蒸发机组室外循环风量降低而带来的室外风机能耗降低的部分。

5　结论

在"双碳"背景下，数据中心的设计应根据国家政策要求，因地制宜地选择合适的空调形式，充分利用自然冷源，充分发掘数据中心的低品位热源的利用。经过以上分析计算得出，间接蒸发冷却机组虽然在一些湿球温度较低的地区已经能够很好地利用自然冷源来达到较低的 PUE 值，但如果再结合热回收技术、跨季节蓄热技术以及冬季混风技术等还可以进一步降低 PUE，不仅能节约业主的运行费用，同时还能利用数据中心的低品位热源来供生活热水及冬季供暖，具有很大的经济价值和社会价值。数据中心设计时，应分别计算自然冷却和余热回收的经济效益，并应采用经济效益最大的节能设计方案[4]。

参考文献

[1] 中国通信标准化协会. 电信互联网数据中心（IDC）的能耗测评方法：YD/T 2543—2013 [S]. 北京：2013.

[2] 庄骏，张红. 热管技术及其工程应用 [M]. 北京：化学工业出版社，2000.

[3] 李红霞. 双碳背景下数据中心空调冷却发展方向 [C] //第二十三届全国暖通空调制冷学术年会，2022.

[4] 中国电子工程设计院. 数据中心设计规范：GB 50174—2017 [S]. 北京：中国计划出版社，2017.

• 其他 •

制冷机房设备振动的负面影响与消除

王 凡☆ 陈 顿

（中信建筑设计研究总院有限公司）

摘 要 制冷机房内通常安装有大量制冷及附属设备，产生的噪声和振动不容忽视，特别是当机房临近敏感房间，振动产生的二次固体噪声会对周围区域产生负面影响。本文首先介绍了制冷机房主要设备振动来源、传播特点及造成的影响，然后提出消除影响的措施，通过改造某办公建筑内制冷机房的案例说明采取隔振降噪措施的必要性和效果。

关键词 制冷机房 振动源 固体噪声 隔振 管道隔振支座

0 引言

根据建筑物的规模和使用性质，制冷机房安装有各种类型的冷水机组、水泵、水处理装置等设备。这些机械设备在运行时会产生噪声和振动。制冷机房在很多情况下都设于建筑物内，甚至有些情况下与敏感房间毗邻，这就不可避免地会产生噪声污染，特别是振动引起的固体噪声会破坏室内的声环境。

1 设备振动分析

冷水机组运行产生的振动扰力来自制冷压缩机的运转，由于离心式压缩机或螺杆式压缩机转速很高，一般为 3000r/min，产生的振动扰力频率都大于 50Hz。冷水机组的振动扰力（含固体噪声）将通过机组的基础、进出管道及管道支承向建筑结构传递[1-2]。离心式制冷压缩机振动加速度可达 60mm/s² 以上，螺杆式制冷压缩机振动加速度可达 100mm/s² 以上。

先进的磁悬浮离心式制冷压缩机主轴转速可以达到 23000～30000r/min，干扰频率远高于 355Hz，可以确保低频段 10～315Hz 频带内振动和噪声特性更好[3]。磁悬浮离心式制冷压缩机振动加速度约为 35mm/s² 以上。

空调系统循环水泵转速通常为 1450～2900r/min，其扰动频率在 24～48Hz 范围内。

☆ 王凡，男

430014 湖北省武汉市江岸区四唯路 8 号

E-mail：2590517711@qq.com

水泵运行产生的振动扰力主要来自水泵叶轮高速旋转的离心力，其振动的主要频率是不平衡离心力的振动频率，水泵的振动加速度可达 100mm/s² 以上。

制冷机房内安装大量的管道，管道内的介质主要是水。设备运行时管道存在多种振动形式。一是阀门部件等在液体流经节流口处时，将引起空穴现象，引起管道产生振动。二是管道的固有频率和水泵轴频、叶频及其倍频相近会引起共振，加大管道振动。三是管道附件和支架等所构成的管路系统实际上也是一个机械振动系统，当压力脉动作用在管路的转弯处或管道截面变化处，将产生不平衡力，此力将引起管道的机械振动[5]。管道振动加速度可达 80mm/s² 以上。

2 振动产生的负面影响

建筑物中的结构固体噪声是由制冷机组、水泵等振动源通过机座的振动传递到建筑结构上，再由楼板、墙壁和其他结构表面振动引起它们周围空气的弹性振动，从而产生人耳能够听到的空气噪声，而且以中低频为主。如果出现建筑结构固有频率和振动频率一致时，会发生共振效应，导致该处出现较强的结构噪声。另外，结构噪声传播特性极其复杂，一旦超标，很难将其消除。

振动产生的低频噪声会影响人的学习、工作、睡眠，引起烦恼等。通过大量的项目调查表明，振动对人影响最大的是睡眠。

振动会影响机电设备的正常运行、降低机器的使用寿命，重者可造成设备的某些零部件变形、断裂、泄漏。

3 振动产生负面影响的部分案例

某住宅地下设有制冷机房，安装多台地源热泵机组和循环水泵。设备运行时产生的噪声和振动对楼上住宅环境造成了噪声污染。1 层住宅内卧室、客厅噪声测试数据均大于 50dB（A），最大达到 59B（A），噪声值严重超过卧室、起居室允许噪声值[6]。

某图书馆一楼大厅正下方设有制冷机房。设备运行时产生的振动对大厅环境造成了干扰。大厅内振动明显区域速度幅值最大为 2.54×10^{-1} mm/s，频率出现在 19Hz，超过人体舒适性的容许振动速度限值 9.95×10^{-2} mm/s[7]。

某医院地下一楼设有制冷机房，安装 2 台离心式制冷机、1 台螺杆式制冷机，配套安装了 3 台冷水泵、3 台冷却水泵。机房上方为门诊大厅，机房下方为放疗中心。设备运行时产生的噪声和振动对放疗中心和门诊大厅造成了干扰。机房正下方区域噪声测试数据为 63.6～72.1dB（A），噪声值严重超过医院建筑各功能房间区域的允许噪声值[6]。

大量的事实说明制冷机房的隔振降噪措施是必不可少。应该对冷热源设备的振动特性和由振动产生的固体噪声传播特性进行认真的分析，有针对性地采取隔振措施，避免振动对建筑物和室内环境的负面影响。暖通专业应配合声学专项设计单位做好这项工作。

4 制冷机房负面影响消除一例

4.1 项目概况

该项目为办公建筑，地下 1 层设有制冷机房，安装 3 台离心式制冷主机和 8 台循环水泵，制冷主机转速 $n_1=2950r/min$，水泵转速 $n_2=1490r/min$。设备、管道均未做隔振处理，运行时上方办公室楼板有明显振动且引起噪声，严重影响了办公环境，无法在内正常工作。

4.2 噪声振源分析

改造前办公室的噪声测量值为 58.4dB（A），超过了办公建筑办公室背景噪声低限要求 45dB（A）[7]。正下方制冷机房内噪声测量值为 95.0dB（A）。原楼板采用 120mm 钢筋混凝土，根据《建筑隔声与吸声构造 08J931》，隔声量 $R_w+C=47dB$，制冷机房内测点距楼板约 2.5m，机房墙面做满吸声措施，则到达楼板下噪声按点声源在半自由声场衰减计算：

$$L_1=95-20lg(R_1/1)-8 \tag{1}$$

式中 L_1 为楼板下声压级，为测点声压级，dB（A）；R_1 为冷热源机房内测点到楼板下的距离，m。

$$L_1=95-20lg(2.5/1)-8=79dB(A) \tag{2}$$

传到上方办公室的噪声值可由下式估算确定：

$$L_2=L_1-R_w+7 \tag{3}$$

式中 L_2 为办公室内声压级，dB（A）；R_w 为楼板隔声量，dB。

$$L_2=L_1-47+7=39dB(A)$$

可以判断办公室噪声超标的主要原因不是机房内空气噪声通过楼板的传递，而是结构楼板振动产生的固体辐射噪声。

将振动测试结果与规范限值[8]进行比较，如表 1 所示。由表 1 可知，办公室振源测点平均值的倍频带 31.5～500Hz 振动加速度均超过了容许值。

表 1　改造前倍频带振动加速度均方根值　　　　　　　　　　（mm/s²）

位置	倍频带振动加速度均方根值				
	31.5Hz	63Hz	125Hz	250Hz	500Hz
办公室测点平均值	42.5	15.0	8.5	7.5	7.5
容许振动加速度均方根值	30.0	9.5	5.5	4.0	4.0

4.3 隔振措施

（1）制冷主机隔振

制冷主机两端钢板底座下配置 4 个弹簧减振器，如图 1，2 所示。减振器平均载荷 2450kg，压缩变形量 21mm，弹簧刚度 116kg/mm，阻尼比 0.05，固有频率 3.43Hz，频率比 14.3，隔振效率 99%。

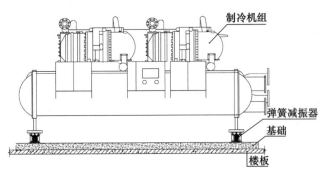

图 1　制冷主机隔振示意图

图 2　制冷主机隔振改造现场图

（2）水泵隔振

水泵下方设置型钢整体隔振台架、限位器和弹簧减振器，如图 3，4 所示。减振器平均载荷 195kg，压缩变形量 24mm，弹簧刚度 8kg/mm，阻尼比 0.03，减振器固有频率 3.19Hz，频率比 7.8，隔振效率 98%。

水泵进水管立管与地面之间设置弹簧减振器，减振器通过膨胀螺栓与地面固定，在立管支管与弹簧减振器间设置一个转换钢构件，钢构件由 8mm 镀锌钢板制作而成，如图 5，6 所示。

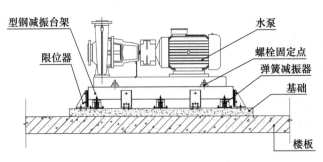

图 3　水泵隔振示意图

图 4　水泵隔振改造现场图

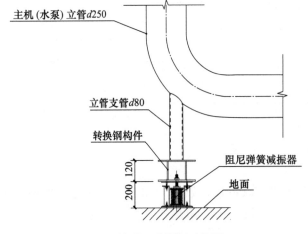

图 5　水管立管隔振示意图

图 6　水管立管隔振改造现场图

（3）管道隔振

管道的安装方式由吊架改为落地立式，减少管道振动通过支座传到机房地面。

立式隔振支座由长孔钢底板（320mm×320mm×12mm）、牛腿、方钢（140mm×140mm×8mm）、连接钢板（300mm×180mm×12mm）和弹簧减振器构成，钢材材质均为 Q235B。减振器平均载荷 865kg，压缩变形量 21.6mm，弹簧刚度 40kg/mm，阻尼比 0.03，减振器固有频率 3.4Hz，频率比 7.3，隔振效率 98%。将所有立式隔振支座通过横梁连接成框架体系，避免管道的横向振动位移，立式隔振支座设计如图 7，8 所示。

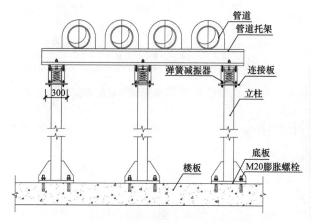

图7 立式隔振支座设计示意图

图8 立式隔振支座改造现场图

4.4 改造效果

在采取上述隔振措施以后，对改造后效果进行了现场测试。改造后办公室中心测点的声压级如图 9 所示。由图 9 可知，办公室内降噪效果明显。办公室中心测点等效 A 声级噪声降低了 19dB，为 39.4dB。该测试结果与 4.2 节中分析的冷热源机房空气噪声传递至办公室内计算结果相近，满足办公室背景噪声高标准要求[7]，小于 40dB，同时也满足办公室内结构传播固定设备室内噪声排放限值。

将改造后办公室内各测点振动加速度进行对比，如图 10 所示。由图 10 可知，办公室内振动能量度明显降低。办公室振源测点平均值倍频带 31.5Hz 振动加速度值降低了38.6mm/s²，为 3.93mm/s²，其他频段振动加速度也均有下降。改造后室内各测点的振动峰值与变化趋势基本一致，表示楼板不再存在明显的振源，且人体主观上也已经感觉不明显，测试结果满足 B 类房间容许振动加速度均方根值[7]。

5 结语

在空调系统运行过程中，设备振动问题是客观存在的。振动和噪声会产生影响环境的负面效果，也会影响空调设备的安全稳定以及使用寿命。只要制冷机房内的各类设备，诸如冷水机组、水泵、管道所采用的隔振措施合理，振动就可以得到有效控制，固

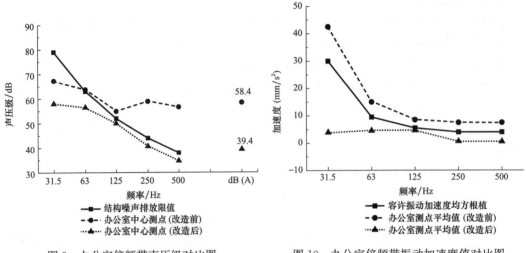

图 9　办公室倍频带声压级对比图　　　图 10　办公室倍频带振动加速度值对比图

体噪声的负面影响就会减弱，可以达到相关国家标准的要求，保证建筑物的室内声环境品质达标。

参考文献

[1] 吕玉恒. 噪声控制与建筑声学设备和材料选用手册 [M]. 北京：化学工业出版社，2011.

[2] 王红柱，陈拥军. 离心式压缩机振动的原因与处理措施 [J]. 化工设计通讯，2021，47（12）：73-75.

[3] 李徐嘉. 船用磁悬浮制冷压缩机的发展及应用 [J]. 广东造船，2019，38（5）：51-53.

[4] 杜永峰，祝青鑫，朱前坤，等. 基于实测数据的水泵诱导噪声及结构振动分析 [J]. 特种结构，2016，33（4）：31-38.

[5] 金轶风，魏宝林，富学斌. 浅谈管道隔振 [J]. 科学技术创新，2018（30）：130-131.

[6] 中华人民共和国住房和城乡建设部. 民用建筑隔声设计规范：GB 50118—2010 [S]. 北京：中国建筑工业出版社，2011.

[7] 中国机械工业联合会. 建筑工程容许振动标准：GB 50868—2013 [S]. 北京：中国计划出版社，2013.

[8] 王辰，韩玉双. 浅析冷热源机房振动问题及减振措施 [C] //第 6 届全国建筑环境与设备技术交流大会文集，2015：245-247.

日间天空辐射制冷研究进展

王玉琳[1,2]☆   冉茂宇[1,2]

（1. 华侨大学；2. 厦门市生态建筑营造重点实验室）

摘　要　天空辐射制冷技术将热量以红外热辐射的方式，通过"大气窗口"（8～13μm）发射到寒冷的外太空，从而达到被动制冷的效果。它可以在无电力消耗的情况下降低周围环境温度，因此在节能应用领域上引起了广泛的关注。从历史上看，辐射冷却限制在夜间，因为具有强热辐射的辐射体在太阳辐射带中缺乏高反射率。随着辐射体的最新技术进步，例如光子辐射体和超材料的发展，已经证明了日辐射冷却的优势。本文对被动辐射冷却技术的现状进行了回顾。首先介绍了辐射冷却中流行的各种散热器的先进材料和结构，其次介绍了已有研究中采用的实验测试方法。此外，还总结了辐射冷却的应用发展，并对其前景进行了初步分析，从而为促进辐射冷却利用的发展提供了重要参考。

关键词　辐射制冷　光谱选择性　红外辐射

0　引言

热辐射是物体的固有属性，一切温度高于绝对 0K 的物体均会以电磁波和粒子的形式向外散发能量[1]，因此，热辐射是自然界最常用能量传递方法之一。所有物体都可以通过与高温热源或者低温冷源间的辐射换热来获得热量或者冷量。宇宙的背景温度约 3K，接近绝对零度[2]，用于充当地球的散热器可获得大量的再生热力学能源。

由于重力作用的关系，地球的外表面被大气层包裹着，电磁波穿过大气层会受到大气层的反射、吸收和散射，从而阻碍了地球表面的热辐射发射到低温外太空。在大气圈层中，透射率高的波段被称为"大气窗口"，对于热红外电磁波而言，8～13μm 波段透过率较高且相对稳定，通常所说的"大气窗口"一般指的是这一波段。

地球表面物体的平均温度约为 300K。根据维恩位移定律可得，其光谱发射功率的峰值在 10μm 附近，正好与"大气窗口"完美匹配。因此，地球上的物体可以将热量以热辐射的形式，利用"大气窗口"波段的高透过特性，散失于低温外太空，从而达到被动制冷的效果，这种被动制冷方式就称为天空辐射制冷（radiative sky cooling，RSC）。

辐射制冷的研究起步于 20 世纪 60 年代[3]，几十年来广泛的研究证明了夜间辐射冷却的重要意义及其潜在应用[4-6]，而白天才是制冷功需求最高的时间段，由于辐射体不

☆　王玉琳，女，1991 年生，在读博士研究生

　　361021　福建省厦门市集美区集美大道 668 号华侨大学建筑学院

　　E-mail：wyoolin@126.com

具有高反射率，在白天的应用受到了限制。20 世纪 90 年代 Nilsson 和 Niklasson 采用一种有色聚乙烯薄膜进行白天辐射制冷的实验模拟，仍无法实现净制冷的效果[7]。随着设计和制造技术的发展，近年来光子结构和超材料的研究的进步，2014 年底首次实现了远低于环境温度的日间辐射制冷技术[8]，日间辐射制冷技术的出现又重新聚焦了研究者的目光。近年来关于日间辐射制冷的研究成果不断涌现，本文从辐射制冷的材料结构、装置设计以及实际应用展开综述。

1 辐射体的材料和结构

1.1 自然辐射体

辐射体通过向外发射热量以降低自身温度的现象在自然界中随处可见（如图 1），如叶片上结霜和结露[14-16]。即使没有达到凝固点和露点温度，也可以观察到霜和露水在叶片的表面上形成。而且，一些动物可以通过其身体的外表面被动地冷却自己。例如，撒哈拉沙漠蚁纳米结构的毛发具有相对较低的太阳辐射吸收率（＜40%），同时又具有较高的宽带红外发射率，这使得银蚁既反射部分太阳辐射，又可释放体内热量以调节其温度[10]；飞蛾的蚕茧也具有高太阳反射率和中红外波段的高发射率[17,18]；蝴蝶翅膀上的衬垫具有独特的纳米结构，在中红外 2.55～16μm 发射热量，并在太阳辐射波段具有高反射率以减少太阳辐射的吸收，从而使翅膀的温度降低[19]。在分析了自然辐射源的辐射特性与其特殊结构之间的关系后，将自然材料的进一步加工合成材料用于白天的低温冷却，如经过脱木素处理的天然木材[20]；进一步研制出了一些先进的辐射散热材料，如再生丝和仿生纤维[17]，表现出了较高的太阳反射率和大气窗口的高发射率。

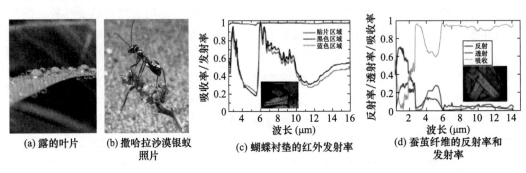

(a) 露的叶片　　(b) 撒哈拉沙漠银蚁照片　　(c) 蝴蝶衬垫的红外发射率　　(d) 蚕茧纤维的反射率和发射率

图 1　自然界中的辐射制冷现象及生物特性

1.2 光子辐射体

早期研究主要使用以下几种方法来实现夜间或白天的辐射制冷。第一种方法是使用具有选择性辐射特性的材料[21,22]。选择性发射红外线的气体，例如氨（NH_3），乙烯（C_2H_4）和环氧乙烷（C_2H_4O）在"天窗"中具有高发射率，用于辐射冷却[4,23]。其他一些材料，包括铝上的聚氟乙烯塑料薄膜和一氧化硅薄膜，也表现出良好的性能，可作为选择性发射极；第二种方法是由于近年来制造技术的进步而使用包括光子晶体和超材料的周期性纳米结构[8,24-27]；第三种方法是更具可扩展性，是将纳米粒子嵌入基质中以形成具有选择性辐射特性的涂层或覆盖物[28-35]，其中，由嵌入颗粒的聚乙烯制成的覆盖箔被设计为在太阳光谱中具有高反射率，在"天窗"中具有高透明度。

Rephaeli 等人提出了一种可以实现白天辐射制冷的介电光子结构，使用了两层 2D 图案化表面和多层结构的组合，见图 2；该结构既能最大限度地提高太阳波长范围内的反射率，同时在大气透明窗口中能发射热红外，并且首次在数值实现了白天辐射制冷[27]。

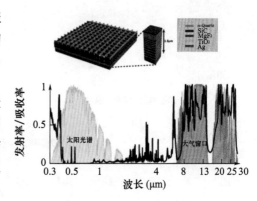

图 2　介电光子多层结构日间辐射体设计

而后，Raman 等人报道了一种光子辐射材料，首次通过实验实现了低于环境温度的辐射制冷。该辐射体在反射入射阳光的同时通过 8～13μm 范围内的主要大气透明窗口辐射能量来实现此目标[8]。辐射冷却器由 200nm 的 Ag 和 750μm 的硅晶片作为基底，上面交替叠加 7 层 SiO_2 和 HfO_2 组成，可产生 97% 的太阳光反射，并且在透明窗口中的平均发射率约为 0.65。经测试，在阳光直射下能够将环境温度降低 5℃，并且在环境温度下可以获得 40.1W/m^2 的净冷却功率。

Kecebas 等人通过用 TiO_2 和 Al_2O_3 代替 HfO_2 来开发上述多层膜，增加了负责优化散热的层数，同时大大改善了大约 10μm 处的散热[36]。

类似的多层膜已被广泛开发用于辐射冷却。例如，Gentle 和 Smith 建立了一种多层聚合物材料，该材料使用多个双折射聚合物对来证明在开放空间条件下的日间辐射冷却[37]。Wu 等人提出了一种微金字塔结构设计的新型辐射体，该辐射体的纳米结构由交替的 Al_2O_3 多层膜组成[38]。该阵列运动效果使其可实现极低的太阳吸收和 8～26μm 内近理想的红外发射率。

1.3　纳米粒子辐射体

纳米粒子辐射体是一种新型的辐射冷却材料，尤其适用于低于环境温度的日间辐射冷却。因此，需要严格的光谱选择特性，包括对太阳辐射的高反射率和在"大气窗口"内的强热发射。一般通过反射层来获得对太阳辐射的高反射率，反射层可以是沉积银层、二氧化钛粒子等。强热发射可以通过发射层实现，如近黑色表面和粒子掺杂聚合物。

Bao 等人提出了一种高度可伸缩的基于纳米粒子的双层涂层辐射体，如图 3 所示。辐射体上层为 10μm 厚 TiO_2，用于反射太阳辐射；下层为 SiO_2 或 SiC 纳米粒子，负责将热量发射到宇宙空间[39]。对于其制冷性能，理论上在干燥的天空条件下，夜间和白天分别比环境温度低 17℃ 和 5℃，TiO_2＋SiC 组合的辐射体性能更好，具有较大的发射热通量。黄等人通过将 TiO_2 和炭黑颗粒嵌入丙烯酸树脂作为双层涂层，开发出了一种类似的辐射体，如图 4，TiO_2 颗粒半径为 0.2μm 时具有较高的太阳反射率[40]。而后，Cheng 等人将 SiO_2 微粒随机混入丙烯酸树脂和助溶剂的混合液中，通过液体刮刀涂布法支撑涂层，该图层不仅具有出色的冷却性能，且成本仅为 0.39 美元/m^2[41]。

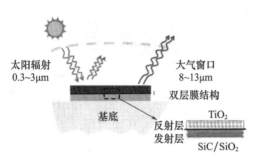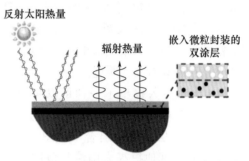

图 3　TiO₂＋SiC/SiO₂ 双层涂层辐射体示意图　　图 4　丙烯酸树脂双层涂层示意图

Zhai 等人[42]使用了一种突破性的方法来制造一种可扩展且低成本的超材料，如图 5c。利用成熟的卷对卷工艺，将随机定位的 SiO_2 微球囊封在由聚甲基戊烯（TPX）聚合物制成的可见透明基质中，并以 200nm 厚的银层作为支撑，如图 5（a），开发了一种用于辐射冷却的新型超材料薄膜。由于嵌入的微球体的声子增强共振，因此超材料在整个"大气窗口"（8~13μm）内都具有极高的发射率，如图 5（b）。这种超材料对太阳辐射完全透明，同时在"大气窗口"内具有强烈的热发射。当在其下方涂上 20nm 的银层时，柔性超材料薄膜中午在太阳辐照度高于 800W/m² 时实现了低于环境温度超过 8℃的降温效果。超材料可以通过成熟的卷对卷挤出和幅材涂布系统来规模化生产，批量生产成本近 3 元/m² 这使得可以大规模应用辐射式天空冷却技术。

(a) 辐射制冷薄膜实拍图　　(b) 薄膜内部结构示意图　　(c) 薄膜光学参数测试

图 5　一种可扩展制造的超材料

聚合物的引入大大改善了辐射冷却材料的可制造性和适用性。如今，基于聚合物的辐射冷却材料受到了极大的关注。实际上，由于官能团的振动激发，聚合物被认为在红外光中具有强发射性和吸收性[43]。例如，极性碳-卤素键的指纹振动频率与大气窗口完全重合，因此使许多耐久的卤素化合物（例如聚偏二氟乙烯（PVDF）和聚四氟乙烯（PTFE））或它们的混合物成为室外被动辐射冷却的理想选择[43-46]。为代替反射金属镜或多层光子结构来反射全光谱太阳辐射，引入了高度分层和随机的多孔网络[45]和多孔纤维结构[46]，通过多次散射削弱太阳辐射。随着使用更环保的化学溶剂相变的进一步发展，该方法可以提供在现有表面和结构上施加辐射冷却材料所需的多功能性。

1.4　高分子膜辐射体

Kou 等人提出了一种用于有效日间辐射冷却的 PDMS 涂层的熔融石英镜。辐射体采用 100μm 厚的聚二甲基硅氧烷（PDMS）膜作为顶层，120nm 厚的银膜作为背面，

涂覆 $500\mu m$ 厚度的 4 英寸熔融石英晶片，通过户外实验测试检验其辐射冷却性能[11]。结果表明：这种辐射体可以被动地进行低于环境温度的辐射冷却，白天可以使环境温度降低 8.2℃，夜间降低 8.4℃；而没有涂覆聚合物涂层的熔融石英镜在白天温度仅比涂覆涂层的少降低 1℃。

1.5 自适应辐射冷却材料

由于全年的环境温度不同，若是全年进行辐射制冷，在过渡季节和冬季会产生额外的供暖能耗，因此材料根据不同的环境温度来调节辐射开关是具有重要意义的。Ono 等人[47]设计了一种光子结构来实现自适应辐射冷却，该结构上层由光谱选择性滤光片（11 层 Ge/MgF$_2$）组成，底部由 VO$_2$、MgF$_2$ 和 W 叠加形成可切换开关，如图 6（a）所示。当 VO$_2$ 处于绝缘状态和金属状态时，辐射体的发射率在太阳光谱中没有明显变化，如图 6（b）所示，但在 8～13μm 中红外波长范围内却发生了显著变化，如图 6（c）所示，绝缘状态时发射率几乎接近 0，而在金属状态时发射率接近理想发射率。Wu 等人的另一项研究提出了一种由 VO$_2$/ SO$_2$ 多层超表面组成的结构，用于辐射式天空冷却，当经历相变时，可以看到冷却功率有明显变化[48]。

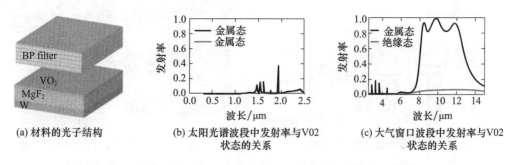

(a) 材料的光子结构　(b) 太阳光谱波段中发射率与VO2状态的关系　(c) 大气窗口波段中发射率与VO2状态的关系

图 6　可实现自适应/可切换辐射天空制冷的辐射体光子结构

2 实验测试方法

2.1 模型模拟测试

在阳光直射下对辐射制冷薄膜的性能进行测试一般需要测量两个参数。一是对辐射体的稳态温度进行测试，如图 7 所示[8,45]。将辐射体放入辐射屏蔽箱中，辐射体完全暴露在空气中，温度传感器测量辐射体背面的温度以及附近空气的温度，测量一段时间后得到辐射体的稳态温度。二是测量辐射体的制冷功率，将电阻加热器粘贴在辐射体背部，同样用热电偶测试涂层背面温度和空气温度，加热器通过反馈控制程序调节供给电压以使得辐射体涂层始终保持在环境温度不变，通过加热器传递到辐射体的热量即为辐射体的制冷功率。Cheng 等人进一步改进该测试方法，将辐射体的温度维持与同样装置无辐射涂层的铝板温度相等[41]，而不是维持在环境温度，该方法更能有效的得到采用辐射体涂层的实际制冷功率。

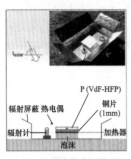
(a) 辐射制冷功率测试装置及其示意图[45]

(b) 辐射制冷稳态温度测试装置三维示意图[8]

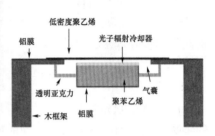
(c) 测试装置剖面示意图

图 7　辐射制冷薄膜制冷性能测试装置

　　陈震教授为测试辐射制冷薄膜的制冷极限，通过将选择性发射器与由真空室组成的设备结合使用（见图 8），经过一个昼夜循环，可以使周围环境温度降低 37℃，最高可降低 42℃。

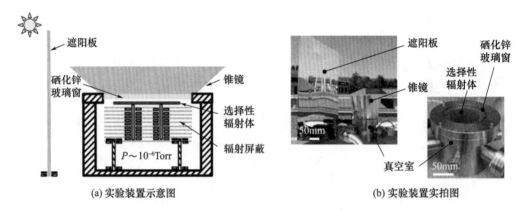
(a) 实验装置示意图　　　　　　　　　　　　(b) 实验装置实拍图

图 8　真空环境中辐射体超低温实验

　　HongFang 等人[49]通过缩小的房屋模型进行实验测试，将超材料辐射制冷薄膜和灰色木瓦屋顶进行对比。实验结果表明，采用辐射制冷薄膜屋顶表面和室内的最大降温分别为 28.6℃和 11.2℃。而后通过数值模拟预测在美国图森、洛杉矶、奥兰多等地利用超材料冷屋顶每年可减少 113.0～143.9kW·h/m² 的制冷能耗，从而节省 12.9～18.9 美元/m² 的年制冷成本。

　　类似地，余才锐通过缩型房屋将辐射制冷与微槽道热管的相变墙体结合进行实验测试，证明采用相变-砖墙可减少 21.3％的得热量，而相变-辐射-砖墙则可减少 41.4％的得热量[50]。Zhitong Yi 等人通过实验证明了屋面贴附辐射制冷薄膜最大可以降低室内空气温度 21.6℃，并且提高了箱内空气温度的均匀性[51]。而后采用 EnergyPlus 模拟了某玻璃屋面的博物馆采用辐射制冷薄膜的效果。模拟结果显示，在夏热冬冷地区，通过使用辐射制冷薄膜，年度空调节能 40.9％～51.8％。在夏热冬暖地区年度空调节能 55.3％～63.4％。结果表明，通过使用辐射制冷薄膜，不仅可以显著节能，而且可以降低系统的初始成本和运营成本。

2.2 实地应用测试

关于辐射制冷材料的制冷效果测试除了模型研究，已经广泛应用于实体建筑降温中。许伟平等人在浙江萧山机场选取两个环境条件类似、结构相同的廊桥进行对比试验。实验廊桥的顶部和玻璃幕墙表面均应用辐射制冷材料。空调设定18℃，而对照廊桥空调设定16℃。测试结果显示，屋顶温度最大差异达到35.5℃，室内空气温度和黑球温度的温差也在5℃以上。

类似地，许伟平对广西某地的红酒仓库进行辐射制冷材料应用效果实测。实验将应用辐射制冷材料前后两日的测量数据进行对比，酒仓内降温最高达到6.2℃，极大改善了酒类的存储空间温度[52]。电量测试结果显示，应用后空调耗电量减少了87.23kW·h，降幅达22%。根据实测数据建立模型表明，辐射制冷材料应用于外围护结构可大幅降低空调能耗，年节能率达43.7%。

3 应用现状与展望

辐射冷却以其优良的被动式冷却潜力对其产生重要影响，可应用于各种领域，包括节能建筑、光伏冷却和能源收集等。本部分对辐射冷却的应用发展进行了总结和展望。

3.1 节能建筑

尽管辐射体产生冷量不需要消耗电能，但在实际应用中仍需要一些外部能源（例如，风扇和泵）进行传递，才能更便利地使用冷能。根据制冷过程的运行模型，建筑物集成辐射制冷系统可以分为三个典型类别，具体如下。

1) 空气冷却系统

由于多数居住建筑的屋顶在白天受到大量的太阳辐射，导致阁楼的温度比下层居住空间高得多（高达60℃）。热量通过天花板从阁楼转移到生活空间，导致室内产生更高的空调冷负荷。Zhao等人[49]采用辐射制冷薄膜[42]开发了一种表面积为1.08m²辐射空气冷却模块，如图9（a）、9（b）所示，通过系统可将屋顶上方空气降温引入阁楼，以降低进入阁楼的通风空气的温度，如图9（c）所示。首次证明了以适度的流速对流动的空气进行低温冷却，辐射式空气冷却器在不同流速中午可以将进气室外空气冷却3~5℃，晚上可冷却5~8℃。

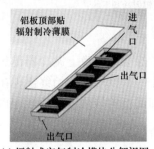

(a) 辐射式空气制冷模块分解视图

(b) 辐射空气冷却器的照片
（倾斜角度为18°）

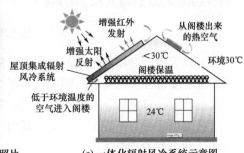

(c) 一体化辐射风冷系统示意图

图9 辐射式空气制冷模块[49]

2）水冷系统

以水为媒介的白天辐射式天空冷却系统通常可以节省更多能源。Wang 等人为办公楼引入了一种纳米光子辐射天空冷却系统，如图 10（a）所示[53]。该系统具有辐射式天空冷却回路和空间冷却回路，每当制冷器的出口处的温度低于水箱出口处的水温时，辐射式天空冷却环路就会使水循环通过屋顶安装的散热器。结果表明，相对于可变风量（VAV）系统，光子辐射天空冷却系统可节省 45％～68％的冷却电力，相对于夜间辐射冷却系统而言，其可节省 9％～23％的电力，该系统具有最佳的商用涂料在市场上。Zhang 等提出了一种混合式辐射天空冷却系统，该系统将从辐射冷却系统获得的冷却能量存储在一个冷水储罐中，如图 10（b）所示。然后，使用冷却能量对空气进行预冷，以减少住宅应用空调的冷却负荷[54]。与单独使用分体式空调的电力消耗相比，混合辐射式天窗冷却系统可为建模地点（奥兰多，圣地亚哥，旧金山，丹佛）每年节省 26％～46％的冷却电力。

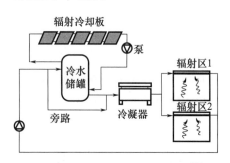

(a) 纳米光子辐射天空冷却系统[53]

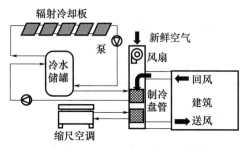

(b) 混合式辐射天空冷却系统[54]

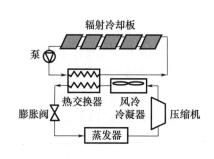

(c) 白天的辐射式天空降温技术，冷却冷凝器[55]

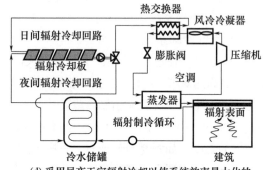

(d) 采用昼夜天空辐射冷却以使系统效率最大化的天空辐射冷却系统[56]

图 10　辐射式水冷系统的应用

辐射式天窗制冷器出口处的温度总是随环境温度而变化，这意味着晚上制冷器传热流体的温度要比白天低得多。因此，对于 24h 的循环，冷库中的最低温度应始终出现在日出前的清晨。日出后，环境温度升高，来自辐射性天空冷却面板的传热流体的温度也升高，并且可能会高于冷库。因此，辐射冷却回路将被迫停止，这时就需要优化其运行策略以达到更好的节能效果。

Goldstein 等人提议在降低空调冷凝器温度的基础上，采用白天的辐射式天空降温技术，以提高整体效率。据估计，冷凝器温度每降低 1℃，电力消耗就可以减少 3％～

5%。他们建造了一个循环的白天辐射水冷却板，显示出在冷凝器温度下温度降低了3～5℃。水流量为 0.2L/(min·m²)。然后，冷却水用于通过换热器从冷凝器中对制冷剂进行过冷，如图 10（c）所示[55]。模拟结果表明，建筑物的冷却用电量减少了 21%。但是，此方法仅适用于白天使用。考虑到夜间制冷负荷较少，甚至没有制冷负荷，因此集成冷藏单元对于每天 24h 充分利用制冷效果确实是有利的。最近，Zhao 等人引入了辐射冷却的冷收集和存储系统，该系统可以提供连续的昼夜冷却。在该系统中，如图10（d）所示，白天和夜晚的辐射式天空降温分别使用。白天，产生的环境温度较低的传热流体用于直接冷却冷凝器；晚上，辐射制冷系统将冷却能量存储在存储单元中，白天可以将其回收以减小空调的冷却负荷[56]。

Zhao 等人在美国科罗拉多大学博尔德分校建造了一个千瓦级的辐射制冷系统。该系统由 10 个以 2×5 阵列排列的辐射冷却模块组成。总辐射冷却表面积为 13.5m²。在测试期间的净冷却功率在 40～100W/m² 波动。当水平均冷却至环境温度为 3.1℃时，夜间的最大净冷却功率为 96W/m²（对于 13.5m² 系统为 1296W），中午（12：00—14：00）的平均冷却功率为 45W/m²。在 7 月 1 日平均辐射照度为 952W/m² 的情况下平均制冷功率为 45W/m²（系统为 607 W）[56]。

　　3）混合动力系统

上述基于空气和水的冷却系统都是单个单元，仅用于辐射冷却。混合系统本质上是夜间辐射冷却和其他能量收集过程的综合，比这些系统更节能。Hu 等人提出了一种复合表面和相关系统，如图 11 所示，用于白天光热转换和夜间辐射冷却（PT-RC）[57]。经测试，该系统的热效率和净冷却功率分别可以达到 62.7% 和 50.3W/m²。

 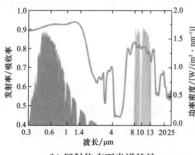 

(a)光谱选择性复合表面照片　　　(b)辐射体表面光谱特性　　　(c)PT-RC混合系统实际照片

图 11　光谱选择性复合表面和 PT-RC 混合系统的实际照片

除光热转化外，光伏转化还可与夜间辐射冷却集成。Zhao 等人提出日间光伏和夜间辐射冷却混合系统（PV-RC）的概念，并设计了一种用于 PV-RC 的新型面板[58]。该系统既能收集电能又能收集冷却能，适用于炎热地区的建筑。

3.2　光伏冷却

由于电池的物理特性，太阳能电池的光伏转换效率受到限制。例如，根据肖克利和奎塞的分析，单间隙 PN 结太阳能电池的最大效率约为 33.7%。因此，只有一部分太阳能可以转化为电能，而剩余的吸收太阳能被耗散为热量，提高了太阳能电池的工作温度。然而，高温会降低光伏效率，例如，对于晶体硅太阳能电池，温度升高 1K 会使相对效率降低 0.4～0.5％。因此，辐射冷却法是被动冷却太阳能电池的良好选择。

在目前的光伏应用中，硅太阳能电池仍然是主流产品。从物理角度看，裸硅的红外发射率较小，表明辐射冷却的自冷却是有限的。提高电池辐射冷却效果的一种常见方法是在太阳能电池顶部安装一个"透明散热器"。这种"透明辐射器"应该对太阳辐射具有高透射性，并在中红外波段具有强发射性。朱等人提出了两种典型的"透明辐射器"，包括带有金字塔阵列的块状二氧化硅和气孔，以增强太阳能电池的辐射冷却。结果表明，降温幅度可分别达 18.3K 和 13K。

在传统的光伏组件中，太阳能电池的顶部是一个透明的盖子，如玻璃。商用玻璃的半球形发射率约为 0.82～0.84，表明商用光伏组件已经具备强大的辐射冷却能力。在这种情况下，已经取得了进一步提高光伏组件的辐射冷却能力的进展。Lu 等人通过在硅太阳能电池上添加超宽带通用纹理来提高硅太阳能电池的辐射冷却能力。通过光谱测试，改进后的太阳能电池在 8～13μm 范围内的平均发射率提高了 0.96 以上，光伏效率也比商用玻璃封装光伏组件提高了 3.13％。

最近，一种耦合辐射冷却和太阳辐射管理的被动冷却方法被提出用于太阳能电池的冷却，这是对"透明散热器"概念的修改。辐射管理本质上是光子的反射，不能用来产生电子空穴对，这可以减少太阳能电池和被动冷却电池对太阳能的吸收。Li 等人为基于硅的光伏组件设计了一个光子辐射体，该光子辐射体由多层结构组成，表现出强烈的热发射，同时也充分反射了 1.1～4μm 范围内的太阳辐射和紫外光。模拟研究表明，将上述散热器应用于光伏组件后，硅电池的温度可降低 5.7℃。此外，Sun 等人对辐射冷却和管理集成的冷却潜力进行了数值估计，结果表明，单太阳和低浓度光伏系统的太阳能电池温度分别可降低 10℃ 和 20℃。

3.3 个人热管理

采用被动式辐射制冷和供暖的个人热管理是工程领域的一个新兴课题，在大幅降低化石能源消耗方面具有巨大潜力。人类皮肤被证明是一种接近黑色的辐射体，其辐射率超过 0.95[59]，适用于各种水平的体力活动，比如排汗。因此，合理控制皮肤的热辐射能量是被动管理人体热舒适的可行途径。

这种布料应该对中红外热辐射透明，对可见光不透明的，以此来充分驱散人体的热辐射。Tong 等人[59] 基于热和光学模拟提出了用于个人辐射冷却的 ITVO 织物（ITVOF）模型，并通过优化集成具有低红外吸收率的合成聚合物纤维制备了 ITVOF 样品。Hsu 等人通过纳米孔聚乙烯（nanoPE）的孔径分布证明了纳米孔聚乙烯（nanoPE）是 ITVO 材料之一[60]。在此基础上，构造并制备了一种纳米材料的 ITVOT 纺织品。实验对比表明，用 ITVOT 覆盖代替传统棉花可使皮肤温度降低 2.0℃。此外，一种大规模 ITVOT 的方法被开发基于纳米 ope 微纤维[61]。

相比之下，如果需要被动辐射加热，则应设计布料的光谱特性，以减少人体辐射冷却对布料和环境的影响。为了满足这一要求，布的内表面应具有高的热辐射反射性，布的外表面应具有低的辐射发射性。Cai 等人设计了一种基于纳米孔金属化聚乙烯的新型纺织品

（见图 12（a）），以满足被动加热的光谱选择需求，与普通纺织品相比，可使皮肤温度降低 7℃以上[62]。基于单模辐射制冷和加热的贡献，Hsu 等人提出并开发了一种用于人体的结合辐射制冷和加热的双模纺织品（见图 12（b）），通过嵌入纳米层的双层散热器[63]。

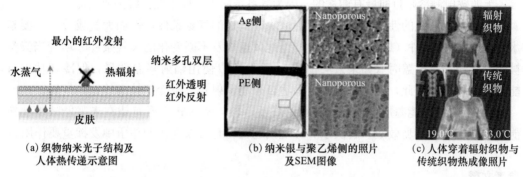

(a) 织物纳米光子结构及人体热传递示意图　　(b) 纳米银与聚乙烯侧的照片及 SEM 图像　　(c) 人体穿着辐射织物与传统织物热成像照片

图 12　基于纳米孔金属化聚乙烯的纺织品

3.4　其他潜在应用

本部分对辐射冷却的几种潜在应用进行了介绍和分析，为辐射冷却在今后的应用发展提供了必要的参考。

首先，在陆地环境中获得超低温现象是可能的辐射冷却。根据辐射冷却的冷却原理，通过减小附加冷量损失对辐射体冷却性能的影响，窄带理想散热器的平衡温度可以达到约 200K。因此，通过辐射冷却在陆地环境中实现超低温是可能的，在这个课题上，Chen 等人通过实验证明，通过一个昼夜循环，可以使周围环境温度降低 37℃，最高可降低 42℃[13]。

其次，利用相变材料（PCM）的辐射冷却保持热稳态也是非常有应用价值的，并且在 1.5 节中也提到了一些相关研究。

此外，从热辐射中获取可再生能源是辐射冷却领域的另一潜在课题。根据从热源流向冷源的能量流来收集能量通常是可能的。根据辐射冷却的本质，辐射冷却可以产生冷源，而地球是热源。因此，这种方法是一个从地球热辐射中获取可再生能源的机会。Byrnes 等人基于上述考虑，提出了一种新的装置概念，即发射能量收割机（EEH）[64]。此外，还开发了两种 EEH 设计：热 EEH 和光电 EEH。考虑到从地球到宇宙的总热辐射，这个概念将是一个先进的技术，以收获可再生能源。

4　结论

一直以来，制冷都是能源消耗的一大方向。辐射制冷作为一种被动冷却方法，可以在没有任何能量输入的情况下获得制冷量，日间辐射制冷材料的出现重新激发了全世界对该领域的兴趣。为了在日光下具有净冷却效果，该材料应具有大于 95% 的太阳辐射反射率。在材料制造方面已经取得了很大的进步，已成功研制出了可批量制造的基于聚合物的日间辐射冷却材料，这表明该技术可以低成本大规模应用。自适应冷却的提出在提高该技术的效率方面也发挥不可或缺的作用。

辐射制冷在实际应用中也取得了很大的进步，包括节省电力，降低建筑物中的 HVAC 系统尺寸，增加太阳能电池的发电量和效率增益以及为电厂节约用水。对于系统集成而言，无源辐射制冷是目前最有前途的，因为其系统简单，成本低且维护成本低。

辐射制冷系统的性能在很大程度上取决于当地的气象条件，例如大气成分（主要是水蒸气），天空条件（即晴朗或阴天），当地风速以及不断变化的天气条件。尽管当天空被部分甚至完全覆盖时（如果云层很高），仍然可以使用辐射降温效果，但冷却功率可能会大大降低。因此，使用中要确定最适合采用辐射式天空冷却技术的地点气候。

随着 21 世纪能源形势和环境问题的日益严峻，辐射式降温有望在未来能减少建筑能耗，减轻城市热岛效应，解决水和环境问题甚至与气候变化的斗争中发挥重要作用。

参考文献

［1］BERGMAN T L，INCROPERA F P，DEWITT D P，et al. Fundamentals of heat and mass transfer ［M］. John Wiley & Sons, 2011.

［2］LI W，FAN S. Radiative cooling：harvesting the coldness of the universe ［J］. Optics and Photonics News. 2019, 30 (11)：32.

［3］TROMBE F. Perspectives sur l'utilisation des rayonnements solaires et terrestres dans certaines régions du monde ［J］. Rev. Gen. Therm, 1967.

［4］GRANQVIST C G，HJORTSBERG A. Radiative cooling to low temperatures：General considerations and application to selectively emitting SiO films ［J］. Journal of Applied Physics, 1981, 52 (6)：4205-4220.

［5］SMITH G B. Amplified radiative cooling via optimised combinations of aperture geometry and spectral emittance profiles of surfaces and the atmosphere ［J］. Solar Energy Materials and Solar Cells, 2009, 93 (9)：1696-1701.

［6］GENTLE A R，SMITH G B. Radiative heat pumping from the earth using surface phonon resonant nanoparticles ［J］. Nano Letters, 2010, 10 (2)：373-379.

［7］NILSSON T M J，NIKLASSON G A. Radiative cooling during the day：simulations and experiments on pigmented polyethylene cover foils ［J］. Solar Energy Materials and Solar Cells, 1995, 37 (1)：93-118.

［8］RAMAN A P，ANOMA M A，ZHU L，et al. Passive radiative cooling below ambient air temperature under direct sunlight ［J］. Nature, 2014, 515 (7528)：540-544.

［9］GRANQVIST C G，HJORTSBERG A. Radiative cooling to low temperatures：General considerations and application to selectively emitting SiO films ［J］. Journal of Applied Physics, 1981, 52 (6)：4205-4220.

［10］SHI N N，TSAI C，CAMINO F，et al. Keeping cool：Enhanced optical reflection and radiative heat dissipation in Saharan silver ants ［J］. Science, 2015, 349 (6245)：298-301.

［11］KOU J，JURADO Z，CHEN Z，et al. Daytime radiative cooling using near-black infrared emitters ［J］. ACS Photonics, 2017, 4 (3)：626-630.

［12］MARTIN M，BERDAHL P. Characteristics of infrared sky radiation in the United States ［J］. Solar Energy，1984，33（3-4）：321-336.

［13］CHEN Z，ZHU L，RAMAN A，et al. Radiative cooling to deep sub-freezing temperatures through a 24-h day-night cycle ［J］. Nature Communications，2016，7（1）.

［14］OKADA M，OKADA M，KUSAKA H. Dependence of atmospheric cooling by vegetation on canopy surface area during radiative cooling at night：physical model evaluation using a polyethylene chamber ［J］. 農業気象，2016，72（1）：20-28.

［15］松井健，江口弘美，森啓一郎. 放射冷却による葉面上結露および結霜の制御 ［J］. 生物環境調節，1981，19（2）：51-57.

［16］CURTIS O F. leaf temperatures and the cooling of leaves by radiation ［J］. Plant Physiology，1936，11（2）：343-364.

［17］SHI N N，TSAI C，CARTER M J，et al. Nanostructured fibers as a versatile photonic platform：radiative cooling and waveguiding through transverse Anderson localization ［J］. Light：Science & Applications. 2018，7（1）.

［18］CHOI S H，KIM S，KU Z，et al. Anderson light localization in biological nanostructures of native silk ［J］. Nature Communications，2018，9（1）.

［19］C T，N S，J P，et al. Butterflies regulate wing temperatures using radiative cooling ［C］，2017.

［20］MI R，LI T，DALGO D，et al. A clear，strong，and thermally insulated transparent wood for energy efficient windows ［J］. Advanced Functional Materials，2020，30（1）：1907511.

［21］LUSHIKU E M，HJORTSBERG A，GRANQVIST C G. Radiative cooling with selectively infrared - emitting ammonia gas ［J］. Journal of Applied Physics，1982，53（8）：5526-5530.

［22］LUSHIKU E M，GRANQVIST C. Radiative cooling with selectively infrared-emitting gases ［J］. Applied Optics，1984，23（11）：1835-1843.

［23］CATALANOTTI S，CUOMO V，PIRO G，et al. The radiative cooling of selective surfaces ［J］. Solar Energy. 1975，17（2）：83-89.

［24］DIATEZUA D M，THIRY P A，DEREUX A，et al. Silicon oxynitride multilayers as spectrally selective material for passive radiative cooling applications ［J］. Solar energy materials and solar cells，1996，40（3）：253-259.

［25］ZHU L，RAMAN A，FAN S. Color-preserving daytime radiative cooling ［J］. Applied Physics Letters，2013，103（22）：223902.

［26］ZHU L，RAMAN A，WANG K X，et al. Radiative cooling of solar cells ［J］. Optica，2014，1（1）：32-38.

［27］REPHAELI E，RAMAN A，FAN S. Ultrabroadband photonic structures to achieve high-performance daytime radiative cooling ［J］. Nano Letters，2013，13（4）：1457-1461.

［28］HARRISON A W，WALTON M R. Radiative cooling of TiO_2 white paint ［J］. Solar Energy，1978，20（2）：185-188.

［29］ANDRETTA A，BARTOLI B，COLUZZI B，et al. Selective surfaces for natural cooling devices ［J］. Le Journal de Physique Colloques，1981，42（C1）：C1-C423.

［30］NILSSON T M，NIKLASSON G A. Optimization of optical properties of pigmented foils for radiative cooling applications：model calculations ［C］//International Society for Optics and Photonics，1991.

［31］NILSSON T M，NIKLASSON G A，GRANQVIST C G. A solar reflecting material for radiative cooling applications：ZnS pigmented polyethylene ［J］. Solar Energy Materials and Solar

Cells. 1992，28（2）：175-193.

［32］GENTLE A R，SMITH G B. Radiative heat pumping from the earth using surface phonon resonant nanoparticles ［J］. Nano Letters，2010，10（2）：373-379.

［33］NILSSON T M，NIKLASSON G A. Radiative cooling during the day：simulations and experiments on pigmented polyethylene cover foils ［J］. Solar Energy Materials and Solar Cells，1995，37（1）：93-118.

［34］GONOME H，BANESHI M，OKAJIMA J，et al. Controlling the radiative properties of cool black-color coatings pigmented with CuO submicron particles ［J］. Journal of quantitative spectroscopy and radiative Transfer，2014，132：90-98.

［35］GONOME H，BANESHI M，OKAJIMA J，et al. Control of thermal barrier performance by optimized nanoparticle size and experimental evaluation using a solar simulator ［J］. Journal of Quantitative Spectroscopy and Radiative Transfer，2014，149：81-89.

［36］KECEBAS M A，MENGUC M P，KOSAR A，et al. Passive radiative cooling design with broadband optical thin-film filters ［J］. Journal of Quantitative Spectroscopy and Radiative Transfer，2017，198：179-186.

［37］GENTLE A R，SMITH G B. A subambient open roof surface under the mid-summer sun ［J］. Adv Sci（Weinh），2015，2（9）：1500119.

［38］WU D，LIU C，XU Z，et al. The design of ultra-broadband selective near-perfect absorber based on photonic structures to achieve near-ideal daytime radiative cooling ［J］. Materials & Design，2018，139：104-111.

［39］BAO H，YAN C，WANG B，et al. Double-layer nanoparticle-based coatings for efficient terrestrial radiative cooling ［J］. Solar Energy Materials and Solar Cells，2017，168：78-84.

［40］HUANG Z，RUAN X. Nanoparticle embedded double-layer coating for daytime radiative cooling ［J］. International Journal of Heat and Mass Transfer，2017，104：890-896.

［41］ZIMING C，FUQIANG W，DAYANG G，et al. Low-cost radiative cooling blade coating with ultrahigh visible light transmittance and emission within an "atmospheric window" ［J］. Solar Energy Materials and Solar Cells，2020，213：110563.

［42］ZHAI Y，MA Y，DAVID S N，et al. Scalable-manufactured randomized glass-polymer hybrid metamaterial for daytime radiative cooling ［J］. Science，2017，355（6329）：1062-1066.

［43］AILI A，WEI Z Y，CHEN Y Z，et al. Selection of polymers with functional groups for daytime radiative cooling ［J］. Materials Today Physics，2019，10：100127.

［44］YANG P，CHEN C，ZHANG Z M. A dual-layer structure with record-high solar reflectance for daytime radiative cooling ［J］. Solar Energy，2018，169：316-324.

［45］MANDAL J，FU Y，OVERVIG A C，et al. Hierarchically porous polymer coatings for highly efficient passive daytime radiative cooling ［J］. Science（American Association for the Advancement of Science），2018，362（6412）：315-319.

［46］WANG X，LIU X，LI Z，et al. Scalable flexible hybrid membranes with photonic structures for daytime radiative cooling ［J］. Advanced Functional Materials，2020，30（5）：1907562.

［47］ONO M，CHEN K，LI W，et al. Self-adaptive radiative cooling based on phase change materials ［J］. Optics Express，2018，26（18）：A777.

［48］WU S，LAI K，WANG C. Passive temperature control based on a phase change metasurface ［J］. Scientific Reports，2018，8（1）：7684-7686.

［49］ ZHAO D，AILI A，YIN X，et al. Roof-integrated radiative air-cooling system to achieve cooler at-tic for building energy saving［J］. Energy and Buildings，2019，203：109453.

［50］ 余才锐，沈冬梅，何伟，等. 基于辐射制冷和微槽道热管的相变墙体实验研究［J］. 太阳能学报，2020，41（4）：123-128.

［51］ YI Z，XU D，XU J，et al. Energy saving analysis of a transparent radiative cooling film for build-ings with roof glazing［J］. Energy and Built Environment，2020.

［52］ 许伟平，徐静涛，王宁生，等. 辐射制冷外围护结构综合节能技术研究［R］. 苏州，20205.

［53］ WANG W，FERNANDEZ N，KATIPAMULA S，et al. Performance assessment of a photonic ra-diative cooling system for office buildings［J］. Renewable Energy，2018，118：265-277.

［54］ ZHANG K，ZHAO D，YIN X，et al. Energy saving and economic analysis of a new hybrid radia-tive cooling system for single-family houses in the USA［J］. Applied Energy，2018，224：371-381.

［55］ GOLDSTEIN E A，RAMAN A P，FAN S. Sub-ambient non-evaporative fluid cooling with the sky［J］. Nature Energy，2017，2（9）.

［56］ ZHAO D，AILI A，ZHAI Y，et al. Subambient cooling of water：toward real-world applications of daytime radiative cooling［J］. Joule，2019，3（1）：111-123.

［57］ HU M，PEI G，WANG Q，et al. Field test and preliminary analysis of a combined diurnal solar heating and nocturnal radiative cooling system［J］. Applied Energy，2016，179：899-908.

［58］ ZHAO B，HU M，AO X，et al. Conceptual development of a building-integrated photovoltaic-ra-diative cooling system and preliminary performance analysis in Eastern China［J］. Applied Energy，2017，205：626-634.

［59］ TONG J K，HUANG X，BORISKINA S V，et al. Infrared-transparent visible-opaque fabrics for wearable personal thermal management［J］. Acs Photonics，2015，2（6）：769-778.

［60］ HSU P，SONG A Y，CATRYSSE P B，et al. Radiative human body cooling by nanoporous poly-ethylene textile［J］. Science，2016，353（6303）：1019-1023.

［61］ PENG Y，CHEN J，SONG A Y，et al. Nanoporous polyethylene microfibres for large-scale radia-tive cooling fabric［J］. Nature sustainability，2018，1（2）：105-112.

［62］ CAI L，SONG A Y，WU P，et al. Warming up human body by nanoporous metallized polyethy-lene textile［J］. Nature communications，2017，8（1）：1-8.

［63］ HSU P，LIU C，SONG A Y，et al. A dual-mode textile for human body radiative heating and cool-ing［J］. Science advances，2017，3（11）：e1700895.

［64］ BYRNES S J，BLANCHARD R，CAPASSO F. Harvesting renewable energy from Earth's mid-in-frared emissions［J］. Proceedings of the National Academy of Sciences，2014，111（11）：3927-3932.

某动车检查库热环境分布特性研究

赵金罡☆

（中铁第四勘察设计院集团有限公司）

摘　要　针对夏热冬暖地区某六线动车检查库，对采用自然通风＋吊扇通风系统下的热环境实地测试，给出库内热环境分布特性。实测结果表明，检查库内换气次数为 $1.96h^{-1}$。受到室外太阳辐射及室内照明、设备等热源的影响，室内的平均温度高于室外，其中白天库内外最大温差可达 $3℃$。检查库内工作区湿黑球温度为 $27.8\sim32.8℃$，仅 37.5% 的测点能满足 100% 接触时间率的湿黑球温度限值。调研结果也表明吊扇下方附近测点湿黑球温度明显较低，表明检查库内采用吊扇增加工作区气流扰动是较好的降温方式。

关键词　动车检查库　夏热冬暖地区　通风　测试　湿黑球温度

0　引言

动车检查库作为列车日常检查检修的重要场所，其内部热环境的优劣直接影响检修人员的身体感受，进而影响整体检修质量和检修效率，国内学者也在开展改善库内热环境的相关研究。陈方等人介绍了一种新型通风系统，认为该系统在动车检查库中应用具有良好的排热降温性能，但能量消耗较大[1]。郑浩等提出了利用烟囱效应和上部开口驱动的自然通风方案，利用建筑上下均有开口时热压差引起自然通风从而降低室内温度[2]。许力方则以成都某列车检查库为例，提出了移动式局部空调的降温方案[3]。田利伟采用数值模拟的方法，对盖下动车检查库的通风方式进行了模拟及优化分析，结果表明，诱导通风系统可有效排除库内余热[4]。郭旭晖等人采用模拟和实地测试方法对检查库内的风速、温度分布进行研究，得出不同围护结构热工性能、通风方案、室外参数时室内温度分布和人员热舒适性评价[5]。田利伟等结合室外风速的影响，模拟分析了工业吊扇对盖下动车检查库热环境的影响，结果表明，仅采用吊扇对于改善检查库内热环境助益不大，须在检查库最内侧添加排风系统，以辅助排出室内余热[6]。

现有研究以模拟分析及方案设计居多，而有关动车检查库热环境现状的实测研究较少。本文对夏热冬暖地区某六线动车检查库进行了实测研究，调研其通风降温方式，对库内热环境现状进行测试和评价，为动车检查库热环境改善相关研究提供借鉴与数据参考。

☆　赵金罡，男，1996 年 4 月生，助理工程师
　　430063　中铁第四勘察设计院集团有限公司

1　工程概况

本次测试时间为 2020 年 9 月 17 日 14：00 至 18 日 15：00，该库主要负责动车组的一、二级检修。六线检查库长 468m、宽 53.2m，面积约 2.49 万 m²，容积约 29.9 万 m³。库内有六条列车检修轨道，可同时容纳 12 辆标准动车组列车。检修六线库平面图如图 1 所示。测试时段室外气象参数如图 2 所示。

图 1　GZ 动车段六线库平面图

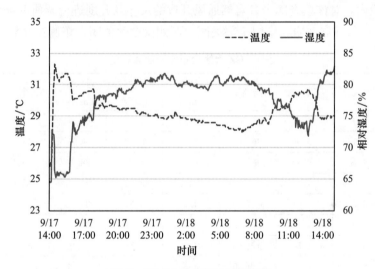

图 2　测试时段室外逐时温湿度

2　通风降温方式调研

GZ 动车段六线检查库通风降温系统主要包括自然通风系统和机械通风系统，自然通风系统依靠门、窗户、屋顶等开口进行室内外空气交换。库内主要机械通风形式为吊扇。

2.1　自然通风系统

该检查库自然通风开口布局如图 3 所示，沿南北纵向布置，南北侧各 6 扇大门为动车进出的开口，尺寸为 6600mm×4900mm。东西侧下部各有 44 扇立轴窗，上部有 50 扇立轴窗。下立轴窗的尺寸为 6000mm×1500mm，上立轴窗的尺寸为 6000mm×1200mm。屋顶设置有两组百叶天窗。东侧四线与西侧两线间设有隔墙及 6 扇防火门，其中 3 扇为常开。

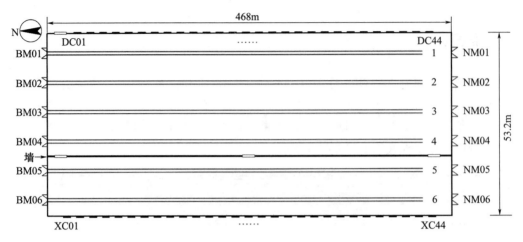

图 3　平面布局示意图

　　调研时段内，对该检查库中各自然通风开口的尺寸及开度进行调研并测量风速，结果见表 1。北门仅开启 3 扇，南门全部关闭，西侧窗全部关闭，东侧窗开启 11 处。

表 1　GZ 六线检查库门窗通风量

编号	宽/m	高/m	开启情况	开口面积/m²	平均风速/(m/s)	通风量/(m³/s)	温度/℃	通风路径
BM01	4.9	6.6	全开	32.24	1.88	60.80	33.3	出风
BM05	4.9	6.6	开 1/3	10.78	0.83	8.95	34.6	进风
BM06	4.9	6.6	开 1/2	16.17	1.74	28.14	34.7	进风
DC01	6.0	1.5	1/4 开 30°	1.125	3.51	0.49	33.0	进风
DC06	6.0	1.5	全开 30°	4.5	3.87	34.83	33.0	进风
DC07	6.0	1.5	全开 30°	4.5	4.14	37.26	33.0	进风
DC08	6.0	1.5	全开 30°	4.5	2.88	25.92	33.0	进风
DC22	6.0	1.5	全开 30°	4.5	0.56	5.04	34.4	进风
DC23	6.0	1.5	全开 30°	4.5	0.46	4.14	34.3	进风
DC24	6.0	1.5	全开 30°	4.5	0.51	4.59	34.1	进风
DC25	6.0	1.5	全开 30°	4.5	0.55	4.95	34.1	进风
DC44	6.0	1.5	1/8 开 30°	0.56	3.51	1.97	—	进风
总风量	进风量 156.28m³/s							

　　注：表中 BM 表示北门，DC 表示东窗。门的开启率为 1 时表示全开无遮挡，开启率为 0 时表示门关闭。窗的开启角度为 90°时表示窗与墙体垂直，即全开状态，0°表示窗关闭。当窗的开启角度 α 大于等于 70°时，开口面积取窗户面积；开启角度 α 小于 70°时，$F_{开口}=F_{窗}\times\sin\alpha$。

　　测试过程中，南门和西窗均为关闭状态，实测检查库内低侧窗进风量为 156.28m³/s，低侧窗出风量为 60.8m³/s，整体呈现进风状态。受到库内的热压作用，天窗和高侧窗应为出风，因此实测检查库下层进风量可视为整个车库的自然通风量，进风量为 562608m³/h。

　　根据实测可知，调研期间室外风向为东南风，且库内南门和西窗关闭，东向低侧窗为进风，北门为净出风。进入室内的空气与室内热源换热升温，向上浮动，经过高侧窗及天窗排出室外。检查库的自然通风路径如图4所示。

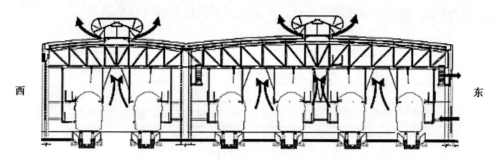

西　　　　　　　　　　　　　　　　　　　　　　　　　　　　　　　　东

图4　GZ动车段六线库自然通风路径

2.2　机械通风系统

该库内布置了吊扇来调节室内检修人员的舒适性。吊扇布置在两条检修股道的中间区域，库内共设3列。库内吊扇的布置情况如图5所示，吊扇间距18m，东侧四线库布置在股道1和股道2、股道3和股道4之间的过道上方，距离地面8m。四线库每列21个，西侧两线库每列19个，共计61个。吊扇实物如图6所示。

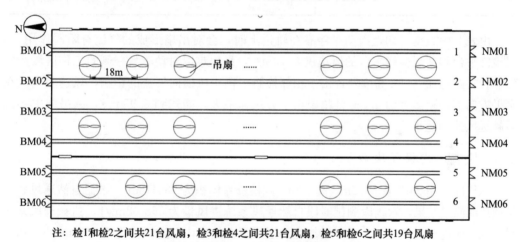

注：检1和检2之间共21台风扇，检3和检4之间共21台风扇，检5和检6之间共19台风扇

图5　检查库内吊扇的布置情况

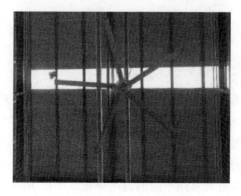

图6　检查库内吊扇实物图

吊扇能在局部地区形成较大的气流扰动，提高检修人员的舒适性。选取吊扇周围不同点进行测试，测点分布如图 7 所示，测试得到不同位置的风速见表 2。

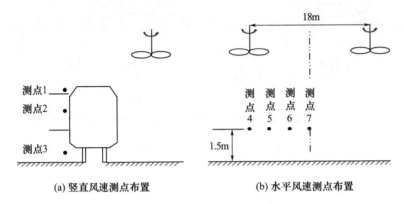

(a) 竖直风速测点布置   (b) 水平风速测点布置

图 7　吊扇风速测试测点分布

表 2　吊扇附近不同位置测点风速情况　　　　　　　　　　　　　　　　　　(m/s)

测点	1	2	3	4	5	6	7
风速	0.06	0.13	1.44	2.95	1.42	0.90	0.57

由表 2 中数据可知，当动车停靠在轨道上时，会对吊扇形成的气流有阻碍作用，3 层检修平台和 2 层检修平台的风速仅 0.13m/s，吊扇难以对动车另一侧的工作区域造成影响。在距地面 0.2m 高度处，由于相邻检修车辆排风横向气流的影响，风速较大。在水平方向上，距离地面 1.5m 处吊扇正下方风速最大，能达到 2.95m/s，离吊扇中心区域越远风速则越小。

2.3　检查库内换气次数

六线库长 468m、宽 53.2m、高 12m，则检查库体积为 286416m³，根据自然通风和机械通风的测量结果，六线库测试时段自然通风系统进风量为 562608m³/h，机械通风系统只增加了库内气流扰动，并没有增加室内通风量，故库内总通风量为 562608m³/h，则库内换气次数为 1.96h⁻¹。

3　室内热环境测试

3.1　检查库室内温度分布

对该检查库内热环境进行测试，监测检修库内不同区域一天内的温度变化情况。

选取检查库纵向 1/2 的北侧区域作为测试对象，分别在第 1 股道、第 2 股道、第 4 股道的 4 个截面布置温湿度自记仪，高度上覆盖 3 层检修平台。仪器的平面布置位置如图 8 所示，库中央剖面的布置图如图 9 所示。

以第二股道为例，分析其不同平面的温度分布。如图 10 所示。

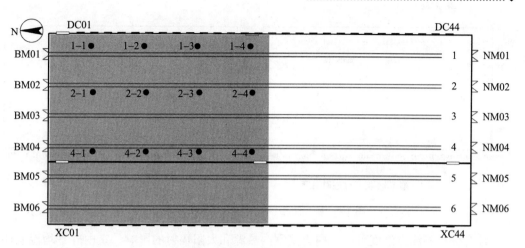

图 8　温度自记仪布点平面图

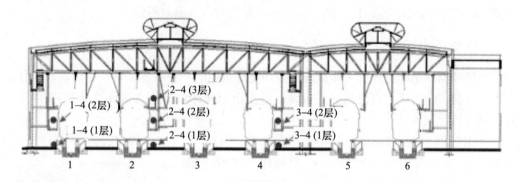

图 9　温度自记仪布点剖面图

由图 10 可得,在竖直方向上 1～3 层工作面呈现出了一定的温度分层现象,白天(10:00—20:00)各测点的数据显示,第 3 层工作面的温度比 1、2 层工作面温度更高,而 1、2 层工作面温度差异不大,但都高于室外温度。而在其他时段,则出现了相反的温度分层趋势,因为白天检查库受到屋顶及外窗的太阳辐射影响,且在热空气上浮的作用下,3 层的温度更高,但其他时段太阳辐射影响较小或几乎无影响,且夜间地面布置有灯光照明,列车冷凝器散热位于近地面层,故而 1 层温度较高,呈现出了与白天时段不同的温度分层趋势。

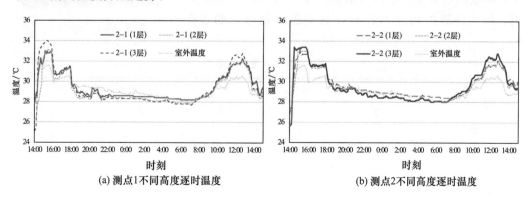

(a) 测点1不同高度逐时温度　　　　　　　　(b) 测点2不同高度逐时温度

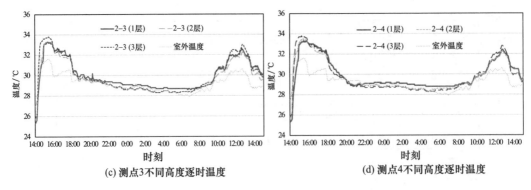

(c) 测点3不同高度逐时温度　　　(d) 测点4不同高度逐时温度

图 10　第二股道不同位置测点的逐时温度

综合分析各测点温度可得，白天受室内热源和太阳辐射的影响，室内外平均温差能达到 1～2℃，而在夜间，室内外温度较为接近，平均温差不超过 0.3℃。库内最高温度达到 34.0℃，出现在下午 15：00—16：00，最大室内外温差可达 3℃。

3.2　检查库内湿黑球温度测试

湿黑球温度是综合评价人体接触作业环境热负荷的一个基本参量，用以评价人体的平均热负荷。我国研究者根据回归统计，提出由室外环境参数直接计算 $WBGT$ 的关联式，其表达式如下：

$$WBGT = (0.8288t_a + 0.0613\bar{t}_r + 0.0073771Q_s + 13.829\varphi - 8.7284)v^{-0.0551} \quad (1)$$

式中　t_a 为空气干球温度，℃；$\bar{t}_r$ 为环境平均辐射温度，℃；Q_s 为太阳辐照度，W/m^2；φ 为相对湿度；v 为环境风速，m/s。

$$\overline{T}_r = T_g + 2.44\sqrt{v}(T_g - T_a) \quad (2)$$

式中　$\overline{T}_r$ 为环境平均辐射温度，℃；T_g 为黑球温度，℃；T_a 为空气干球温度，℃。

调研测试时段在工作区选择测点（如图 8，9 所示），采用 TSI 热线风速仪对工作区测点的温湿度及风速进行测试，将黑球温度计（如图 11 所示）悬挂于工作区测点附近测量黑球温度，室内太阳辐照度用太阳能功率计测得。据此计算得到库内各测点的湿黑球温度。如表 3 所示。

图 11　黑球温度测试

表 3　各测点湿黑球温度 （℃）

股道	层	测点 1	测点 2	测点 3	测点 4
检 1	2 层	32.2	28.6	32.6	29.6
	1 层	32.8	27.8	31.8	31.6
检 2	2 层	29.5	31.6	32.4	32.4
	1 层	31.0	30.9	32.3	31.3

续表

股道	层	测点 1	测点 2	测点 3	测点 4
检 4	2 层	31.7	31.2	32.3	31.7
	1 层	27.5	28.5	29.3	30.2

由表 3 可得，检查库内工作区湿黑球温度为 27.5～32.8℃。其中第四股道 1 层测点的湿黑球温度相比其他测点明显较低，这是由于第四股道 1 层测点位于吊扇正下方一侧，其风速较大，计算的湿黑球温度较低，说明了吊扇对于降低湿黑球温度，提升工作人员热舒适度的效果较为明显。

根据 GBZ 2.2—2007《工作场所有害因素职业接触限值第 2 部分：物理因素》的规定，该检查库内不同接触时间的热环境达标率如表 4 所示。

表 4　工作区测点湿黑球温度达标率

接触时间率/%	WBGT 限值/℃	达标点数	工作区测点达标率/%
100	31	9	37.5
75	32	17	70.8
50	33	24	100
25	34	24	100

如表 4 所示，当接触时间率为 100% 时，该库内测点的达标率仅 37.5%；当接触时间率为 75% 时，工作区测点达标率为 70.8%；当接触时间率小于 50% 时，达标率为 100%。

4　结论

本研究调研的 GZ（夏热冬暖地区）某六线检查库内的通风系统包括自然通风系统和机械通风系统，自然通风系统包括门、窗户及屋顶通风器，机械通风系统包括库内的吊扇。经过调研测试及模拟研究可得库内通风量为 562608m³/h，换气次数为 1.96h⁻¹。在白天，受到室外太阳辐射及室内照明、设备等热源的影响，室内的平均温度高于室外，室内外温差能达到 1℃ 以上，最大温差达 3℃；而在夜间，室内外温度较为接近。检查库内工作区湿黑球温度为 27.5～32.8℃，仅 37.5% 的测点能满足 100% 接触时间率的 WBGT 限值（31℃）。在夏季高温时段，仅依靠自然通风难以有效满足库内人员的工作热舒适需求，但是吊扇下方附近测点湿黑球温度明显较低，表明检查库内采用吊扇是较好的通风降温方式。

参考文献

[1] 陈方. 动车检修库无罩引风系统性能研究 [J]. 武汉工程大学学报，2011，33（8）：95-98.

[2] 郑浩. 高大空间建筑上部开口驱动自然通风应用潜力 [J]. 暖通空调，2017，47（9）：125-130.

[3] 许力力. 列车检修库移动式空调研究 [D]. 成都：西南交通大学，2016.

[4] 田利伟，于靖华，郭辉. 盖下动车检查库诱导通风系统设计参数研究 [J]. 暖通空调，2021，51（9）：6-10.

[5] 郭旭晖，新型动车检查库热环境模拟研究分析 [R]. 中铁第四勘察设计院集团有限公司，2012.

[6] 田利伟，郭旭晖，郭辉. 盖下动车检修库工业吊扇通风效果分析 [J]. 暖通空调，2020，50（S1）：133-136.

地下建筑墙面结露发霉及地面潮湿问题
的原因剖析与防治措施

王　丽☆　林　丽　张伟东　张积太

（烟台市建筑设计研究股份有限公司）

摘　要　夏季潮湿地区的地下建筑普遍存在墙体内表面结露、长毛发霉和地面潮湿等现象，如果长期处于潮湿的环境中，会相应缩短建筑物及其存放物的使用寿命，且滋生霉菌危害人体健康。因而地下建筑长毛发霉积水的问题亟待改善和解决。本文通过对地下建筑墙体内表面结露、长毛发霉和地面潮湿等现象的产生机理分析，建立了地下建筑围护结构的数学模型，通过分析影响围护结构导热量的关键因素并对比改善方案，提出了一种基于提高地下建筑墙体内表面温度的防治措施。

关键词　地下建筑　防结露　围护结构模型　机理分析　防治措施

0　引言

近期，国务院印发《关于加强城市基础设施建设的意见》指出，加强城市基础设施建设，要围绕推进新型城镇化的重大战略部署，切实加强规划的科学性、权威性和严肃性，坚持先地下、后地上，提高建设质量、运营标准和管理水平。2021 年 11 月 5 日，《住房和城乡建设部办公厅关于开展第一批城市更新试点工作的通知》公布了首批 21 个城市更新试点城市。在国家大政策的前提下，问题较为严重的地下室墙体结露发霉及地面积水等建筑质量问题，也被提上解决日程。

对于夏季空气湿度大的地区，地下室夏季普遍存在墙体潮湿、地面积水，建筑墙体长毛发霉的现象。地下室长期处于潮湿的环境中，不仅破坏了建筑物内在材料，加速建筑物损坏，而且对于地下车库更容易造成设备锈蚀脱落，引发安全事故，车辆受潮易损，地面湿滑易造成行人滑倒摔伤，滋生霉菌危害人体健康等问题。因此，地下室墙体长毛发霉问题是改善居民居住条件亟待解决的问题之一。

1　成因及解决办法

解决墙体长毛发霉及地下室积水问题迫在眉睫。目前的解决办法主要就是加落地除湿机及墙体涂刷防结露涂料，但是处理结果均不理想，不能从根本上解决问题。

☆　王丽，女，1985 年 12 月生，硕士，高级工程师

264000　烟台市莱山区港城东大街 1295 号百伟国际大厦 A 座

E-mail：laly525@163.com

目前造成地下建筑墙体长毛发霉及地面潮湿问题一般是由"三种水"所致：一是地下水渗漏，二是雨水导致，三是空气中的凝结水附着造成。前2种大多由于防水层破坏所致，造成的损坏是局部的，处理起来相对容易，冷凝水造成的损坏是大面积的，处理起来比较困难。而造成建筑墙体长毛发霉及地下室积水的主要因素就是空气中的凝结水。地下室没有阳光照射，且墙体和地面与土壤直接相邻，土壤温度较低，由于冷传导，墙体与地面温度也较低，因此夏季当室外热湿空气进入地下室，遇墙体与地面等冷壁面，空气中的水分在冷壁面析出，轻则形成结露，重则形成积水。

因此地下室墙体结露及地面积水主要受三个因素影响[1,2]：

1）空气温度与相对湿度：根据表1，空气相对湿度不变，温度越高，露点温度越高，空气越容易在冷壁面结露；空气温度不变，相对湿度越大，空气越潮湿，空气越容易结露，且结露量越大；相对湿度越小，空气越干燥越不容易结露。

表1 空气性能

空气温度/℃	空气相对湿度/%	露点温度/℃	空气温度/℃	空气相对湿度/%	露点温度/℃
28	80	24.42	26	90	24.42
27	80	23.45	26	80	22.47
26	80	22.47	26	70	20.30
25	80	21.5	26	60	17.84
24	80	20.53	26	50	14.98

2）壁面温度：壁面温度越低，越容易低于空气露点温度，空气越容易结露，且结露量越大。

3）通风量：当高温雨季室外空气湿度加大，若通风量较大，会不断将室外潮湿空气引入室内，增加结露量。

因此，解决地下室墙体长毛结露及地面积水问题主要有三个关键措施：1）提高地下室墙体与地面壁面温度；2）降低地下室空气的相对湿度；3）减少进入地下室的室外高温高湿空气量。

提高墙体与地面壁面温度的有效方法就是增加围护结构热阻，影响热阻的主要因素是绝热层的性能与厚度。寻求在增加工程造价最少的情况下能够有效避免结露的最小热阻是本文探究的主要内容；降低空气相对湿度的有效方式是设置除湿机，但传统除湿机占地较多且仅能够减少除湿机周围的湿度，对大空间地下室防结露效果较差。因此，新型吊装式射流除湿机的应用效果是关注的重点。

2 物理数学模型建立

2.1 解决建筑围护结构长毛发霉及积水问题的关键措施

解决建筑围护结构长毛发霉及积水问题的关键措施是阻挡冷传导，使墙体内壁温度高于空气露点温度。阻挡冷传导的主要方法是在围护结构表面设置绝热层[4-8]。绝热层具有导热系数小、高热阻的特点，其闭孔结构形成真空层，避免空气流动散热，能起到减少冷传导的作用，是防止冷量通过围护结构传入室内的构造层。新建建筑绝热层设于墙体室外侧，能够更有效隔绝冷传导，避免墙体受潮。既有建筑由于墙体均已施工完毕，绝热层设于室外侧无法施工，因此对于既有建筑绝热层设于墙体室内侧。

（1）建筑地下室墙体模型

地下室墙体围护结构一般做法见图1。

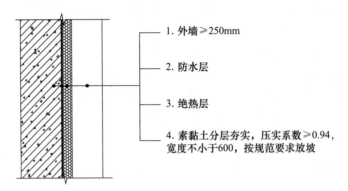

图1　新建建筑地下室墙体构造简化图

根据墙体结构绘制墙体导热对流示意图（见图2）。

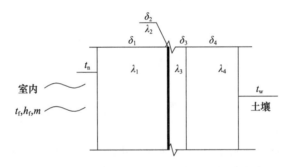

图2　新建建筑地下室墙体构造物理模型图

根据热平衡关系式，墙体导热量等于墙体壁面与空气的对流换热量。

1）墙体导热量

$$Q_{dr} = Q_{dl} \tag{1}$$

$$Q_{dr} = \frac{t_n - t_w}{R} \tag{2}$$

$$R = \frac{\delta_1}{\lambda_1} + \frac{\delta_2}{\lambda_2} + \frac{\delta_3}{\lambda_3} + \frac{\delta_4}{\lambda_4} \tag{3}$$

2）墙体与空气对流换热量

夏季潮湿季节地下室通风量小，仅有车辆进出带入的自然通风量，因此假设地下室外墙壁面为竖直壁面自然对流传热模型，采用如下计算公式（公式取自杨世铭等编著《传热学》）计算：

$$Q_{dl} = h_f (t_f - t_n) \tag{4}$$

$$h_f = \frac{Nu \cdot \lambda}{l} \tag{5}$$

$$Nu = C (GrPr)^n \tag{6}$$

$$Gr = \frac{ga\Delta t\, l^3}{\nu^2} \tag{7}$$

式（1）～（7）中　Q_{dr} 为墙体导热量，J；Q_{dl} 为墙体与空气的对流换热量，J；t_n 为室内温度，℃；t_w 为墙体壁面温度，℃；R 为传热总热阻，$(m^2 \cdot ℃)/W$；δ 为围护结构壁厚，m；λ 为围护结构导热系数，$W/(m^2 \cdot ℃)$；h_f 为墙体与空气的对流换热系数，$W/(m^2 \cdot ℃)$；Nu 为墙体与空气的对流换热努西尔数；l 为墙体自然对流特征长度，m；Gr 为格拉晓夫数；Δt 为空气与墙体壁面的温差，℃；ν 为空气的运动黏度，m^2/s；g 为自由落体加速度，m/s^2；a 为热扩散率，m^2/s；$C = 0.59$，$n = 1/4$；空气的 Pr 取 0.72。

通过上述等式，可采用试算法求得墙体内壁的温度等参数。

（2）新建建筑地面模型

新建建筑绝热层设于地面细石混凝土保护层下侧，能有效隔绝冷传导，避免地面受潮积水。既有建筑由于地面均已施工完毕，绝热层设于地面细石混凝土保护层下侧无法施工，因此对于既有建筑，在原地面进行处理后，在原地面上设绝热层及地面硬化处理。

地面的主要做法见图 3。

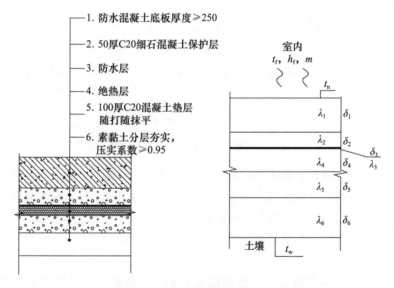

图 3　新建建筑地下室地面构造简化图与模型图

根据热平衡关系式，地面导热量等于空气与地面的对流换热量。

地面导热量为：

$$Q_{dr} = \frac{t_n - t_w}{R} \tag{8}$$

$$R = \frac{1}{\alpha_n} = \frac{\delta_1}{\lambda_1} + \frac{\delta_2}{\lambda_2} + \frac{\delta_3}{\lambda_3} + \frac{\delta_4}{\lambda_4} + \frac{\delta_5}{\lambda_5} + \frac{\delta_6}{\lambda_6} \tag{9}$$

夏季潮湿季节地下室通风量小，仅有车辆进出带入的自然通风量，因此假设地下室地面温度为恒定值，冷面朝上的水平壁自然对流传热模型，采用式（4）～（7）计算地面与空气对流换热量。其中 $C = 0.85$，$n = 1/5$；空气的 Pr 取 0.72。

（3）新建建筑顶板

对于覆土深度小于 0.5m 的地下室顶板不设绝热层。因覆土深度较浅时，太阳辐射可将土壤层晒透，地下室顶板温度较高，不会造成结露。

对于覆土深度大于 0.5m 的地下室顶板需要设置绝热层。其计算公式与新建建筑地面计算公式相同，但顶板计算参数 $C=0.54$，$n=1/4$。

（4）物理模型适用性分析

为验证物理数学模型的适用性，对烟台若干个地下车库进行了测量，测量的地下车库墙体仅做挡土墙及基本找平抹灰，均未做墙体保温。温度测量范围为 0～3m 高度。下面以其中一个小区地下车库墙体温度为例，说明通过物理数学模型计算的理论值与实际测量值的误差情况（见图 4）。

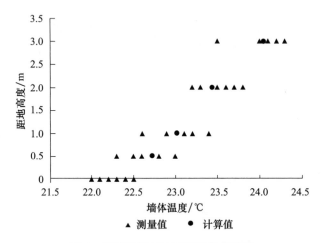

图 4　实测墙体与地面温度数据误差

通过图 4 可知，随着墙体距地面高度增高，墙体温度随之上升，计算值基本在测量数据的中间区域，模型计算值与实测平均值之间的误差为 6.5%，基本能够反映墙体的温度情况，建立的物理数学模型与实际相符。

（5）影响围护结构导热量的关键因素分析

1）土壤温度 t_w

土壤温度 t_w 对外墙内壁温度及地面温度有最直接的影响。相同墙体结构热阻情况下，土壤温度越低，外墙内壁温度及地面温度越低，越容易结露（见图 5）。通过土壤温度分布图（因烟台市土壤温度分布数据缺失，采用《人民防空工程通风空调设计》中提供的相近城市济南数据[3]），从 7 月土壤温度变化可看出，土壤温度随土壤深度的增大而降低。根据地理位置不同，各个地区不尽相同。通过墙体导热公式可知，在土壤温度降低的情况下提高外墙内壁温度，需增加墙体的热阻。

2）围护结构热阻[9-13]

墙体热阻越大，阻隔热量传递能力越强，围护结构内壁温度越高。利用传热物理数学模型试算得出保证围护结构内壁大于空气露点温度的最小总热阻值，见表 2（计算参数：室内温湿度为 26℃，88%，墙体处及地面下土壤温度 18.0℃，顶板土壤温度按 23.0℃，围护结构按上述做法，若围护结构做法及各项参数与此处不同，需另行计算）。

图 6 为不同土壤温度下墙体与地面热阻的曲线图。

表 2　围护结构总热阻限值

围护结构	墙体	地面	顶板（含绝热层）
总热阻/(m² · ℃/W)（不含换热热阻）	1.51	151	0.37

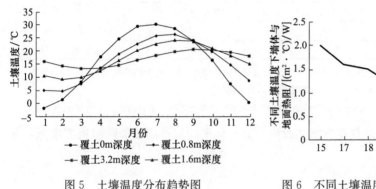 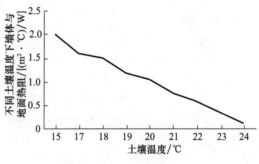

图 5　土壤温度分布趋势图　　　　图 6　不同土壤温度下墙体与地面热阻曲线图

2.2　解决既有建筑围护结构长毛发霉及积水问题的措施

影响墙体结露的另外两个重要因素是空气的相对湿度与通风量。减小地下室通风量，降低室内既有空气的相对湿度，能够有效降低室内空气的露点温度。当露点温度降低至围护结构壁面温度以下时，可避免空气中水蒸气在壁面的结露现象，从而避免墙体长毛发霉的问题。

除湿机是降低室内空气的主要设备，但以往的除湿机大多落地安装，占用面积，且出风口风速低，出风口距地高度低，导致除湿机风力覆盖的面积有限，除湿效果不好。

诱导式除湿机机组吊顶安装，不占建筑面积，且出风为射流送风，出风口风速可达到 10m/s，根据射流特征，考虑一定的下吹角度，其风力覆盖范围约为 30m，能使室内空间湿度均匀降低，整体降低室内空气的露点温度。对于地下车库场所，在车库出入口配置自动快速启闭卷帘门，可以有效降低进入地下室的室外潮湿空气，减少通风量，能够降低室内空气相对湿度，从而避免结露引起的长毛发霉问题。

2.3　建筑围护结构加保温方案与加诱导除湿机方案对比

方案分析对象为烟台市 1000m² 的地下车库，车库仅地下 1 层。分别从改造后对车库防结露的整体效果及投资运行费用方面进行对比。

（1）效果对比

1）建筑围护结构加保温方案

初始投资高，但后期不需要维修管理且无设备运行费用，防结露效果好，车库内无噪声。

2）加诱导除湿机方案

初始投资低，但后期需要维修管理，消耗电费，设备寿命短，后期需要更新设备，车库噪声较大。

（2）经济性对比（见表 3）

表 3　各方案初投资与运行费用对比

费用	方案		
	新建建筑加绝热层方案	既有建筑加绝热层方案	加除湿机方案
初投资/(元/m²)	42.8（22.8）	229.48（152.48）	25～30
年运行电费/(元/m²)	0	0	2
平均年费用/(元/m²)	0.611/(0.32)	3.28（2.18）	3.07～3.29

注：1）考虑建筑运行 70a 为计算周期，除湿机方案设备寿命约为 20a，平均年费用均按 70a 使用时间折算，括号内数据为覆土深度小于 0.5m，顶板不做绝热的价格信息。

2）以 10000m² 地下车库为例计算，计算结果仅作为方案比较参考数据，不具有市场价值意义。

由表 3 可知，建筑加绝热层方案初投资较高，但平均年费用较加除湿机方案低，并且是治本的方案。

3　总结与建议

1）对于新建建筑，围护结构加绝热层方案平均单位面积的年费用低，初投资相对较低，且后期不需要维修管理与运行费用，整个寿命周期运行成本与效果最优，因此对于新建建筑建议采用围护结构加保温方案。

2）对于既有建筑，建筑围护结构加绝热层的方案平均单位面积的年费用低，且后期不需要维修管理与运行费用，但初投资较大。因此在初投资充足的情况下，应优先采用建筑围护结构加绝热层。对于初投资不足的项目，可采用加诱导除湿机方案也能较好解决墙体长毛发霉的问题，但后期运行费用及维修管理费较高。

参考文献

[1] 张慧旭. 地下室结露现象分析及解决方案研究 [J]. 建筑节能，2010，38（2）：17-18，28.

[2] 郭建武. 地下室环网站凝露解决方案的研究 [J]. 浙江电力，2015（8）：25-27.

[3] 马吉民，朱培根，耿世彬，等. 人民防空工程通风空调设计 [M]. 北京：中国计划出版社.

[4] 韩岩青，范明轩. 人防工程结露问题分析及治理 [J]. 青岛理工大学学报，2014，35（4）：46-49.

[5] 李强，孙天宝，刘强，等. 地下室结露分析及解决方案 [J]. 山西建筑，2018，44（36）：117-118.

[6] 刘威，陈京龙，张峰，等. 某核电站常规岛地下空间防结露浅析 [J]. 暖通空调，2016，46（8）：98-102.

[7] 陈银春. 地下车库潮湿结露现象及防治措施浅析 [J]. 住宅科技，2014（4）：52-53.

[8] 地下室结露现象分析及防治措施 [J]. 城市建设理论研究（电子版），2016（15）：2629.

[9] 赵秋珺. 浅谈地下室装修工程中防潮、防结露的施工做法 [J]. 建筑工程技术与设计，2020（35）：1730-1731.

[10] 蔡强. 地下室结露的成因及防治 [J]. 施工技术，2005，34（11）：86.

[11] 黄旭. 国内北方地区地下车库夏季结露的防治措施 [J]. 房地产导刊，2016（20）：250.

[12] 蒋方杰. 预防地下室结露问题的分析和探讨 [J]. 商品与质量，2016（36）：196.

[13] 孙国京，贾庆，刘余成. 某别墅地下室渗漏结露根治施工工艺研究 [J]. 江苏建筑，2007（1）：59-61.